西南石油大学"十三五""十四五"石油与天然气工程科技成果

天然气管网运行建模与优化技术

周 军 彭井宏 梁光川 著

石油工业出版社

内 容 提 要

本书是油气储运工程优化理论体系的重要组成部分，系统介绍了天然气管网运行优化建模与模型处理技术，探究了不同处理技术下模型的性能表现，分析了各种模型处理技术的特性与适用范畴。为天然气管网高效低碳运行提供了一定的理论支撑。

本书可供从事天然气管网运行优化领域相关工作的工程技术人员阅读参考，也可供石油院校油气储运工程专业师生参考使用。

图书在版编目（CIP）数据

天然气管网运行建模与优化技术 / 周军，彭井宏，梁光川著 . -- 北京：石油工业出版社，2025.8.
ISBN 978-7-5183-7734-3
Ⅰ . TE83
中国国家版本馆 CIP 数据核字第 2025J47U75 号

出版发行：石油工业出版社
（北京安定门外安华里 2 区 1 号楼　100011）
网　　址：www.petropub.com
编辑部：（010）64523736
图书营销中心：（010）64523633
经　　销：全国新华书店
印　　刷：北京九州迅驰传媒文化有限公司

2025 年 8 月第 1 版　2025 年 8 月第 1 次印刷
787×1092 毫米　开本：1/16　印张：13
字数：335 千字

定价：65.00 元
（如出现印装质量问题，我社图书营销中心负责调换）
版权所有，翻印必究

前　言
PREFACE

　　天然气作为一种重要的清洁能源，在全球能源转型和"双碳"目标推进中扮演着关键角色。天然气管网作为连接气源与终端用户的"生命线"，其安全、高效、低碳运行直接关系国家能源安全、经济可持续发展及环境治理成效。然而，随着管网规模扩大、气源多元化、需求波动加剧及开放市场化，天然气管网的优化调度与运行管理面临复杂耦合的物理约束、动态变化的市场环境、精确高效的调控需求等多维度、多层次挑战。如何突破传统模型的局限性，构建适应天然气管网复杂场景的高效运行优化方法体系，已成为国内外学术界与工业界共同关注的焦点问题之一。本书立足于天然气管网系统运行优化领域的相关难题，以优化建模、模型处理与算例测试为主线，系统地探讨了管网运行优化的理论和关键技术。研究内容覆盖模型构建、模型处理及求解方法改进等，旨在为复杂天然气管网的高效、低碳运行提供一定的理论支撑。

　　本书较系统地阐述了天然气管网运行建模与优化技术，主要内容包括：(1)系统梳理了天然气管网运行优化基础模型与模型处理技术，分析了不同技术优缺点与适用性，为管网运行优化问题求解奠定了基础；(2)构建了以可行性验证为目标的管输申请核验模型，提出了融合高维线性近似与非凸可行域凸松弛的 MILP 松弛方法，以此提升管输核验效率并实现全局寻优；(3)建立了天然气管网调度优化模型，能够得到分时电价下压气站经济运行策略以及考虑流量分配和碳排放的天然气管网调度优化方案；(4)建立了耦合储气库注采特性的天然气管网调峰优化模型，解决了多周期供需波动条件下的天然气管网供需平衡优化问题；(5)提出了一种融合神经网络与机理模型的天然气管网高效运行优化方法，能够较好地兼顾模型求解精度和求解效率;(6)提出了一种交替迭代求解框架,有效处理了耦合高精度物理特性的天然气管网高效运行优化问题;(7)构建了天然气管网输气能力拥塞定位与扩容优化模型,提出了协同拥塞定位的两阶段求解方法,实现管网输气能力不足情形下的瓶颈识别与定位。上述成果为天然气管网的高效经济运行提供了一定的理论支撑。

  本书由西南石油大学周军、彭井宏、梁光川共同完成,并由周军统稿。感谢西南石油大学的秦灿、刘翠、杨骏飞、张迅嘉、陈薪越、廖钧泽、何能家、张学兵、朱柏宇、卢超、付田甜、秦一雄、申启锋、张露露等同学帮助整理资料。本书在编写过程中得到了西南石油大学、石油工业出版社等单位以及国家自然科学基金面上项目(52474084)的大力支持和帮助,在此表示衷心的感谢。

  本书是油气储运工程理论体系优化的重要组成部分,是天然气管网运行优化研究的一个阶段性成果,笔者将以本书出版为新起点,继续开展相关理论的深入研究。由于笔者水平有限,不足之处在所难免,望读者批评指正。

目 录

第一章　天然气管网运行优化建模与模型处理方法

第一节　天然气管网优化建模基础 ……………………………………… 1
第二节　一般天然气管网运行优化模型 …………………………………… 7
第三节　天然气管网运行优化模型处理方法 …………………………… 14
第四节　算例描述 …………………………………………………………… 29
第五节　简化假设下模型性能分析 ……………………………………… 32
第六节　线性化处理模型性能分析 ……………………………………… 38
第七节　凸松弛处理模型性能分析 ……………………………………… 43

第二章　基于松弛处理的天然气管网管输申请核验方法

第一节　问题描述与模型基础 …………………………………………… 46
第二节　核验模型 …………………………………………………………… 49
第三节　求解框架与模型处理 …………………………………………… 55
第四节　算例分析 …………………………………………………………… 65

第三章　考虑流量分配和碳排放的天然气管网调度优化方法

第一节　问题描述与模型基础 …………………………………………… 76
第二节　压气站精细建模与分时电价运行优化 ………………………… 78
第三节　天然气管网调度优化 …………………………………………… 84
第四节　算例分析 …………………………………………………………… 94

▶ **第四章 耦合储气库注采特性的天然气管网调峰优化方法**

　　第一节　问题描述与模型基础 …………………………… 103
　　第二节　优化模型 ……………………………………… 106
　　第三节　优化框架与求解方法 …………………………… 117
　　第四节　算例分析 ……………………………………… 124

▶ **第五章 融合神经网络与机理模型的天然气管网高效运行优化方法**

　　第一节　问题描述 ……………………………………… 132
　　第二节　基于深度神经网络的压缩机性能预测模型 …………… 133
　　第三节　优化模型 ……………………………………… 140
　　第四节　优化框架及求解算法 …………………………… 147
　　第五节　算例分析 ……………………………………… 149

▶ **第六章 耦合高精度物理特性的天然气管网高效运行优化方法**

　　第一节　问题描述 ……………………………………… 157
　　第二节　优化模型 ……………………………………… 159
　　第三节　交替迭代求解框架 …………………………… 164
　　第四节　算例分析 ……………………………………… 167

▶ **第七章 天然气管网输气能力拥塞定位与扩容优化方法**

　　第一节　概念 ………………………………………… 174
　　第二节　管网拥塞定位模型 …………………………… 177
　　第三节　管网扩容优化模型 …………………………… 181

第四节 模型分析与求解方法 …………………………………………… 186

第五节 算例设置 …………………………………………………………… 188

第六节 算例分析 …………………………………………………………… 191

▶ 参考文献

第一章　天然气管网运行优化建模与模型处理方法

随着天然气管网优化问题复杂程度不断提升，天然气管网运行优化建模的科学性与适用性成为决定优化效率与可靠性的核心因素。尤其是在多变量耦合、非线性特征显著的管网系统中，如何通过合理且有效的模型处理技术，在降低计算难度的同时维持优化精度，是当前研究面临的关键问题之一。本章将简述常见的天然气管网建模方法，从物理机制入手探讨管网水力和热力模型的处理方式，剖析天然气管网优化问题的关键特性与计算难点，并探讨不同建模方法与求解算法的优缺点。通过对不同方法的归纳与对比分析，为后续研究提供具有参考价值的建模与求解策略基础。

第一节　天然气管网优化建模基础

本节阐述了天然气管网优化建模的基础理论，包括管网系统构成、天然气状态方程、管道水力方程及压缩机建模等内容，为后续优化建模奠定基础。

一、天然气管网系统构成

天然气管网系统主要包括主干管道、压气站、阀室、调压站及分输站。

（一）主干管道

主干管道是天然气输送的主要通道，负责将天然气从生产区域或进口点输送到各个需求区域。主干管道的建模通常基于气体流动的连续性方程、动量方程和能量方程，并结合状态方程来描述气体的物理性质，这些方程用于模拟管道内的压力、流量和温度分布[1]。

（二）压气站

压气站用于提高天然气在管道中的压力，以克服沿程阻力和地形高差，确保天然气能够长距离输送。压气站的建模涉及压缩机的性能曲线、压缩机启停、压缩机负荷分配等。压气站模型需要考虑压缩机的进口/出口压力、温度、流量及能耗等参数。

（三）阀室

阀室内安装有各种阀门，用于控制天然气的流向、流量和压力，便于管网的运行调节和维护。阀门的建模主要关注其阻力系数、开启度与流量之间的关系。通过建立阀门特性曲线，可以模拟其对管道系统压力和流量的影响。

（四）调压站

调压站用于将高压天然气降压至下游用户所需的压力水平，确保供气安全和稳定。调压站的建模需要考虑调压设备的特性，包括调压阀的动态响应、压力设定点、流量控制等。模型应能模拟调压过程中的压力变化和流量调节。

（五）分输站

分输站将主干管道中的天然气分配到不同的支线管道，输送至各个用户或区域。分输站的建模涉及节点的质量守恒，即进入和离开节点的流量平衡。需要建立节点的流量平衡模型，同时考虑各支线的需求和管道特性。

综上所述，天然气管网系统涵盖主干管道、压气站、阀室、调压站及分输站等诸多组成部分。为准确反映系统的运行特性，必须综合考量各组成部分的物理特性及其相互作用关系，进而构建整体性的数学模型。

二、天然气状态方程

天然气状态方程描述了其压力、体积和温度之间的关系，是天然气管网优化建模的基础。准确的状态方程对于模拟管道内天然气的流动特性至关重要，直接影响到管网的设计、运行和优化可靠性。因此，在进行天然气管网优化时，必须重视状态方程的准确性和适用性。

天然气常用的状态方程有 Sarem、BWRS、Peng、Peng-78、SRK、AGA 等。其中，BWRS 方程因其高精度和广泛适用性，在天然气物性计算中被广泛采用。

（一）BWRS 方程

BWRS 状态方程是 Starling 和 Powers[2] 对 BWR 方程修正的结果。其表达式如式（1-1-1）所示。

$$p = \rho RT + \left(B_0 RT - A_0 - \frac{C_0}{T^2} + \frac{D_0}{T^3} - \frac{E_0}{T^4} \right) + \left(bRT - a - \frac{d}{T} \right)\rho^3 \\ + \alpha\left(a + \frac{d}{T} \right)\rho^6 + \frac{c\rho^3}{T^2}(1 + \gamma\rho^2)\exp(-\gamma\rho^2) \quad (1\text{-}1\text{-}1)$$

式中　R——气体常数，J/(mol·K)；

　　　p——压力，kPa；

　　　V——摩尔体积，m³/mol；

　　　ρ——天然气密度，kg/m³；

　　　T——温度，K；

　　　A_0、B_0、C_0、D_0、E_0、γ、a、b、c、d、α——状态方程的11个经验常数。

采用BWRS方程计算压缩因子，表达式如式（1-1-2）所示。

$$Z = 1 + \left(B_0 - \frac{A_0}{RT} - \frac{C_0}{RT^3} + \frac{D_0}{RT^4} - \frac{E_0}{RT^5} \right)\rho + \left(b - \frac{\alpha}{RT} - \frac{d}{RT^2} \right)\rho^2 + \frac{\alpha}{RT}\left(a + \frac{d}{T} \right)\rho^5 + \frac{c\rho^2}{RT^3}\left(1 + \gamma\rho^2 \right)e^{-\gamma\rho^2} \tag{1-1-2}$$

式中　Z——气体压缩因子。

（二）AGA方程

相比于复杂的BWRS方程，AGA方程因其计算形式更为简洁而备受关注。AGA方程通过引入简化的压缩因子计算模型，显著降低了参数计算的复杂性，同时保留了在天然气工程应用中的实际精度，如式（1-1-3）所示。由于其对实际气体压缩因子的处理较为简单，AGA方程更适用于快速计算场景，特别是在天然气管网运行优化模型中应用广泛。

$$Z = 1 + 0.257\frac{p^{\text{avg}}}{p_c} - 0.533\frac{p^{\text{avg}}T_c}{p_c T^{\text{avg}}} \tag{1-1-3}$$

式中　p^{avg}——平均压力，MPa；

　　　p_c——天然气临界压力，MPa；

　　　T_c——天然气临界温度，K；

　　　T^{avg}——天然气平均温度，K。

三、管道水力计算

天然气管道水力计算需要同时满足质量守恒方程、动量守恒方程和能量守恒方程。然而，为简化计算过程，工程实践中通常采用经验公式来模拟管道内的水力行为。常见的经验公式有Weymouth公式、潘汉德尔公式和柯式公式等。其中，Weymouth公式因其适用性广，被广泛应用于天然气管道的流动过程描述，Weymouth公式如式（1-1-4）所示。

$$Q^{\text{nc}} = C^{\text{wey}}\sqrt{\frac{\left[\left(p^{\text{start}}\right)^2 - \left(p^{\text{end}}\right)^2 \right]D^5}{\lambda Z \rho^{\text{rel}} T^{\text{avg}} L}} \tag{1-1-4}$$

式中　Q^{nc}——天然气在标准状态下的体积流量，m³/s；

　　　C^{wey}——Weymouth 公式常数项；

　　　p^{start}——管道起点压力，Pa；

　　　p^{end}——管道终点压力，Pa；

　　　D——管道直径，m；

　　　λ——管道摩阻系数；

　　　ρ^{rel}——天然气相对密度；

　　　T^{avg}——天然气平均温度，K；

　　　L——管道长度，m。

在水力摩阻系数的计算中，常用的方法包括 AGA、Colebrook-White、Pan A、Pan B 和 Weymouth 等五种方法。Colebrook-White 公式[3]具有较宽的适应性和准确性，如式（1-1-5）所示。

$$\frac{1}{\sqrt{\lambda}} = -2\lg\left(\frac{k}{3.71D} + \frac{2.51}{Re\sqrt{\lambda}}\right) \tag{1-1-5}$$

式中　k——管内壁绝对粗糙度，mm；

　　　Re——雷诺数。

四、管道热力计算

天然气管道温降方程考虑了焦耳—汤姆逊效应引起的温度下降。焦耳—汤姆逊效应是气体在节流过程中温度随压力变化的表征，管道温度关系如式（1-1-6）所示。

$$T^{end} = T^{amb} + (T^{start} - T^{amb})e^{-\sigma L} - \delta\frac{p^{start} - p^{end}}{\sigma L}(1 - e^{-\sigma L}) \tag{1-1-6}$$

$$\sigma = \frac{k^{tran}\pi d}{\rho Q c_p} \tag{1-1-7}$$

式中　T^{end}——管道天然气流动末端温度，K；

　　　T^{start}——管道天然气流动起点温度，K；

　　　T^{amb}——管道埋深所处环境温度，K；

　　　σ——单位长度传热单元数；

　　　δ——焦耳—汤姆逊效应系数，K/MPa；

　　　k^{tran}——管道的总传热系数，W/(m²·K)；

　　　c_p——气体质量定压热容，J/(kg·K)；

ρ——天然气密度，kg/m³。

管道平均温度计算如式（1-1-8）所示。

$$T^{\text{avg}} = T^{\text{amb}} + \left(T^{\text{start}} - T^{\text{amb}}\right)\frac{1-\mathrm{e}^{-\sigma L}}{\sigma L} - \delta\frac{p^{\text{start}} - p^{\text{end}}}{\sigma L}\left[1 - \frac{\left(1-\mathrm{e}^{-\sigma L}\right)}{\sigma L}\right] \quad (1-1-8)$$

综上，管道热力计算涉及复杂的非线性运算，因此考虑热力过程的天然气管网运行优化模型将为优化求解带来极大的挑战。

五、压缩机建模

天然气管网系统增压通常使用离心式压缩机，其作为管网系统中的重要动力设备，对系统的安全经济运行起着关键作用。离心式压缩机的性能特性直接影响着管网的输气能力和能耗水平，因此准确建立压缩机的数学模型对于管网优化具有重要意义。离心式压缩机的建模需考虑进出口压力比、转速、流量、能耗等多个运行参数，同时还需反映压缩机的压头、效率特性和运行边界约束。

（一）压头

压头是表征离心式压缩机做功能力的重要参数，反映了压缩机对气体的压缩能力。它表示压缩机使单位质量气体获得的机械能，即压缩机对气体的比功。压缩机压头计算如式（1-1-9）所示。

$$H = \frac{RTZ}{\chi}\left[\left(\frac{p^{\text{com,d}}}{p^{\text{com,s}}}\right)^{\chi} - 1\right] \quad (1-1-9)$$

式中 χ——天然气膨胀指数；
H——压缩机压头，kJ/kg；
$p^{\text{com,s}}$——压缩机进口压力，MPa；
$p^{\text{com,d}}$——压缩机出口压力，MPa。

（二）运行边界

压缩机具有一定的运行域，在压缩机工作过程中，当进气流量过低，将出现喘振现象；而进气流量过高，又将出现滞止现象。这两种工况的出现都将影响压缩机的正常运作，甚至可能会造成设备损坏。因此，需要对压缩机的流量进行限制。同时压缩机还具有最大最小转速限制，如式（1-1-10）至式（1-1-12）所示。

$$Q^{\text{com}} \leqslant a^{\text{su}} + b^{\text{su}}H \quad (1-1-10)$$

$$Q^{com} \geqslant a^{st} + b^{st}H \qquad (1-1-11)$$

$$\omega^{com,min} \leqslant \omega^{com} \leqslant \omega^{com,max} \qquad (1-1-12)$$

式中　Q^{com}——压缩机流量，m³/s；
　　　$\omega^{com,min}$——压缩机最小转速，r/min；
　　　ω^{com}——压缩机转速，r/min；
　　　$\omega^{com,max}$——压缩机最大转速，r/min；
　　　a^{su}、b^{su}、a^{st}、b^{st}——喘振滞止系数。

（三）压缩机特性曲线

为精确描述压缩机的性能特性，可以用流量和转速的多项式函数来描述压缩机性能，如式（1-1-13）和式（1-1-14）。

$$\frac{H}{(\omega^{com})^2} = a^{ad} + b^{ad}\left(\frac{Q^{com}}{\omega^{com}}\right) + c^{ad}\left(\frac{Q^{com}}{\omega^{com}}\right)^2 + d^{ad}\left(\frac{Q^{com}}{\omega^{com}}\right)^3 \qquad (1-1-13)$$

$$\eta = a^{effi} + b^{effi}\left(\frac{Q^{com}}{\omega^{com}}\right) + c^{effi}\left(\frac{Q^{com}}{\omega^{com}}\right)^2 + d^{effi}\left(\frac{Q^{com}}{\omega^{com}}\right)^3 \qquad (1-1-14)$$

式中　a^{ad}、b^{ad}、c^{ad}、d^{ad}——压缩机的压头—流量—转速曲线方程系数；
　　　a^{effi}、b^{effi}、c^{effi}、d^{effi}——压缩机的效率—流量—转速曲线方程系数。

（四）功率

压缩机功率计算是压缩机建模的关键，直接反映了系统的能耗水平，是评价管网运行经济性的重要指标。压缩机轴功率与气体流量、压头和压缩机效率等因素密切相关，如式（1-1-15）所示。

$$W = \frac{\rho Q^{cs} H}{\eta} \qquad (1-1-15)$$

式中　W——压气站功率，kW；
　　　Q^{cs}——压气站总增压流量，10^4m³/d。

综上，通过压头、功率、运行边界以及特性曲线的计算可以描述压缩机在不同工况下的运行行为和能耗特性。然而，压头、功率、运行边界以及特性曲线的计算均涉及非线性计算，这也是管网优化求解效率低，优化结果陷入局部最优的关键因素之一。

六、阀门建模

阀门作为管网系统中的重要控制元件，主要用于连接或隔离两个独立节点。相比于管道，阀门的空间尺寸较小。在离散决策中，阀门仅存在开启和关闭两种状态。在模型中，当阀门开启时，其两端节点的势能值（如压力）相等；当阀门关闭时，两端节点被隔离，流量被迫为零。为了区分这两种状态，引入二元变量 $B^{va} \in \{0, 1\}$。对于连接节点 i 和 j 的阀门，其数学模型可表示为式（1-1-16）和式（1-1-17）。

$$B_{ij}^{va} = 0 \Rightarrow Q_{ij} = 0 \quad （1-1-16）$$

$$B_{ij}^{va} = 1 \Rightarrow p_i = p_j \quad （1-1-17）$$

式中 B_{ij}^{va}——普通阀门开关变量；

p_i——节点 i 压力，MPa；

p_j——节点 j 压力，MPa。

七、控制阀建模

控制阀主要用于降低管网中的压力，保护老旧管道免受高压损害。从功能上看，控制阀可视为压缩机的逆向装置。对于连接节点 i 和 j 的控制阀，其数学模型可表示为式（1-1-18）。

$$\alpha_{ij}^{cv} Q_{ij} |Q_{ij}|^{k_{ij}^{cv}} - \beta_{ij}^{cv} y_{ij}^{cv} = p_i - p_j \quad （1-1-18）$$

式中 $\alpha_{ij}^{cv}, \beta_{ij}^{cv}, k_{ij}^{cv}$——控制阀 ij 物理特性系数；

y_{ij}^{cv}——控制阀 ij 开度。

与压缩机类似，控制阀的可行域受到额外约束条件的限制，如端节点 i 和 j 之间的最小和最大压差。此外，控制阀还具备旁通和关闭模式。

第二节 一般天然气管网运行优化模型

为便于后续讨论各种模型处理方法如简化假设、线性化方法与凸松弛技术，同时也便于对不同求解方法进行系统性的对比分析，本节将介绍一般天然气管网运行优化模型（General-Model），该模型以最小化能耗为目标函数，包含流量平衡约束、管道压降约束、压缩机功率约束、压缩机运行域以及压气站负荷分配约束等基本约束条件。

一、目标函数

在天然气管网运行优化问题中,通常将系统总能耗最小化作为优化目标,其中压气站能耗是系统能耗的主要组成部分。因此,General-Model采用压气站能耗最小化作为目标函数,如式(1-2-1)所示。

$$\min \sum_{i,j \in A_{cs}} W_{ij} \tag{1-2-1}$$

式中　W_{ij}——压气站能耗,kW;
　　　A_{cs}——压气站集合。

二、约束条件

(一)流量平衡约束

在天然气管网运行优化中,流量平衡约束是一个关键约束条件。它确保在管网的每一个节点上,进入该节点的天然气流量与离开该节点的天然气流量保持平衡。具体而言,对于管网中的每一个节点,流量平衡约束可以表示为式(1-2-2)。

$$\sum_{i:(j,i) \in A_p} Q_{ji} - \sum_{j:(i,j) \in A_p} Q_{ij} = q_i^{\text{order}}, \quad \forall i \in A_u \tag{1-2-2}$$

式中　Q_{ij}——元件ij流量,$10^4 \text{m}^3/\text{d}$;
　　　q_i^{order}——节点i上载/下载流量,$10^4 \text{m}^3/\text{d}$;
　　　A_p——管道集合;
　　　A_u——节点集合。

(二)管道压降约束

天然气在管道中的流动可视为一元流动。对于沿线高程起伏较大输气管道,稳态流动压降方程,可采用Weymouth方程计算。对Weymouth方程进行变换,使模型可以双向流动,如式(1-2-3)所示。

$$p_i^2 - p_j^2 = \beta_{ij}^{\text{pipe}} \lambda_{ij}^C Z_{ij}^{\text{AGA}} Q_{ij} |Q_{ij}|, \quad \forall (i,j) \in A_p \tag{1-2-3}$$

$$\beta_{ij}^{\text{pipe}} = \frac{\rho^{\text{rel}} T_{ij}^{\text{avg}} L_{ij}}{c_0^2 D_{ij}^5}, \quad \forall (i,j) \in A_p \tag{1-2-4}$$

式中　p_i——节点i压力,MPa;
　　　p_j——节点j压力,MPa;

λ_{ij}^{C}——管道摩阻系数;

Z_{ij}^{AGA}——管道 ij 内天然气压缩因子,基于 AGA 方程计算;

T_{ij}^{avg}——管道 ij 内天然气平均温度,K;

ρ^{rel}——天然气相对密度;

L_{ij}——管道长度,m;

D_{ij}——管道直径,m

β_{ij}^{pipe}——管道 ij 流动阻力系数。

压缩因子采用 AGA 方程,以实现精度与模型复杂度之间的平衡,如式(1-2-5)所示。

$$Z_{ij}^{\text{AGA}} = 1 + 0.257 \frac{p_{ij}^{\text{avg}}}{p_{\text{c}}} - 0.533 \frac{p_{ij}^{\text{avg}} T_{\text{c}}}{p_{\text{c}} T^{\text{amb}}}, \quad \forall (i,j) \in A_{\text{p}} \tag{1-2-5}$$

式中 p_{ij}^{avg}——管道 ij 平均压力,MPa;

p_{c}——天然气临界压力,MPa;

T_{c}——天然气临界温度,K;

T^{amb}——管道埋深所处环境温度,K。

对于管道平均压力 p_{ij}^{avg},其计算如式(1-2-6)所示。

$$p_{ij}^{\text{avg}} = \frac{2}{3}\left(p_i + p_j - \frac{p_i p_j}{p_i + p_j}\right), \quad \forall (i,j) \in A_{\text{p}} \tag{1-2-6}$$

(三)压缩机压头功率约束

长输天然气管网增压通常采用离心式压缩机,离心式压缩机压头和功率约束如式(1-2-7)和式(1-2-8)所示。

$$H_{ij} = \frac{Z_{ij}^{\text{com,s}} R T_{ij}^{\text{in}}}{\chi}\left[\left(\frac{p_{ij}^{\text{com,d}}}{p_{ij}^{\text{com,s}}}\right)^{\chi} - 1\right], \quad \forall (i,j) \in A_{\text{cs}} \tag{1-2-7}$$

$$W_{ij} = \frac{\rho g Q_{ij}^{\text{cs}} H_{ij}}{\eta_{ij}}, \quad \forall (i,j) \in A_{\text{cs}} \tag{1-2-8}$$

式中 H_{ij}——压气站 ij 压缩机压头,kJ/kg;

$p_{ij}^{\text{com,s}}$——压缩机 ij 进气压力,MPa;

$p_{ij}^{\text{com,d}}$——压缩机 ij 排气压力,MPa;

χ——天然气膨胀指数；

$Z_{ij}^{\text{com,s}}$——压缩机 ij 入口天然气压缩因子；

W_{ij}——压气站 ij 功率，kW；

Q_{ij}^{cs}——压气站 ij 总增压流量，$10^4 \text{m}^3/\text{d}$；

η_{ij}——压气站 ij 压缩机效率。

（四）压缩机运行域约束

压缩机运行域约束是一个重要的限制条件，通常用于确保压缩机在其可操作范围内运行。在这里主要指喘振滞止约束如式（1-2-9）和式（1-2-10），此外还包含压缩机转速约束如式（1-2-11）。

$$Q_{ij}^{\text{com}} \leqslant a_{ij}^{\text{su}} + b_{ij}^{\text{su}} H_{ij}, \quad \forall(i,j) \in A_{\text{cs}} \quad (1\text{-}2\text{-}9)$$

$$Q_{ij}^{\text{com}} \geqslant a_{ij}^{\text{st}} + b_{ij}^{\text{st}} H_{ij}, \quad \forall(i,j) \in A_{\text{cs}} \quad (1\text{-}2\text{-}10)$$

$$\omega_{ij}^{\text{com,min}} \leqslant \omega_{ij}^{\text{com}} \leqslant \omega_{ij}^{\text{com,max}}, \quad \forall(i,j) \in A_{\text{cs}} \quad (1\text{-}2\text{-}11)$$

式中　Q_{ij}^{com}——压气站 ij 单台压缩机增压流量，$10^4 \text{m}^3/\text{d}$；

$a_{ij}^{\text{su}}, b_{ij}^{\text{su}}$——压缩机喘振曲线系数；

$a_{ij}^{\text{st}}, b_{ij}^{\text{st}}$——压缩机滞止曲线系数；

$\omega_{ij}^{\text{com,min}}$——压气站 ij 压缩机最小转速，r/min；

$\omega_{ij}^{\text{com,max}}$——压气站 ij 压缩机最大转速，r/min；

ω_{ij}^{com}——压气站 ij 压缩机转速，r/min。

（五）压缩机特性曲线约束

压缩机特性曲线是描述压缩机性能的重要方式，它体现了压缩机流量、压力比、功率及效率等关键性能参数间的相互关系。借助压缩机特性曲线，能够了解压缩机在各种运行条件下的表现，为管网的优化设计与运行调控提供重要依据。本书采用流量和转速的多项式函数来描述压缩机性能[4]，如式（1-2-12）和式（1-2-13）所示。

$$\frac{H_{ij}}{\left(\omega_{ij}^{\text{com}}\right)^2} = a_{ij}^{\text{ad}} + b_{ij}^{\text{ad}}\left(\frac{Q_{ij}^{\text{com}}}{\omega_{ij}^{\text{com}}}\right) + c_{ij}^{\text{ad}}\left(\frac{Q_{ij}^{\text{com}}}{\omega_{ij}^{\text{com}}}\right)^2 + d_{ij}^{\text{ad}}\left(\frac{Q_{ij}^{\text{com}}}{\omega_{ij}^{\text{com}}}\right)^3, \quad \forall(i,j) \in A_{\text{cs}} \quad (1\text{-}2\text{-}12)$$

$$\eta_{ij} = a_{ij}^{\text{effi}} + b_{ij}^{\text{effi}}\left(\frac{Q_{ij}^{\text{com}}}{\omega_{ij}^{\text{com}}}\right) + c_{ij}^{\text{effi}}\left(\frac{Q_{ij}^{\text{com}}}{\omega_{ij}^{\text{com}}}\right)^2 + d_{ij}^{\text{effi}}\left(\frac{Q_{ij}^{\text{com}}}{\omega_{ij}^{\text{com}}}\right)^3, \quad \forall(i,j) \in A_{\text{cs}} \quad (1\text{-}2\text{-}13)$$

式中　a_{ij}^{ad}，b_{ij}^{ad}，c_{ij}^{ad}，d_{ij}^{ad}——压缩机压头特性曲线系数；

a_{ij}^{effi}，b_{ij}^{effi}，c_{ij}^{effi}，d_{ij}^{effi}——压缩机效率特性曲线系数；

η_{ij}——压气站 ij 压缩机效率。

（六）压气站负荷分配约束

为模拟压气站增压过程的负荷分配，General-Model 定义压气站共有"运行""关闭"和"旁通"三种状态。"运行"表示压气站正常对天然气进行增压操作。"关闭"表示压气站关闭，没有流量通过压气站。"旁通"表示有流量通过压气站，但是压气站并无增压，所有流量全部通过旁通阀门。为了表示压气站的状态，引入压气站开关变量表示压气站的整体开关状态，当压气站开启时，天然气可经过压气站增压或直接旁通。压气站增压或旁通不能同时存在，压气站状态约束如式（1-2-14）所示。

$$B_{ij}^{\text{cs}} = B_{ij}^{\text{act}} + B_{ij}^{\text{bp}}, \quad \forall (i,j) \in A_{\text{cs}} \quad (1\text{-}2\text{-}14)$$

式中　B_{ij}^{cs}——压气站 ij 开关变量；

B_{ij}^{act}——压气站 ij 增压功能激活变量；

B_{ij}^{bp}——压气站 ij 压缩机旁通阀门开关变量。

压气站流量与压缩机组流量和旁通阀流量间存在流量平衡关系。同时，根据压缩机组和旁通阀的状态变量，将决定其是否存在流量值，如式（1-2-15）至式（1-2-17）所示。

$$Q_{ij} = Q_{ij}^{\text{act}} + Q_{ij}^{\text{bp}}, \quad \forall (i,j) \in A_{\text{cs}} \quad (1\text{-}2\text{-}15)$$

$$B_{ij}^{\text{act}} q_{ij}^{\text{cs, min}} \leqslant Q_{ij}^{\text{act}} \leqslant B_{ij}^{\text{act}} q_{ij}^{\text{cs, max}}, \quad \forall (i,j) \in A_{\text{cs}} \quad (1\text{-}2\text{-}16)$$

$$B_{ij}^{\text{bp}} q_{ij}^{\text{cs, min}} \leqslant Q_{ij}^{\text{bp}} \leqslant B_{ij}^{\text{bp}} q_{ij}^{\text{cs, max}}, \quad \forall (i,j) \in A_{\text{cs}} \quad (1\text{-}2\text{-}17)$$

式中　Q_{ij}^{act}——压气站 ij 增压的流量，$10^4 \text{m}^3/\text{d}$；

Q_{ij}^{bp}——通过压气站 ij 旁通阀门的流量，$10^4 \text{m}^3/\text{d}$；

$q_{ij}^{\text{cs, min}}$——压气站 ij 最小处理流量，$10^4 \text{m}^3/\text{d}$；

$q_{ij}^{\text{cs, max}}$——压气站 ij 最小处理流量，$10^4 \text{m}^3/\text{d}$。

本节视压气站上下游压力与压缩机进气排气压力相等，即压气站内无压力损失。当天然气通过旁通阀流动时，上下游节点的压力相等。通过引入极大值来决定该约束是否成立，如式（1-2-18）和式（1-2-19）所示。

$$p_{ij}^{\text{com, d}} \leqslant p_{ij}^{\text{com, s}} + (1 - B_{ij}^{\text{bp}}) m^{\text{big}}, \quad \forall (i,j) \in A_{\text{cs}} \quad (1\text{-}2\text{-}18)$$

$$p_{ij}^{\text{com,d}} \geqslant p_{ij}^{\text{com,s}} + \left(B_{ij}^{\text{bp}}-1\right)m^{\text{big}}, \quad \forall (i,j) \in A_{\text{cs}} \tag{1-2-19}$$

当天然气通过压气站进行增压时，压缩机吸气和排气压力应满足压缩机最大和最小压比约束，如式（1-2-20）和式（1-2-21）所示。

$$p_{ij}^{\text{com,d}} \geqslant \varepsilon^{\min} p_{ij}^{\text{com,s}} + (B_{ij}^{\text{act}}-1)m^{\text{big}}, \quad \forall (i,j) \in A_{\text{cs}} \tag{1-2-20}$$

$$p_{ij}^{\text{com,d}} \leqslant \varepsilon^{\max} p_{ij}^{\text{com,s}} + \left(1-B_{ij}^{\text{act}}\right)m^{\text{big}}, \quad \forall (i,j) \in A_{\text{cs}} \tag{1-2-21}$$

式中　$\varepsilon^{\min}$——压缩机最小压比；

　　　$\varepsilon^{\max}$——压缩机最大压比；

　　　m^{big}——一个较大的值。

压气站通常由多台压缩机设备构成，通常压缩机并联运行，根据压缩机设备的开机数量，可计算出单台设备的流量，如式（1-2-22）所示。

$$Q_{ij}^{\text{act}} = I_{ij}^{\text{act}} Q_{ij}^{\text{com}}, \quad \forall (i,j) \in A_{\text{cs}} \tag{1-2-22}$$

式中　I_{ij}^{act}——压气站 ij 激活压缩机数量；

　　　Q_{ij}^{com}——压气站 ij 单台压缩机增压流量，$10^4 \text{m}^3/\text{d}$。

（七）阀门约束

本书所考虑阀门类型主要有两种，一种是描述管道流量流动的普通阀门，该阀门只存在两种状态即"开启"和"关闭"，通过0—1变量进行描述，当阀门关闭时强制通过流量为0。另一种则是可控制压力变化的控制阀，控制阀用于降低管网中的压力，可看作压缩机的逆向装置。为避免混淆，本书通过上标"va"表示普通阀门，通过上标"cv"表示控制阀门。对于普通阀门，其通过式（1-2-23）描述阀门的流量变化，通过式（1-2-24）和式（1-2-25）描述阀门的压力变化。

$$Q_{ij} \leqslant B_{ij}^{\text{va}} m^{\text{big}}, \quad \forall (i,j) \in A_{\text{va}} \tag{1-2-23}$$

$$p_i - p_j \leqslant \left(1-B_{ij}^{\text{va}}\right)m^{\text{big}}, \quad \forall (i,j) \in A_{\text{va}} \tag{1-2-24}$$

$$p_i - p_j \geqslant \left(B_{ij}^{\text{va}}-1\right)m^{\text{big}}, \quad \forall (i,j) \in A_{\text{va}} \tag{1-2-25}$$

式中　B_{ij}^{va}——普通阀门 ij 开关二元变量。

对于控制阀门，其相对于普通阀门还增加了降低压力的作用。与压气站相似，可定义控制阀门具有三种状态即"运行""关闭"和"旁通"，控制阀在同一时刻仅能存在一种状态，如式（1-2-26）所示。

$$B_{ij}^{\text{cv-act}}+B_{ij}^{\text{cv-off}}+B_{ij}^{\text{cv-bp}}=1,\quad \forall (i,j)\in A_{\text{cv}} \quad (1\text{-}2\text{-}26)$$

式中　$B_{ij}^{\text{cv-act}}$——控制阀 ij 激活二元变量；

　　　$B_{ij}^{\text{cv-off}}$——控制阀 ij 关闭二元变量；

　　　$B_{ij}^{\text{cv-bp}}$——控制阀 ij 旁通二元变量。

控制阀"运行"表示控制阀执行其调节压力的功能，其调压过程通过式（1-2-27）和式（1-2-28）建模，同时控制阀最大压差应小于设备限制，如式（1-2-29）所示。

$$\alpha_{ij}^{\text{cv}}Q_{ij}|Q_{ij}|^{k_{ij}^{\text{cv}}}-\beta_{ij}^{\text{cv}}y_{ij}^{\text{cv}}\geq p_i-p_j+\left(B_{ij}^{\text{cv-act}}-1\right)m^{\text{big}},\quad \forall (i,j)\in A_{\text{cv}} \quad (1\text{-}2\text{-}27)$$

$$\alpha_{ij}^{\text{cv}}Q_{ij}|Q_{ij}|^{k_{ij}^{\text{cv}}}-\beta_{ij}^{\text{cv}}y_{ij}^{\text{cv}}\leq p_i-p_j+(1-B_{ij}^{\text{cv-act}})m^{\text{big}},\quad \forall (i,j)\in A_{\text{cv}} \quad (1\text{-}2\text{-}28)$$

$$p_i-p_j\leq \Delta p_{ij}^{\text{cvmax}},\quad \forall (i,j)\in A_{\text{cv}} \quad (1\text{-}2\text{-}29)$$

式中　α_{ij}^{cv}，β_{ij}^{cv}，k_{ij}^{cv}——控制阀 ij 物理特性系数，常数；

　　　y_{ij}^{cv}——控制阀 ij 开度；

　　　$\Delta p_{ij}^{\text{cvmax}}$——控制阀 ij 最大允许压差，MPa。

控制阀"关闭"表示将控制阀进出口完全分离，其进出口压力互不影响如式（1-2-30）和式（1-2-31）所示。

$$p_i-p_j\leq B_{ij}^{\text{cv-off}}m^{\text{big}},\quad \forall (i,j)\in A_{\text{cv}} \quad (1\text{-}2\text{-}30)$$

$$Q_{ij}\leq (1-B_{ij}^{\text{cv-off}})m^{\text{big}},\quad \forall (i,j)\in A_{\text{cv}} \quad (1\text{-}2\text{-}31)$$

控制阀"旁通"则表示流体正常通过控制阀，前后压力不变，如式（1-2-32）和式（1-2-33）所示。

$$p_i-p_j\leq \left(1-B_{ij}^{\text{cv-bp}}\right)m^{\text{big}},\quad \forall (i,j)\in A_{\text{cv}} \quad (1\text{-}2\text{-}32)$$

$$p_i-p_j\geq \left(B_{ij}^{\text{cv-bp}}-1\right)m^{\text{big}},\quad \forall (i,j)\in A_{\text{cv}} \quad (1\text{-}2\text{-}33)$$

三、模型总结

本章所构建的 General-Model 以压气站能耗最小化为目标函数，同时考虑管道水力计算、管道双向流动、压气站负荷分配、压缩机运行边界以及阀门控制，由式（1-2-1）至式（1-2-33）组成。其中管道压降约束式（1-2-3）、压缩因子计算式（1-2-5）、压缩机

压头功率约束式（1-2-7）和式（1-2-8）、压缩机运行域约束式（1-2-9）和式（1-2-10）以及控制阀调压约束式（1-2-27）和式（1-2-28）均为非线性约束。然而在模型求解过程中，这些非线性约束容易导致非全局最优解、数值不稳定和收敛性差等问题。

第三节　天然气管网运行优化模型处理方法

根据前文所述，气体状态方程、管道压降方程、压缩机建模、控制阀建模均包含复杂的非线性计算，直接使用原始公式建立管网优化模型将严重影响模型求解效率和求解质量。因此，本小节将介绍常见的模型处理方法以应对天然气管网运行优化模型的求解挑战。

一、简化假设

天然气管网优化建模需平衡计算效率与精度。简化假设（如恒定压缩因子）虽可降低计算复杂度，但过度简化易忽略关键细节，导致大规模系统中误差累积。建模时应通过敏感性分析权衡简化程度，确保模型兼具高效性与工程可靠性。

（一）压缩因子简化

压缩因子（Z）是表征天然气实际状态与理想气体偏差的关键参数。工程中常假设 Z 恒定以简化计算，适用于工况稳定且压力范围较小的小规模管网系统。但在压力/温度变化显著的大规模多节点系统中，Z 的空间差异性会导致流量与压力误差。因此，需评估假设适用性，避免优化偏差。针对 BWRS 方程计算过程复杂的问题，可采用 AGA 方程（如 Z^{AGA}）或固定常数（如 Z^C）进行替代。当采用 Z^C 时，则管道压降约束如式（1-3-1）所示。

$$p_i^2 - p_j^2 = \beta_{ij}^{\text{pipe}} \lambda_{ij}^C Z_{ij}^C Q_{ij} |Q_{ij}|, \quad \forall (i,j) \in A_p \quad (1-3-1)$$

（二）压缩机特性曲线

在天然气管网优化建模中，压缩机的特性曲线是描述压缩机在不同运行条件下的性能变化的重要工具。压缩机特性曲线考虑了流量、压比、压头、转速和效率等多个参数，通常通过多项式拟合进行描述，而是否考虑压缩机特性曲线是压缩机特性计算准确与否的关键。

利用 $\eta_{i,j}^C$ 表示计算过程中不考虑压缩机特性曲线，并将其视为常量，则压缩机功率计算如式（1-3-2）所示。

$$W_{ij} = \frac{\rho Q_{ij} H_{ij}}{\eta_{ij}^C}, \quad \forall (i,j) \in A_{cs} \quad (1-3-2)$$

（三）等温系统

等温假设即认为天然气在管网中的流动过程中温度保持不变，这一假设一定程度上简化了能量方程的处理，降低了模型的复杂性。对于温度变化较小或外部温度对管网影响有限的情况，等温假设是合理的。然而，实际运行中，天然气的温度可能因压缩、膨胀、环境温度变化及管道本身的热传导特性而发生变化，尤其是在长距离输送和大规模复杂管网中，温度波动可能显著影响气体的物理性质和流动行为。因此，虽然等温假设能够简化建模过程，但在应用时需谨慎考虑对热力学特性的忽略，避免因温度变化引起的误差累积，从而影响优化结果的准确性和可靠性。同理，使用 T_{ij}^C 表示温度为常数时的假设过程。

二、线性化处理

在天然气管网优化建模中，非线性约束如管道水力约束、管道热力约束、压缩机特性约束以及状态方程等，通常包含一次和二次非线性项。这些非线性特性使优化问题难以直接应用线性优化算法求解。为此，线性化处理成为必不可少的步骤，旨在将复杂的非线性约束转化为线性形式，从而使模型适应线性优化算法的求解框架。本书将线性化方法主要分为以下三类。

（一）单变量非线性函数线性化

分段线性化实际上是针对单变量的高次项采用分段线性近似的方法，将非线性曲线分割为若干个线性区间，使用线性函数逐段逼近原始非线性关系，从而简化计算并提高模型的可解性，如图 1-3-1 所示。需要注意的是，分段线性化在降低计算复杂度的同时，可能会引入一定的近似误差。因此，在应用时需合理选择分段数量和区间划分，以在精度与计算效率之间取得平衡。

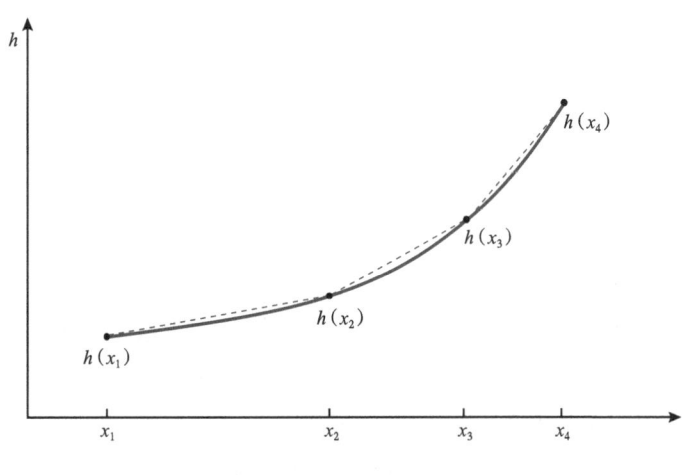

图 1-3-1 分段线性图

目前主要提出了三种不同的策略用于构建分段线性模型。这些策略根据二元变量的使用及非线性近似的方法，可分为凸组合法、多项选择法和增量模型。凸组合法与多项选择法均通过构建二元变量来选择函数所处的分段，但两者在具体实现上有所不同。凸组合法通过将函数值表示为相邻节点的凸组合来实现分段选择，而多项选择法则基于各分段的斜率和截距进行计算。此外，增量模型通过逐步增加分段数目，以逐步逼近非线性函数，从而实现分段线性化。凸组合法包括 SOS2、BCC、Log、DCC、Dlog 等多种方法。其中，凸组合法中的 SOS2 方法在管道压降方程的线性化方面尤为适用。此外，增量模型也显示出良好的适用性。这些方法各具优势，需根据具体应用场景及模型需求选择合适的线性化策略。

1. SOS2

SOS2（Second-Order Cone Constraints）是一种数学优化中的约束形式。通过引入 SOS2 约束，可以将问题中的二次约束（如二次型函数约束）或者具有一定结构的约束转化为更容易求解的形式。

假设有一个函数，$h(x)=x^2$，$x \geq 1$。在 x 取值范围内取 k 个点（包含起点和终点）$x_1, x_2, \cdots, x_k$ 作为分段网格点，同时为每个网格点 x_i 引入一个正变量 L_i^{SOS2}。可以将非线性函数表示如式（1-3-3）至式（1-3-5）所示。

$$h(x) \approx \sum_{i=1}^{k} h(x_i) L_i^{SOS2} \quad (1-3-3)$$

$$x = \sum_{i=1}^{k} x_i L_i^{SOS2} \quad (1-3-4)$$

$$\sum_{i=1}^{k} L_i^{SOS2} = 1 \quad (1-3-5)$$

此外，L^{SOS2} 变量必须满足以下条件：最多有两个 L^{SOS2} 变量可以为正，并且如果两个为正，则它们必须是连续的。这个条件被称为特殊有序集合类型 2 即 SOS2。SOS2 是一种用于线性和整数规划的约束类型，确保在一个有序的变量集合中，至多两个相邻的变量可以取非零值。

2. Inc 模型

增量线性模型（Incremental Linear Model），也称为增量模型（Inc）是一种广泛用于函数逼近和优化的模型。它的核心思想是将一个复杂的目标函数分解为多个小的增量部分，通过逐步逼近的方法达到对目标函数的良好近似。

Inc 模型引入了连续变量 L^{Inc} 和二进制变量 B^{Inc}。假设预测或描述一个函数 $h(x)=x^2$，

将 $h(x)$ 从一个初始值 $h(x_1)$ 开始,通过一系列的增量逐步逼近到目标函数值。可以简单理解为,每次在已有的估计值上,增加一个小的调整值,使得估计结果更接近真实值,如式(1-3-6)所示

$$h(x) \approx h(x_1) + \sum_{i \in P}[h(x_{i+1}) - h(x_i)]L_i^{\text{Inc}} \tag{1-3-6}$$

式中 $h(x_1)$——初始点的函数值;

$h(x_{i+1}) - h(x_i)$——每次迭代的增量;

L_i^{Inc}——增量的权重,用来控制每次调整的幅度。

同样变量 x 也可以用类似的增量方式表示,如式(1-3-7)所示。

$$x = x_1 + \sum_{i \in P}(x_{i+1} - x_i)L_i^{\text{Inc}} \tag{1-3-7}$$

即 x 是从初始值 x_1 逐步累加增量得到的。同时还设置填充条件如式(1-3-8)至式(1-3-10)所示,即如果 $L_i^{\text{Inc}} > 0$ 且 $2 \leq i \leq k-1$,则对于所有 $1 \leq j < i$,$L_j^{\text{Inc}} = 1$。

$$L_{i+1}^{\text{Inc}} \leq B_i^{\text{Inc}} \quad \forall i \in P-1 \tag{1-3-8}$$

$$B_i^{\text{Inc}} \leq L_i^{\text{Inc}} \quad \forall i \in P-1 \tag{1-3-9}$$

$$0 \leq L_i^{\text{Inc}} \leq 1 \quad \forall i \in P \tag{1-3-10}$$

(二)双变量非线性函数线性化

压缩机组压头/功率方程含有双变量非线性项,前面所提及的单变量线性化方法不再适用。这些双变量非线性项主要表现为两种形式:一是如 $f(x,y)$ 这样的一般双变量非线性函数,二是特殊的双变量乘积项 $x \cdot y$。针对这两类非线性项,分别采用基于三角剖分的线性化方法和基于辅助变量的分离转化方法进行处理,从而将原问题转化为混合整数线性规划问题。

1. 三角剖分的线性化方法

基于三角剖分的高效线性化方法通过对二维空间进行三角剖分,并结合分支方案来实现双变量非线性函数的精确线性化。首先,考虑一个定义在二维空间上的连续函数 $f:[0,\omega]^2 \to \mathbb{R}$,其中 ω 为正偶数。采用J1-三角剖分方法将定义域划分为 $2\omega^2$ 个规则三角形,如图1-3-2(a)所述。设顶点集合 $J=\{0,\cdots,\omega\}$,对于 $j \in J$,定义顶点坐标 $x_j=j$。通过构建两阶段分支方案来确定任意点所属的三角形区域:首先确定点所在的单位正方形,然后选择该正方形内的特定三角形,如图1-3-2(b)所示。引入双射函数 $B:\{1,\cdots,\omega\} \to \{0,1\}^{\lceil \log_2 \omega \rceil}$

满足 Gray 码特性，用于编码 $\mathbb{R}^2$ 中 x_1- 方向（横坐标方向）和 x_2- 方向（纵坐标方向）的 ω 条线段。第一阶段的分支约束如式（1-3-10）至式（1-3-15）所示。

$$\sum_{j_2=0}^{\omega} \sum_{j \in T^1(B,i)} L_{j_1,j_2}^{J1} \leq z_1^i, \quad \forall i=1,\cdots,\lceil \log_2 \omega \rceil \tag{1-3-11}$$

$$\sum_{j_2=0}^{\omega} \sum_{j \in T^1(B,i)} L_{j_1,j_2}^{J1} \leq 1-z_1^i, \quad \forall i=1,\cdots,\lceil \log_2 \omega \rceil \tag{1-3-12}$$

$$\sum_{j_1=0}^{\omega} \sum_{j \in T^0(B,i)} L_{j_1,j_2}^{J1} \leq z_2^i, \quad \forall i=1,\cdots,\lceil \log_2 \omega \rceil \tag{1-3-13}$$

$$\sum_{j_1=0}^{\omega} \sum_{j \in T^0(B,i)} L_{j_1,j_2}^{J1} \leq 1-z_2^i, \quad \forall i=1,\cdots,\lceil \log_2 \omega \rceil \tag{1-3-14}$$

$$z_1^i, z_2^i \in \{0,1\}, \quad \forall i=1,\cdots,\lceil \log_2 \omega \rceil \tag{1-3-15}$$

式中　L_{j_1,j_2}^{J1}——凸组合权重。

其中二分集合定义为：$T^1(B,i) = \{j \in \{0,\cdots,\omega\} | \forall k \in I(j), B(k)_i = 1\}$，$T^0(B,i) = \{j \in \{0,\cdots,\omega\} | \forall k \in I(j), B(k)_i = 0\}$，这里 $I(j) = \{i \in \{1,\cdots,\omega\} | j \in \{i-1,i\}\}$ 表示包含顶点 j 的所有线段集合。

在确定单位正方形后，第二阶段引入一个二进制变量 z_0 选择特定三角形，如式（1-3-16）至式（1-3-18）所示。

$$\sum_{(j_1,j_2) \in T^+} L_{j_1,j_2}^{J1} \leq z_0 \tag{1-3-16}$$

$$\sum_{(j_1,j_2) \in T^-} L_{j_1,j_2}^{J1} \leq 1-z_0 \tag{1-3-17}$$

$$z_0 \in \{0,1\} \tag{1-3-18}$$

其中，$T^+ = \{j \in J | j_1$ 为偶数并且 j_2 是奇数$\}$，$T^- = \{j \in J | j_1$ 为奇数并且 j_2 是偶数$\}$。该方法总共需要 $2\lceil \log_2 \omega \rceil + 1$ 个二进制变量和 $4\lceil \log_2 \omega \rceil + 2$ 个约束条件。当 $\omega = 2^k (k \in \mathbb{N})$ 时，二进制变量数量恰好等于 $\log_2|T|$，其中 T 为三角剖分中的三角形集合。这种基于对数的表示方法显著减少了问题规模，使得求解大规模非线性优化问题成为可能。

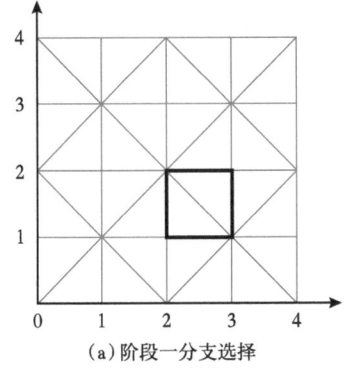 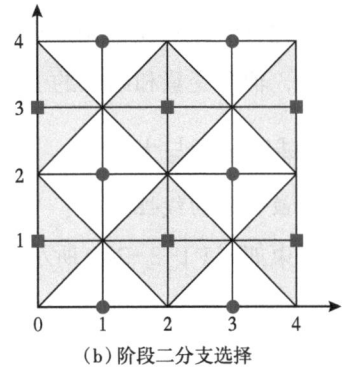

(a)阶段一分支选择　　　　　　　(b)阶段二分支选择

图 1-3-2　J1-三角两阶段分支方案

2. 双变量相乘分离转化线性方法

对于 xy 形式的双变量相乘非线性项，可以通过构造辅助变量将其转化为可分离形式。具体地，对于变量 x_1 和 x_2 相乘项 $x_1 x_2$，引入两个新的连续变量 y_1 和 y_2，如式（1-3-19）和式（1-3-20）所示。

$$y_1 = \frac{1}{2}(x_1 + x_2) \tag{1-3-19}$$

$$y_2 = \frac{1}{2}(x_1 - x_2) \tag{1-3-20}$$

通过这种变换，原双变量乘积项可以重写为式（1-3-21）。

$$y_1^2 - y_2^2 = x_1 x_2 \tag{1-3-21}$$

此时，y_1^2 和 y_2^2 均为单变量非线性函数，可以使用前文介绍的分段线性化方法进行处理。根据变量 x_1 和 x_2 的边界条件，可以确定 y_1 和 y_2 的取值范围，如式（1-3-22）和式（1-3-23）所示。

$$\frac{1}{2}(x_1^{\min} + x_2^{\min}) \leqslant y_1 \leqslant \frac{1}{2}(x_1^{\max} + x_2^{\max}) \tag{1-3-22}$$

$$\frac{1}{2}(x_1^{\min} - x_2^{\max}) \leqslant y_2 \leqslant \frac{1}{2}(x_1^{\max} - x_2^{\min}) \tag{1-3-23}$$

当其中一个变量在目标函数或其他约束中仅以乘积项的形式出现时，可以引入单一变量 z 替代乘积项 $x_1 x_2$，并添加约束 $x_1^{\min} x_2 \leqslant z \leqslant x_1^{\max} x_2$，该约束确保了当 $x > 0$ 时，有

$x_1^{\min} \leqslant x_1 \leqslant x_1^{\max}$。求解得到 z 和 x_2 后，可通过 $x_1=z/x_2$（当 $x_2>0$ 时）计算 x_1 的值。相比于三角剖分的线性化方法，双变量相乘分离转化线性化方法的变量和参数更少，因为它不需要细化剖分网格，辅助变量和约束的引入数量固定。

（三）引入辅助变量与大 M 法

1. 最大值和最小值的线性化

假设原始约束如式（1-3-24）所示。

$$z = \max(x, y) \quad (1\text{-}3\text{-}24)$$

线性化后转化为式（1-3-25）至式（1-3-29）。

$$x \leqslant z \quad (1\text{-}3\text{-}25)$$

$$y \leqslant z \quad (1\text{-}3\text{-}26)$$

$$z \leqslant y + (1-u)M \quad (1\text{-}3\text{-}27)$$

$$z \leqslant x + uM \quad (1\text{-}3\text{-}28)$$

$$u \in \{0,1\} \quad (1\text{-}3\text{-}29)$$

约束 $x \leqslant z$ 或 $y \leqslant z$ 是自然成立的。当 $u=1$ 时，约束 $z \leqslant y+(1-u)M$ 变为 $z \leqslant y$，而约束 $z \leqslant x+uM$ 由于大 M 的存在变得不起作用。当 $u=0$ 时，约束 $z \leqslant x+uM$ 变为 $z \leqslant x$，而约束 $z \leqslant y+(1-u)M$ 由于大 M 的存在变得不起作用。

2. 整数变量间相乘的线性化

决策变量 x_i, $x_j \forall i, j \in I$，其中 $x_i, x_j \in \{0,1\}$，考虑线性化二次交叉项 $x_i x_j$，令 $y_{ij}=x_i x_j$，同时添加约束式（1-3-30）至式（1-3-33），以实现整数变量间相乘的线性化处理。

$$y_{ij} \leqslant x_i \quad (1\text{-}3\text{-}30)$$

$$y_{ij} \leqslant x_j \quad (1\text{-}3\text{-}31)$$

$$y_{ij} \geqslant x_i + x_j - 1 \quad (1\text{-}3\text{-}32)$$

$$y_{ij} \in \{0,1\} \quad (1\text{-}3\text{-}33)$$

为了表达出交叉项的信息，引入新的决策变量 y_{ij}，与原来优化问题的决策变量 x，采用如上方法线性化之后会让决策变量从线性扩增到平方的数量级。因此如上的线性化方式未必能让问题变得简单，使用时需进一步结合问题性质去考虑。

3. 整数变量和连续变量相乘的线性化

决策变量 x_i，$y_j \forall i, j \in I$，其中 $x_i \in \{0, 1\}$，$y_j \in [a, b]$ 考虑线性化二次交叉项 $x_i y_j$，令 $z_{ij} = x_i y_j$，同时添加约束式（1-3-34）至式（1-3-36），以实现整数变量和连续变量相乘的线性化处理。

$$z_{ij} \leqslant y_j \qquad (1\text{-}3\text{-}34)$$

$$z_{ij} \geqslant y_j - b(1 - x_i) \qquad (1\text{-}3\text{-}35)$$

$$a x_i \leqslant z_{ij} \leqslant b x_i \qquad (1\text{-}3\text{-}36)$$

需要注意的是这里的 $x_i y_j$ 是一个混整项。

4. 绝对值的线性化

原始优化问题如式（1-3-37）和式（1-3-38）所示。

$$\min_x \sum_{i=1}^n c_i |x_i| \qquad (1\text{-}3\text{-}37)$$

$$s.t.\ Ax \leqslant b \qquad (1\text{-}3\text{-}38)$$

通过式（1-3-39）至式（1-3-42），线性化转化为混合整数线性优化问题。

$$\min_z \sum_{i=1}^n c_i z_i \qquad (1\text{-}3\text{-}39)$$

$$s.t.\ Ax \leqslant b \qquad (1\text{-}3\text{-}40)$$

$$x_i \leqslant z_i, i = 1, 2\cdots, n \qquad (1\text{-}3\text{-}41)$$

$$-x_i \leqslant z_i, i = 1, 2\cdots, n \qquad (1\text{-}3\text{-}42)$$

（四）压降方程线性化

在管道压降约束中，非线性项主要源于方程左侧的起终点压力二次项和方程右侧的流量与压缩因子乘积项（包含流量的绝对值）。

1. 管道流向可变的线性化处理

管道压降约束式中，流量的绝对值用于描述气体的双向流动。然而，绝对值的使用可能导致模型求解效率降低。因此，参考引入辅助变量与大 M 法线性过程，通过引入二元

变量 B_{ij}^{pipe} 用于描述管道中天然气的流向，同时添加约束式（1-3-43）至式（1-3-46）以去除管道压降约束中的绝对值。

$$p_i^2 - p_j^2 \geq \beta_{ij}^{\text{pipe}} \lambda_{ij}^{\text{C}} Z_{ij}^{\text{C}} Q_{ij}^2 - \left(1 - B_{ij}^{\text{pipe}}\right) m^{\text{big}}, \quad \forall (i,j) \in A_{\text{p}} \quad (1\text{-}3\text{-}43)$$

$$p_i^2 - p_j^2 \leq \beta_{ij}^{\text{pipe}} \lambda_{ij}^{\text{C}} Z_{ij}^{\text{C}} Q_{ij}^2 + \left(1 - B_{ij}^{\text{pipe}}\right) m^{\text{big}}, \quad \forall (i,j) \in A_{\text{p}} \quad (1\text{-}3\text{-}44)$$

$$p_j^2 - p_i^2 \geq \beta_{ij}^{\text{pipe}} \lambda_{ij}^{\text{C}} Z_{ij}^{\text{C}} Q_{ij}^2 - B_{ij}^{\text{pipe}} m^{\text{big}}, \quad \forall (i,j) \in A_{\text{p}} \quad (1\text{-}3\text{-}45)$$

$$p_j^2 - p_i^2 \leq \beta_{ij}^{\text{pipe}} \lambda_{ij}^{\text{C}} Z_{ij}^{\text{C}} Q_{ij}^2 + B_{ij}^{\text{pipe}} m^{\text{big}}, \quad \forall (i,j) \in A_{\text{p}} \quad (1\text{-}3\text{-}46)$$

2. 压力、流量二次项的线性化处理

管道起终点压力二次项、流量二次项均为非线性项，因此，引入变量 ψ_i、ψ_j 和 Φ 分别用于替代管道连接节点 i 压力二次项 p_i^2、管道连接节点 j 压力二次项 p_j^2 以及流量二次项 Q_{ij}^2，如式（1-3-47）至式（1-3-50）所示。

$$\psi_i - \psi_j \geq \beta_{ij}^{\text{pipe}} \lambda_{ij}^{\text{C}} Z_{ij}^{\text{C}} \Phi_{ij} - \left(1 - B_{ij}^{\text{pipe}}\right) m^{\text{big}}, \quad \forall (i,j) \in A_{\text{p}} \quad (1\text{-}3\text{-}47)$$

$$\psi_i - \psi_j \leq \beta_{ij}^{\text{pipe}} \lambda_{ij}^{\text{C}} Z_{ij}^{\text{C}} \Phi_{ij} + \left(1 - B_{ij}^{\text{pipe}}\right) m^{\text{big}}, \quad \forall (i,j) \in A_{\text{p}} \quad (1\text{-}3\text{-}48)$$

$$\psi_j - \psi_i \geq \beta_{ij}^{\text{pipe}} \lambda_{ij}^{\text{C}} Z_{ij}^{\text{C}} \Phi_{ij} - B_{ij}^{\text{pipe}} m^{\text{big}}, \quad \forall (i,j) \in A_{\text{p}} \quad (1\text{-}3\text{-}49)$$

$$\psi_j - \psi_i \leq \beta_{ij}^{\text{pipe}} \lambda_{ij}^{\text{C}} Z_{ij}^{\text{C}} \Phi_{ij} + B_{ij}^{\text{pipe}} m^{\text{big}}, \quad \forall (i,j) \in A_{\text{p}} \quad (1\text{-}3\text{-}50)$$

若通过 SOS2 线性化方法，则添加辅助约束式（1-3-51）至式（1-3-53）。

$$\psi_i \approx \sum_{k=1}^{N^L} p_{i,k}^2 L_{i,k}^{\text{SOS2}}, \quad p_i = \sum_{k=1}^{N^L} p_{i,k} L_{i,k}^{\text{SOS2}}, \quad \sum_{k=1}^{N^L} L_{i,k}^{\text{SOS2}} = 1 \quad (1\text{-}3\text{-}51)$$

$$\psi_j \approx \sum_{k=1}^{N^L} p_{j,k}^2 L_{j,k}^{\text{SOS2}}, \quad p_j = \sum_{k=1}^{N^L} p_{j,k} L_{j,k}^{\text{SOS2}}, \quad \sum_{j=1}^{N^L} L_{j,k}^{\text{SOS2}} = 1 \quad (1\text{-}3\text{-}52)$$

$$\Phi_{i,j} \approx \sum_{k=1}^{N^L} Q_{ij,k}^2 L_{ij,k}^{\text{SOS2}}, \quad Q_{ij} = \sum_{k=1}^{N^L} Q_{ij,k} L_{ij,k}^{\text{SOS2}}, \quad \sum_{k=1}^{N^L} L_{ij,k}^{\text{SOS2}} = 1 \quad (1\text{-}3\text{-}53)$$

若通过 Inc 线性化方法，则引入连续变量 L^{Inc} 和二进制变量 B^{Inc}。同时添加辅助约束式（1-3-54）至式（1-3-57），以对管道连接节点 i 压力二次项 p_i^2 进行线性控制。

$$\psi_i \approx p_1^2 + \sum_{k \in V} \left(p_{k+1}^2 - p_k^2 \right) L_{i,k}^{\text{Inc}} \tag{1-3-54}$$

$$p_i = p_1 + \sum_{k \in V} \left(p_{k+1} - p_k \right) L_{i,k}^{\text{Inc}} \tag{1-3-55}$$

$$L_{i,k+1}^{\text{Inc}} \leqslant B_{i,k}^{\text{Inc}} \leqslant L_{i,k}^{\text{Inc}} \quad \forall k \in V-1 \tag{1-3-56}$$

$$0 \leqslant L_{i,k}^{\text{Inc}} \leqslant 1 \quad \forall k \in V \tag{1-3-57}$$

管道连接节点 j 压力二次项 p_j^2 以及流量二次项 Q_{ij}^2 的线性控制约束同式（1-3-54）至式（1-3-57）表述相似，不再冗余表达。

通过以上线性化方法，就可以将压降方程完全线性化。然而，由于分段线性化的特性，SOS2 线性化后的单个压降约束额外引入了 $3 \times 3 \times V$ 个辅助约束条件（V 为线性化分段数量），以及 $3 \times V + 3$ 个连续变量。而 Inc 线性化后的单个压降约束额外引入了 $3 \times 2 \times V$ 个约束条件、$3 \times V$ 个连续变量以及 $3 \times V - 1$ 个离散变量。

（五）压气站流量分配线性化

在 General-Model 中，压气站的流量分配通常通过整数变量与连续变量的乘积来实现。尽管这种非线性关系能够准确地描述压气站流量的平衡分配机制，但也显著增加了模型的复杂性，从而降低了求解效率，尤其是在处理大规模天然气管网优化问题时，求解难度会进一步加剧。为避免公式（1-2-22）中非线性项带来的计算挑战，可通过引入新的二元变量 $B_{c,ij}^{\text{com}}$ 和压气站配置常数 κ_c 重构压气站内的流量分配。该方法虽然增加了变量的个数，但避免了整数变量与流量直接相乘带来的非线性。线性化后的约束表达如式（1-3-58）和式（1-3-59）。

$$\kappa_c Q_{ij}^{\text{act}} - m^{\text{big}} \left(1 - B_{c,ij}^{\text{com}} \right) \leqslant Q_{ij}^{\text{com}} \leqslant \kappa_c Q_{ij}^{\text{act}} + m^{\text{big}} \left(1 - B_{c,ij}^{\text{com}} \right), \forall (i,j) \in A_{cs}, c = 1, \cdots, n_{ij}^{\text{config}} \tag{1-3-58}$$

$$\sum_{c=1}^{n_{ij}^{\text{config}}} B_{c,ij}^{\text{com}} = B_{ij}^{\text{act}}, \quad \forall (i,j) \in A_c \tag{1-3-59}$$

式中　κ_c——压气站配置常数；

　　　$B_{c,ij}^{\text{com}}$——压气站 ij 配置变量；

　　　n_{ij}^{config}——压气站 ij 压缩机配置数。

(六)天然气管网运行优化模型双变量非线性约束线性化

在 General-Model 中,压气站压头和功率计算方程属于多变量非线性约束。由于变量的不可分离性质,线性化变得更加复杂,无法用普通的分段线性函数处理。多变量非线性约束线性化常见手段有三角网格近似和 McCormick 包络。本书将基于这两种方法对压气站压头和功率计算方程进行线性化处理。

为简化问题,首先对温度和压缩因子进行假设:(1)假设系统为等温系统;(2)假设压缩因子为常数。做出该假设的主要原因在于:如果将温度和压缩因子视为变量,原始约束方程中将同时包含四个变量(即压力、温度、压缩因子和流量)。在这种情况下,线性化过程的复杂性会显著增加,导致模型的求解难度呈指数级上升。

1. 压头方程线性化

基于上述假设,在压头约束中引入辅助变量 $\varGamma$ 替代压缩机出口压力和进口压力的除商项 $(p_{ij}^{\mathrm{com,d}}/p_{ij}^{\mathrm{com,s}})^{\chi}$,从而将压头约束转化为线性形式,如式(1-3-60)所示。同时,产生一个新的高维非线性函数 $\varGamma_{ij}$,如式(1-3-61)所示。

$$H_{ij} = \frac{ZRT}{\chi}\left[\varGamma_{ij} - 1\right], \quad \forall (i,j) \in A_{\mathrm{cs}} \quad (1\text{-}3\text{-}60)$$

$$\varGamma_{ij} = \left(\frac{p_{ij}^{\mathrm{com,d}}}{p_{ij}^{\mathrm{com,s}}}\right)^{\chi}, \quad \forall (i,j) \in A_{\mathrm{cs}} \quad (1\text{-}3\text{-}61)$$

采用前文三角剖分的线性化方法对 $\varGamma_{ij}$ 进行线性化。首先,确定变量 $p_{ij}^{\mathrm{com,s}}$ 和 $p_{ij}^{\mathrm{com,d}}$ 的定义域为 $[p_{ij}^{\mathrm{com,s,min}}, p_{ij}^{\mathrm{com,s,max}}]$ 和 $[p_{ij}^{\mathrm{com,d,min}}, p_{ij}^{\mathrm{com,d,max}}]$。然后采用 J1-三角剖分将二维空间划分为规则三角形,并通过前述两阶段分支方案确定任意点所属的三角形区域。即式(1-3-11)至式(1-3-18)用于确定唯一的三角网格。基于重心坐标理论,对于平面中的三角形,其内部任意一点都可以表示为三个顶点的凸组合。设三角形顶点坐标为 $(\tilde{p}_{j1}, \tilde{p}_{j2})$,其中 $j1$ 和 $j2$ 代表不同的分支方向,如图 1-3-2 所示。权重系数为 $L_{j_1, j_2}^{\mathrm{J1}}$,则根据凸组合原理,定义域内任意点的坐标 $p_{ij}^{\mathrm{com,s}}$ 和 $p_{ij}^{\mathrm{com,d}}$ 可表示为式(1-3-62)和式(1-3-63)。

$$p_{ij}^{\mathrm{com,s}} = \sum_{(j_1, j_2) \in T} \tilde{p}_{j_1} L_{j_1, j_2}^{\mathrm{J1}} \quad (1\text{-}3\text{-}62)$$

$$p_{ij}^{\mathrm{com,d}} = \sum_{(j_1, j_2) \in T} \tilde{p}_{j_2} L_{j_1, j_2}^{\mathrm{J1}} \quad (1\text{-}3\text{-}63)$$

利用相同的权重系数对函数值进行线性插值,线性化后的 $\varGamma_{ij}$ 可表示为式(1-3-64)。

$$\Gamma_{ij} = \sum_{(j_1, j_2) \in \mathcal{T}} f\left(\tilde{p}_{j1}, \tilde{p}_{j2}\right) L_{j_1, j_2}^{J1} \quad (1\text{-}3\text{-}64)$$

其中权重系数满足式（1-3-65）。

$$\sum_{(j_1, j_2) \in \mathcal{T}} L_{j_1, j_2}^{J1} = 1 \quad (1\text{-}3\text{-}65)$$

通过基于重心坐标的线性插值方法，保证了函数在定义域内的连续性，并实现了对非线性函数 Γ_{ij} 的线性化表示。

2. 功率方程线性化

类似于压头方程，压缩机的功率方程也包含双变量非线性项。该非线性形式属于标准的双变量乘积形式，可选择采用基于辅助变量的分离转化方法进行线性化处理。引入变换变量 L_{ij}^{Q} 和 L_{ij}^{H}，如式（1-3-66）和式（1-3-67）所示。

$$L_{ij}^{Q} = \frac{1}{2}(Q_{ij} + H_{ij}), \quad \forall (i,j) \in A_{cs} \quad (1\text{-}3\text{-}66)$$

$$L_{ij}^{H} = \frac{1}{2}(Q_{ij} - H_{ij}), \quad \forall (i,j) \in A_{cs} \quad (1\text{-}3\text{-}67)$$

通过该变换，原双变量乘积项可以重写为两个辅助变量的平方差形式，如式（1-3-68）所示。

$$Q_{ij} H_{ij} = \left(L_{ij}^{Q}\right)^2 - \left(L_{ij}^{H}\right)^2, \quad \forall (i,j) \in A_{cs} \quad (1\text{-}3\text{-}68)$$

采用增量分段线性化方法对辅助变量的平方项 $\left(L_{ij}^{Q}\right)^2$ 和 $\left(L_{ij}^{H}\right)^2$ 进行线性化，得到线性化后的变量 $L_{ij}^{Q,\text{Inc}}$ 和 $L_{ij}^{H,\text{Inc}}$。最终，功率方程可以转化为如式（1-3-69）所示的线性形式。

$$W_{ij} = \frac{\rho \left(L_{ij}^{Q,\text{Inc}} - L_{ij}^{H,\text{Inc}}\right)}{\eta_{ij}}, \quad \forall (i,j) \in A_{cs} \quad (1\text{-}3\text{-}69)$$

在优化模型中若需进一步考虑压缩机效率的变化，则需要对效率进行线性化处理。将压缩机效率移项至等式左侧，得到如式（1-3-70）所示约束，并对压缩机功率与效率的乘积项 $W_{ij}\eta_{ij}$，以同样的方式线性化，如式（1-3-71）至式（1-3-73）所示。

$$W_{ij} \eta_{ij} = \rho \left(L_{ij}^{Q,\text{Inc}} - L_{ij}^{H,\text{Inc}}\right), \quad \forall (i,j) \in A_{cs} \quad (1\text{-}3\text{-}70)$$

$$W_{ij} \eta_{ij} = \left(L_{ij}^{W}\right)^2 - \left(L_{ij}^{\eta}\right)^2, \quad \forall (i,j) \in A_{cs} \quad (1\text{-}3\text{-}71)$$

$$L_{ij}^W = \frac{1}{2}(W_{ij} + \eta_{ij}), \quad \forall (i,j) \in A_{cs} \quad (1-3-72)$$

$$L_{ij}^\eta = \frac{1}{2}(W_{ij} - \eta_{ij}), \quad \forall (i,j) \in A_{cs} \quad (1-3-73)$$

对于其中的二次项采用 Inc 线性化，并最终得到如下线性化形式，如式（1-3-74）所示。

$$L_{ij}^{W,\,Inc} - L_{ij}^{\eta,\,Inc} = \rho(L_{ij}^{Q,\,Inc} - L_{ij}^{H,\,Inc}), \quad \forall (i,j) \in A_{cs} \quad (1-3-74)$$

三、凸松弛技术

松弛技术通常是通过放松原问题的部分约束条件，并同时将目标函数扩展到更大的空间来实现的。原问题的所有可行解仍然是松弛问题的可行解，因此，松弛问题的最优值是原问题最优值的下界或上界。

凸松弛技术旨在将复杂的非凸或组合优化问题转化为易于求解的凸优化问题。通过放宽或替代原问题中的非凸约束或目标函数，使得求解过程更加高效，并提高找到全局最优解的可能性。在某些情况下，线性化过程也可以视为一种凸松弛方法。然而，凸松弛重点关注将非凸问题转化为凸问题，可能涉及非线性但凸的形式；而线性化专注将非线性问题转化为线性问题。

（一）压降方程的凸松弛

在 General-Model 中，管道压降约束包含压力、流量二次项、绝对值等非线性项，是一个典型的非凸非线性约束。为克服这一问题，首先通过引入辅助变量 Q_{ij}^+ 和 Q_{ij}^-，表示天然气在管道内的正向流量和反向流量，用以控制天然气在管道内的流向，以消除约束中的绝对值，如式（1-3-75）所示。

$$Q_{ij} = Q_{ij}^+ - Q_{ij}^- \quad (1-3-75)$$

通过式（1-3-76）和式（1-3-77）控制 $Q_{ij}^+ > 0$ 时 Q_{ij}^- 为 0，$Q_{ij}^- > 0$ 时 Q_{ij}^+ 为 0，从而保证管道内天然气流向唯一。

$$Q_{ij}^- \leq 1 - B_{ij}^{pipe}/q_{ij}^{max} \quad (1-3-76)$$

$$Q_{ij}^+ \leq B_{ij}^{pipe}/q_{ij}^{max} \quad (1-3-77)$$

为进一步简化方程，分别引入非负变量 ψ_i 和 ψ_j 用于替代方程中的压力二次项 p_i^2 和 p_j^2。同时为保证压降方程为凸约束，通过式（1-3-78）高估管道内的压降。

$$\psi_i - \psi_j \geq \beta_{ij} \lambda_{ij}^{C} Z_{ij}^{C} \left[\left(Q_{ij}^{+}\right)^2 - \left(Q_{ij}^{-}\right)^2 \right] \quad (1\text{-}3\text{-}78)$$

引入 $\Delta\psi_{ij}^{+}$ 表示管道正向压降，$\Delta\psi_{ij}^{-}$ 表示管道反向压降，如式（1-3-79）和式（1-3-80）所示。

$$\Delta\psi_{ij}^{+} = \psi_i - \psi_j \quad (1\text{-}3\text{-}79)$$

$$\Delta\psi_{ij}^{-} = \psi_j - \psi_i \quad (1\text{-}3\text{-}80)$$

同时，为得到凸约束，通过高估管道的压降得到凸松弛管道压降约束如式（1-3-81）和式（1-3-82）所示。

$$\Delta\psi_{ij}^{+} \geq \beta_{ij} \lambda_{ij}^{C} Z_{ij}^{C} \left(Q_{ij}^{+}\right)^2 \quad (1\text{-}3\text{-}81)$$

$$\Delta\psi_{ij}^{-} \geq \beta_{ij} \lambda_{ij}^{C} Z_{ij}^{C} \left(Q_{ij}^{-}\right)^2 \quad (1\text{-}3\text{-}82)$$

然而，可行域的放大可能会导致求解效率变低，可通过进一步增加约束收紧可行域。为此，引入额外的边界约束对管道压降范围进行有效限制，如式（1-3-83）和式（1-3-84）。

$$\Delta\psi_{ij}^{+} \leq \beta_{ij} \lambda_{ij}^{C} Q_{ij}^{+} q_{ij}^{\max} \quad (1\text{-}3\text{-}83)$$

$$\Delta\psi_{ij}^{-} \leq \beta_{ij} \lambda_{ij}^{C} Q_{ij}^{-} q_{ij}^{\max} \quad (1\text{-}3\text{-}84)$$

最终，通过上述方法对管道压降约束进行凸松弛处理，该方法主要通过替代压力二次项并扩大可行域范围实现。

（二）压缩机压头/功率方程凸重构

首先，引入辅助变量 C_{ij}^{cs} 用于表示方程中的常数项，将功率方程表达式转化为如式（1-3-85）和式（1-3-86）所示。

$$W_{ij} = C_{ij}^{cs} Q_{ij} \left[\left(\frac{p_{ij}^{\text{com,d}}}{p_{ij}^{\text{com,s}}} \right)^{\chi} - 1 \right], \quad \forall (i,j) \in A_{cs} \quad (1\text{-}3\text{-}85)$$

$$C_{ij}^{cs} = \frac{\rho Z R T}{\eta_{ij}}, \quad \forall (i,j) \in A_{cs} \quad (1\text{-}3\text{-}86)$$

为减少功率方程的非凸性，引入流量松弛辅助变量 Q_{ij}^{s} 和压比松弛辅助变量 cr_{ij} 对方程进行松弛重构，如式（1-3-87）至式（1-3-89）所示。

$$W_{ij} \geq C_{ij}^{cs}\left[\left(Q_{ij}^{s}\right)^{1-\chi}\left(cr_{ij}\right)^{\chi}-1\right], \quad \forall (i,j) \in A_{cs} \tag{1-3-87}$$

$$\sqrt{cr_{ij}p_{ij}^{com,s}} \geq \sqrt{p_{ij}^{com,d}}, \quad \forall (i,j) \in A_{cs} \tag{1-3-88}$$

$$\left(Q_{ij}^{s}\right)^{1-\chi} \geq Q_{ij} \tag{1-3-89}$$

为了与前文压降方程凸松弛保持一致，通过 $\sqrt{\psi_{ij}^{com,s}}$ 和 $\sqrt{\psi_{ij}^{com,d}}$ 替代 $p_{ij}^{com,s}$ 和 $p_{ij}^{com,d}$，如式（1-3-90）至式（1-3-92）所示。

$$W_{ij} \geq C_{ij}^{cs}\left[\left(Q_{ij}^{s}\right)^{1-\chi/2}\left(cr_{ij}\right)^{\chi/2}-Q_{ij}\right], \quad \forall (i,j) \in A_{cs} \tag{1-3-90}$$

$$\sqrt{cr_{ij}\psi_{ij}^{com,s}} \geq \sqrt{\psi_{ij}^{com,d}}, \quad \forall (i,j) \in A_{cs} \tag{1-3-91}$$

$$\left(Q_{ij}^{s}\right)^{1-\chi/2} \geq Q_{ij}, \quad \forall (i,j) \in A_{cs} \tag{1-3-92}$$

尽管该方法能够有效地将压缩机约束转化为凸约束，然而，式（1-3-87）和式（1-3-92）对压缩机功率存在一定的高估情况。以最小化能耗为目标的优化模型中，由于优化过程倾向于将压缩机功率的求解结果尽可能逼近实际能耗水平，这种高估假设在一定程度上是合理且可接受的。然而，式（1-3-91）和式（1-3-92）分别对压比和流量同样存在高估问题，这可能导致优化结果偏离实际工况。特别是在实际操作条件位于压缩机运行区域边界甚至超出运行域的情况时，优化求解过程可能会倾向于通过增大流量或压比（即 $\sqrt{cr_{ij}\psi_{ij}^{com,s}} \geq \sqrt{\psi_{ij}^{com,d}}$ 或 $\left(Q_{ij}^{s}\right)^{1-\chi/2} > Q_{ij}$），以获得可行解，使得优化结果违背实际工况的物理约束，从而影响优化结果的可靠性和工程适用性。

四、模型处理技术对比分析

在天然气管网优化中，不同模型处理技术各有其适用场景与性能特点，见表1-3-1。简化假设是一种基础方法，通过合理参数简化来降低计算复杂度，让大规模问题可解，但在复杂天然气管网中过度简化会忽略关键物理特性，致使结果偏差，所以要依据对系统特性的理解，平衡模型简化与结果精确性。

线性化技术用于处理非线性约束，像Inc、SOS2线性化方法适用于单变量非线性约束，如管道压降方程等；三角剖分和分离转化技术用于双变量非线性约束，像压缩机压头/功

表 1-3-1　模型处理技术对比分析

方法		适用范围	优点	缺点
	简化假设	精度要求不高，快速求解场景	计算效率高，便于求解	可能忽略系统关键特性，降低模型精确性
线性化技术	Inc 线性化	单变量非线性约束	易于实现，结构简单	精度受分段数限制，需平衡精度与复杂度
	SOS2 线性化	单变量非线性约束	保证解的连续性，收敛性好	需引入额外约束变量，增加模型规模
	三角剖分	双变量非线性约束	能处理复杂双变量函数	计算复杂度随分段精度呈指数增长
	分离转化	双变量乘积非线性约束	降低问题维度	转化精度依赖于分段策略选择
	引入辅助变量与大 M 法	绝对值、离散连续变量相乘	能处理特殊形式的非线性关系	M 值选择影响求解稳定性和效率
凸松弛技术	压降方程凸松弛	有效降低模型复杂度，提高求解效率	保持问题结构，降低求解复杂度	松弛程度影响解的实际可行性
	压缩机功率方程凸松弛	有效降低模型复杂度，提高求解效率	简化非凸优化问题	模型精确性与求解效率需权衡

率方程。其优势是将非线性问题转为线性规划模型，提升计算效率与求解稳定性，不过随着分段精度要求的提高，辅助变量和约束增多，模型规模扩大，计算复杂度非线性增长，会削弱求解效率提升。

凸松弛技术在处理压降方程和压缩机功率方程有优势，能降低模型复杂度并保持较高求解效率，它通过构造凸包近似把非凸问题转为凸优化问题。但存在模型精确性与实际可行性的矛盾，松弛过度偏离实际解，松弛不足又无法充分简化，实际应用要依具体问题来寻求精确性与计算效率的平衡点。

第四节　算例描述

本节基于前文构建的管网优化模型框架，探讨不同处理方法对模型求解性能的影响机理。通过理论分析与数值实验相结合，量化评估简化假设的适用范围，线性化策略的分段精度依赖性，以及凸松弛处理对算法收敛性的影响。旨在为复杂天然气管网优化问题中模型处理方法的选取与改进提供理论依据，进一步推动高效求解技术的工程化应用。

为了测试不同模型处理方法的求解性能，分别选取了枝状管网算例 CQDS[5] 和环状管网算例 GasLib40[6]，以评估模型与处理方法在不同管网结构下的适用性和优缺点。算例管网结构信息和数据来源见表 1-4-1。

表 1-4-1　算例信息

算例	节点数	供应点	需求点	管道	压气站	数据来源
CQDS	45	2	30	37	7	现实
GasLib40	40	3	29	39	6	GasLib

一、CQDS 算例

CQDS 算例来源于我国某实际工程案例，该管网具有 S1、S2 两个气源，沿线有 CS1—CS7 共计 7 座压气站。管网全长 2229km，共划分为 35 条管段，管道下游有 28 个需求节点，沿线共有 7 条支线，管网结构如图 1-4-1 所示。节点供需流量如图 1-4-2 所示。

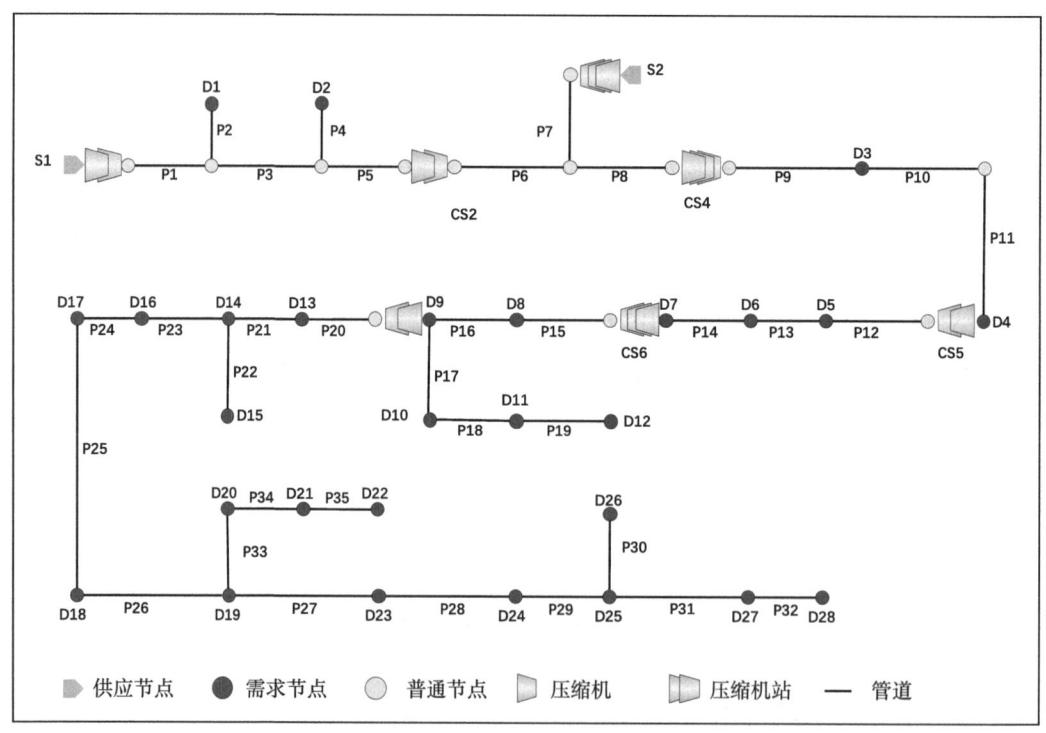

图 1-4-1　CQDS 管网结构

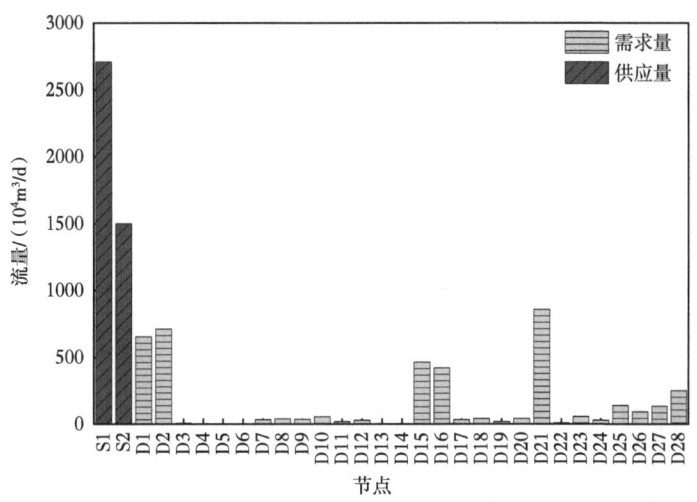

图 1-4-2　CQDS 节点供需流量

二、GasLib40 算例

GasLib40 算例为环状管网，数据来源于 GasLib 数据库。该算例共有 40 个节点，39 条管道以及 7 座压气站。管网拓扑结构如图 1-4-3 所示，节点供需流量如图 1-4-4 所示。

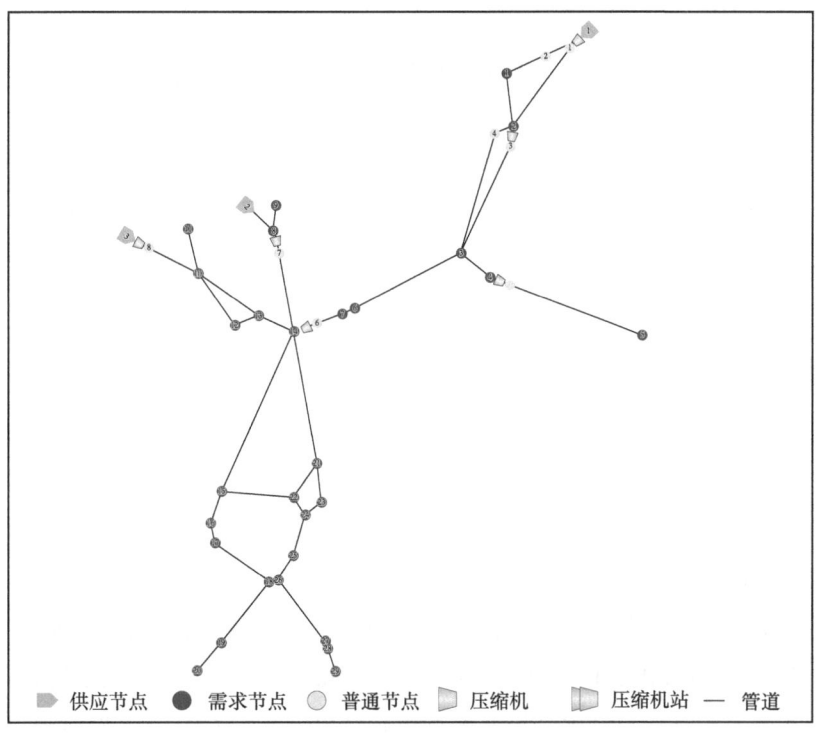

图 1-4-3　GasLib40 管网拓扑结构

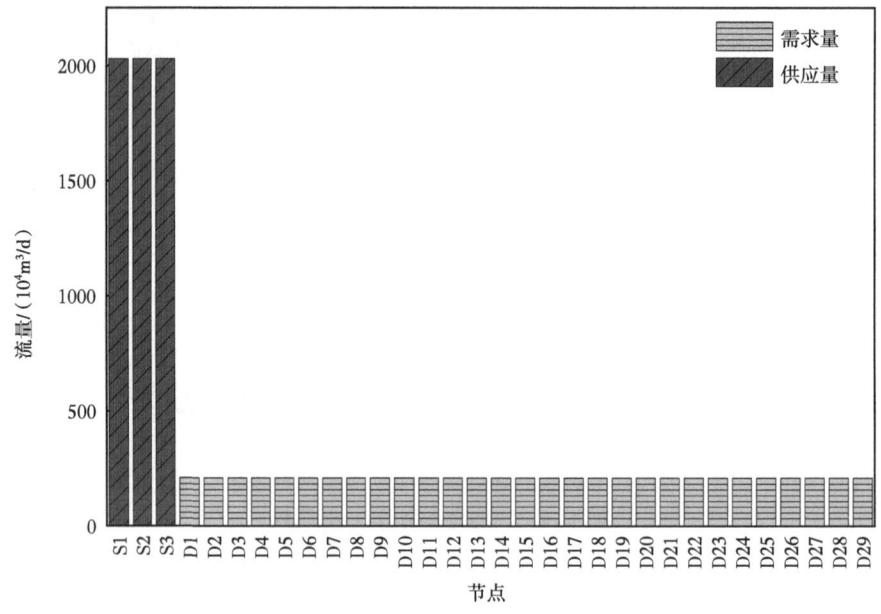

图 1-4-4 GasLib40 节点供需流量

第五节 简化假设下模型性能分析

为了研究简化假设对优化模型性能的具体影响，本节重点分析在不同简化假设条件下模型的求解效率与结果精度变化规律。通过对模型中的关键参数（压缩因子、压缩机效率）进行简化处理，探讨简化假设在提升计算效率的同时对结果可靠性与准确性的影响。

一、情景设置

为研究简化假设下对模型求解结果影响，首先对单管下不同压缩因子计算式的求解误差进行对比分析，得出各计算式单管下的计算误差。然后建立不同简化假设程度下的管网运行优化模型。在第三节中所建立的 General Model 基础上，设置压缩因子为常数 0.90，并且不考虑压缩机特性曲线，压缩机效率设为 0.80，建立简化模型 SModel-1。同时，考虑压缩因子采用 AGA 方程计算，不考虑压缩机特性曲线，压缩机效率设为 0.80，建立简化模型 SModel-2。将 SModel-1、SModel-2、SModel-3 与 General Model 进行对比分析，各模型信息见表 1-5-1。为对比分析各模型求解结果，基于 CQDS 算例对模型进行测试，迭代收敛误差设为 0.0001。

表 1-5-1　简化假设模型信息

模型	压缩因子	压缩机效率曲线	目标函数	约束条件
SModel-1	常量0.9	常量0.8	式（1-2-1）	式（1-2-2）、式（1-2-7）、式（1-2-9）至式（1-2-10）、式（1-2-14）至式（1-2-33）、式（1-3-1）和式（1-3-2）
SModel-2	AGA	常量0.8	式（1-2-1）	式（1-2-2）至式（1-2-7）、式（1-2-9）至式（1-2-10）、式（1-2-14）至式（1-2-33）和式（1-3-2）
SModel-3	常量0.9	多项式方程	式（1-2-1）	式（1-2-2）、式（1-2-7）至式（1-2-33）和式（1-3-1）
General Model	AGA	多项式方程	式（1-2-1）	式（1-2-2）至式（1-2-33）

二、单管下简化压缩因子的影响分析

精确计算压缩因子对于准确描述管网流量与压力至关重要。BWRS方程虽具备较高的计算准确性，然而其计算过程繁杂，计算量较大，在实际的管网优化工作中一般难以直接应用。因此，通常会采用简化方法，例如，采用AGA简化计算公式能够在确保一定精度的前提下，降低计算的复杂程度；或者将压缩因子视作常数，这种做法虽然会降低计算精度，但能大幅提高求解效率。由此可见，深入研究压缩因子的简化处理方式对模型精度和计算效率的影响具有重要意义。

分别运用BWRS、AGA和Papay计算式，针对固定压力为10MPa时不同温度条件下、固定温度293 K时不同压力条件下，以及不同温度和压力组合情况下的压缩因子变化进行计算，结果如图1-5-1所示。结果表明：当固定压力为10 MPa时，温度对压缩因子的影响呈现非线性特征。当温度低于280 K时，三种计算方法所得到的预测结果差异较为显著；而当温度升高至320K以上时，三种方法的预测结果趋于一致。在等温293K工况下，在低压区域（$p < 5$ MPa），三种方法的预测结果基本相同；当压力处于5~15 MPa区间时，AGA计算结果开始偏离BWRS计算结果，Papay与BWRS的偏差较小；当压力超过15 MPa时，AGA的预测值急剧下降，且偏差超过25%。压力—温度—压缩因子的三维关系进一步验证了上述结论，即AGA在高压区域的预测偏离情况较为明显，BWRS与Papay的预测曲面形态相似，仅在低温高压区域存在显著差异，随着温度的升高，三种方法的预测结果逐渐收敛。鉴于BWRS方程的精度较高，可将其作为评价其他方法的标准。Papay计算式可在中低压区域替代BWRS方程进行计算，AGA简化计算公式仅适用于压力低于10 MPa的天然气状态方程计算。由于长输天然气管网的输送压力通常低于10 MPa，因此AGA用于压缩因子的简化计算具有实际可行性。

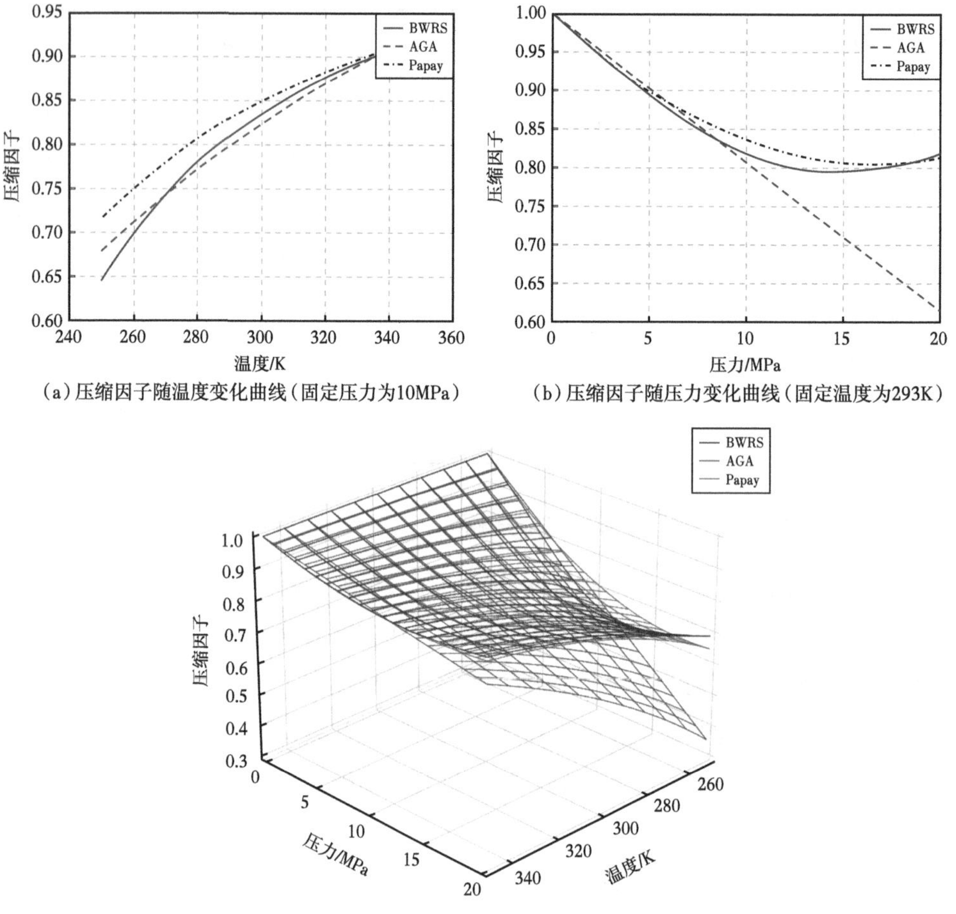

(a) 压缩因子随温度变化曲线（固定压力为10MPa）

(b) 压缩因子随压力变化曲线（固定温度为293K）

(c) 压缩因子随温度、压力变化

图 1-5-1　压力—温度—压缩因子关系对比图

三、管网优化模型简化假设影响分析

对 SModel-1、SModel-2、SModel-3 与 General Model 进行求解，各模型的求解时间与最优目标函数值见表 1-5-2。由优化结果可得，General Model 获得的最优解为 34 934.77，而 SModel-1、SModel-2 和 SModel-3 的最优解分别为 39 503.31、36 667.64 与 37 786.28。以 General Model 的最优解作为基准，其他简化模型的最优解数值偏高，这表明在简化假设条件下，优化结果可能会出现一定偏差。其中，SModel-1 相对误差为 13.07%，在所有模型中误差最大，这意味着在不考虑压缩机特性和压缩因子变化的情况下，模型精度损失较为显著。SModel-2 相对误差为 4.96%，与 SModel-1 相比，在考虑 AGA 压缩因子后，该模型精度得到明显改善。SModel-3 相对误差为 8.16%，经多项式方法进一步优化后，相对误差较 SModel-1 有所降低，但仍高于 SModel-2。从求解时间来

看，SModel-1 计算时间最短，为 12.29s，而 SModel-2、SModel-3 和 General Model 求解时间依次递增，分别为 61.18 s、111.90 s 与 244.81 s。求解时间的增长表明，随着模型复杂程度的提高，计算所需时间大幅增加，特别是 General Model，因其全面考量了所有因素，计算时间远长于其他简化模型。

表 1-5-2 模型求解结果

模型	压缩因子	压缩机效率	相对误差/%	最优解/(kW·h)	求解时间/s
SModel-1	常量 0.9	常量 0.8	13.07	39 503.31	12.29
SModel-2	AGA	常量 0.8	4.96	36 667.64	61.18
SModel-3	常量 0.9	多项式方程	8.16	37 786.28	111.90
General Model	AGA	多项式方程	—	34 934.77	344.81

为进一步分析不同简化假设对结果产生的影响，分别绘制各模型的管道压降、压缩因子对比，如图 1-5-2 所示。压缩机相关参数对比如图 1-5-3 所示。依据优化结果，SModel-1 与 SModel-3 在部分管道的压降显著高于 General Model 与 SModel-2。压缩因子对比可发现，SModel-1 与 SModel-3 假定压缩因子为 0.9，而 General Model 与 SModel-2 通过 AGA 方程计算得出的值与之存在明显差异，这种差异进而导致了压降的不同。在压气站优化结果方面，由于 SModel-1 与 SModel-2 将压缩机效率假设为常量，

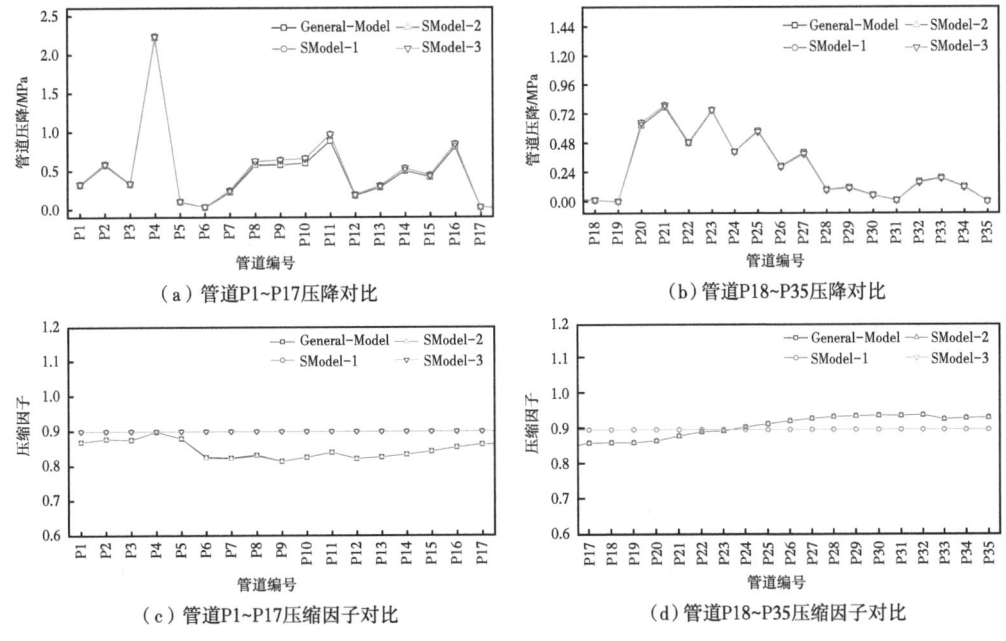

图 1-5-2 管道优化结果对比

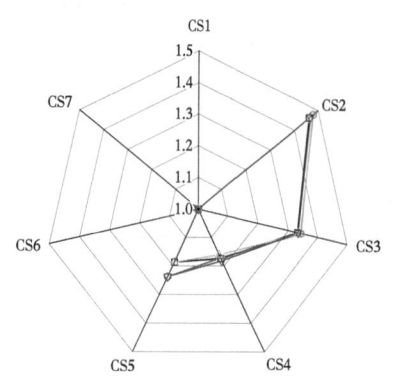
(a)压气站压比对比

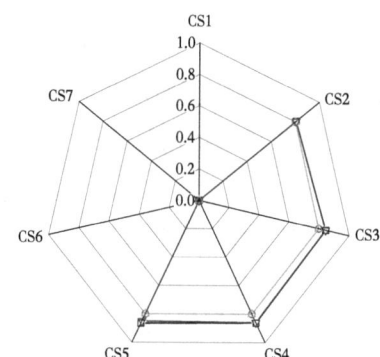
(b)压气站压缩机效率对比

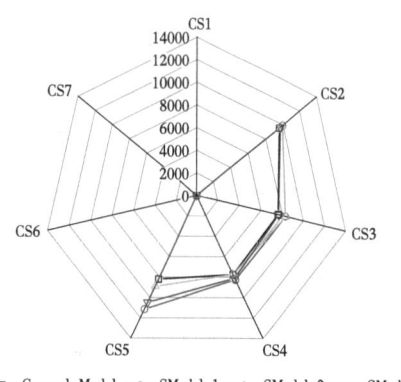
(c)压气站功率对比

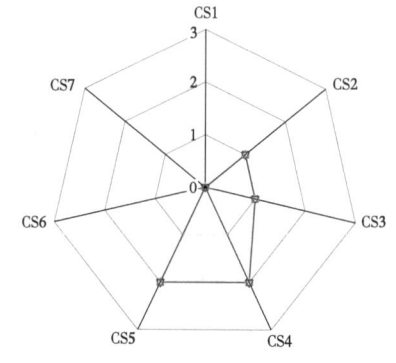
(d)压气站压缩机开机数

图 1-5-3　压气站优化结果对比

SModel-3 与 General Model 则借助多项式拟合方程来计算压缩机效率，所以模型呈现出显著差异。值得留意的是，SModel-1 与 SModel-2 之间、SModel-3 与 General Model 之间同样存在一定程度的差异。这或许是先前管道压降结果的不同，使得在相同的压气站参数设置下，优化结果也出现了一定差异。

综上，对压缩因子和压缩机效率的简化假设在一定程度上能够降低模型复杂度，提升模型求解效率。然而，简化假设将对优化结果带来误差，根据前文优化结果，无论是管道压降还是压气站压比、功率等参数，简化假设对其带来的误差都是不可忽视的。

四、简化假设参数设置敏感性分析

为深入探究不同简化假设下参数设置对求解结果的影响，针对 SModel-2 与 SModel-3，对不同压缩因子和压缩机效率设置条件下的求解表现展开分析。具体参数设置如下：将压缩因子取值范围设定为 0.80 至 0.94，以 0.02 为步长，共 8 组参数；把压缩机效率取值范围设定为 0.69 至 0.90，以 0.03 为步长，同样 8 组参数。迭代收敛误差设置为 0.001。

求解结果如图 1-5-4 所示。由结果可知，随着压缩因子逐渐增大，模型的目标函数和求解时间呈现出不同程度的变化。然而，SModel-2 与 SModel-3 的求解时间基本保持稳定，并未出现较大波动。以 General Model 的最优解 34934.77 作为基准，对比不同参数设置下 SModel-2 与 SModel-3 的求解误差。结果显示，当压缩因子设定为 0.86 时，SModel-3 相较于 General Model 的误差最小；当压缩机效率设定为 0.84 时，SModel-2 相较于 General Model 的误差最小。

分析表明，在进行简化假设时，合理选取压缩因子和压缩机效率值，能够有效减小误差。由于天然气管网积累大量历史运行数据，可为参数设置提供关键参考。因此，可以通过对历史数据的深入分析，能够更为精准地确定适宜的参数范围，进一步提升模型的精度与求解效率。

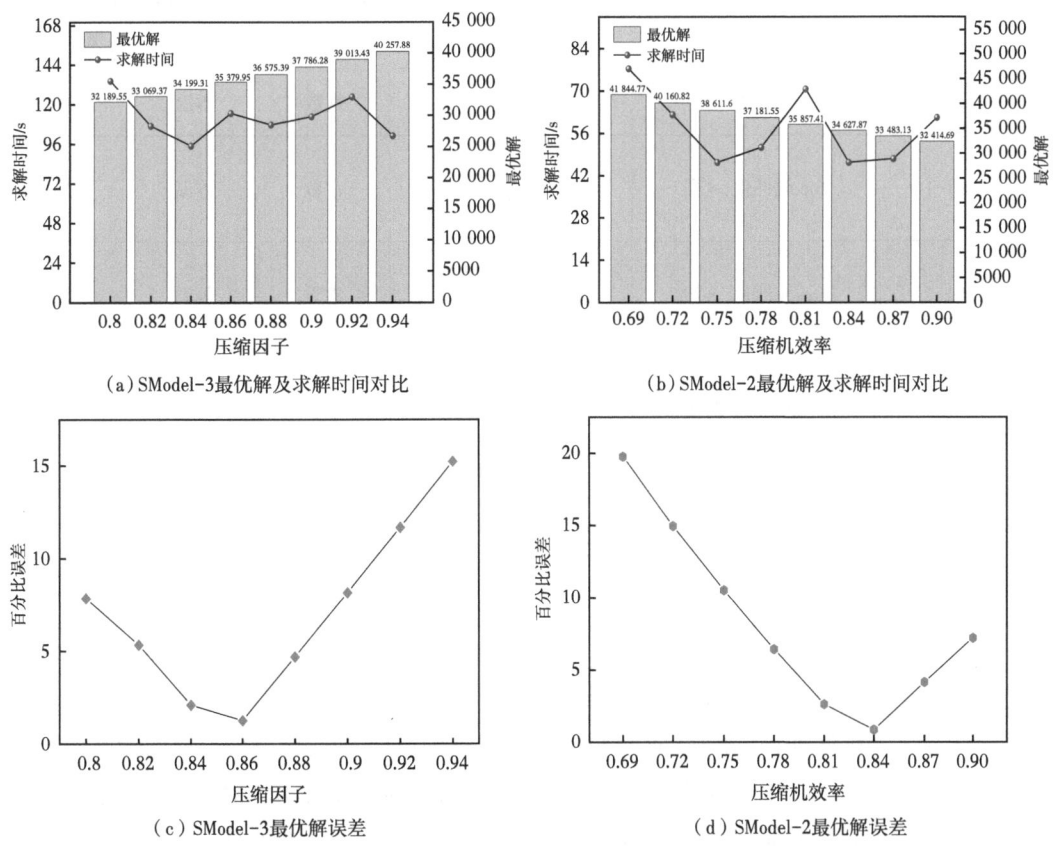

图 1-5-4 结果对比

第六节 线性化处理模型性能分析

一、情景设置

（一）模型线性化方案设置

为评估线性化处理对天然气管网运行优化模型求解性能的影响，对比分析不同分段数下的线性化模型与原始非线性模型在计算效率和求解精度方面的表现。具体而言，以 SModel-1 作为参照模型，构建了一系列具有不同分段数的线性化模型（表 1-6-1）。其中 SModel-1 采用常规压降方程约束如式（1-3-1）所示，常规压缩机功率约束如式（1-3-2）所示。

表 1-6-1 优化模型与仿真模型对比

模型	压降方程	压缩机功率	压缩因子	温度	模型性质
SModel-1	常规	常规	常数	等温	MINLP
LModel-1	Inc 线性化，4 段	三角剖分线性化 $2\times2\times2$	常数	等温	MILP
LModel-2	Inc 线性化，8 段	三角剖分线性化 $4\times4\times2$	常数	等温	MILP
LModel-3	Inc 线性化，16 段	三角剖分线性化 $8\times8\times2$	常数	等温	MILP
LModel-4	Inc 线性化，8 段	常规	常数	等温	MINLP
LModel-5	常规	三角剖分线性化 $4\times4\times2$	常数	等温	MINLP

其中，LModel-1 至 LModel-3 分别运用 4 段、8 段和 16 段的分段线性化方法，对压降方程约束进行处理；同时，采用不同精度的三角剖分线性化方法（分别为 $2\times2\times2$、$4\times4\times2$ 和 $8\times8\times2$）对压缩机功率约束进行处理。而 LModel-4 和 LModel-5 则针对单一约束类型开展线性化处理，其中 LModel-4 仅对压降方程实施 8 段线性化处理，维持压缩机功率约束的非线性特性；LModel-5 仅对压缩机功率约束应用 $4\times4\times2$ 三角剖分线性化方法，保持压降方程的原始形式。

(二)线性化参数设置

线性化处理重点聚焦于 SModel-1 中的两类关键非线性约束,即压降方程与压缩机功率方程。在压降方程里,非线性项涵盖起点压力平方项、终点压力平方项以及管道流量平方项。而压缩机功率约束中的非线性项,则包含压缩机压比的指数项,以及流量与压头的乘积项。为兼顾线性化的准确性与计算效率,需对各变量的取值范围进行合理设定。

基于算例中所给定的天然气供需基本数据,对相关变量做出如下界限设置:管道压力的取值范围设定在 [3,10] 区间内;同时,综合考虑管道输送能力与典型负荷需求特征,将管道流量的取值范围确定为 [0,4000],单位为 $10^4 m^3/d$。在压缩机参数界限设定上,依据该算例中压缩机设备特性与运行约束条件,把压缩机压比范围限定在 [1.15,1.80],压缩机进口压力范围设定为 [3.00,8.70],出口压力范围设定为 [3.45,10.00],以上压力单位均为 MPa。

二、线性化分段数对模型性能影响分析

为研究线性化分段数对模型性能的影响,应用模型 SModel-1、LModel-1、LModel-2 和 LModel-3。其中,SModel-1 维持其非线性表达形式,而 LModel-1、LModel-2 和 LModel-3 分别引入不同数量的线性化分段,属于混合整数线性规划(MILP)模型。为确保与 SModel-1 求解条件的一致性,以及对比分析的公平性,所有模型均采用相同的混合整数非线性规划(MINLP)求解算法,并在 CQDS 算例中进行求解验证。

(一)分段线性化求解误差分析

各模型优化求解结果如图 1-6-1 所示。由结果可知,LModel-1 与 SModel-1 存在较为明显差异,不仅体现在管道压降值方面(例如 P4 管段处的压降差值达 1.8MPa),在压气站压比值和功率值的计算结果中也有所体现。相较之下,LModel-2 和 LModel-3 与 SModel-1 呈现出较好的一致性。尽管个别管道压降值(如管段 P4)和压气站参数仍存在细微差异,但整体偏差大幅降低。结果表明,分段线性化方法的有效性与分段数的选择密切相关,分段数过少(如 LModel-1)会致使模型出现失真现象,而适当的分段数(如 LModel-2 和 LModel-3)则能够在计算精度与求解效率之间实现较好的平衡。

(二)分段线性化求解效率分析

鉴于线性化模型 LModel-1~LModel-3 能够借助 MILP 求解算法进行求解,为更深入剖析线性化后模型的求解效率,分别运用 SCIP 和 GUROBI 求解算法对模型进行求解,求解

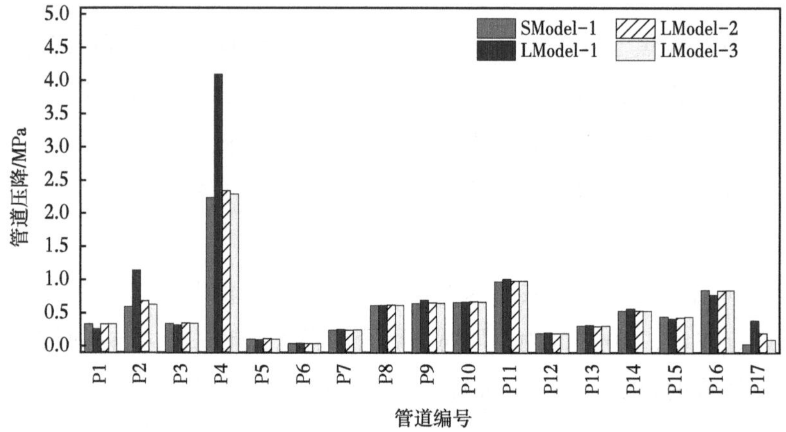

(a) 管道P1~P17压降值对比

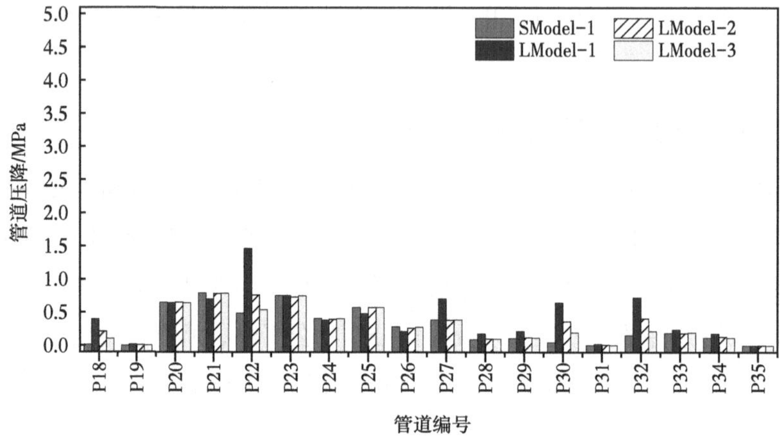

(b) 管道P18~P35压降值对比

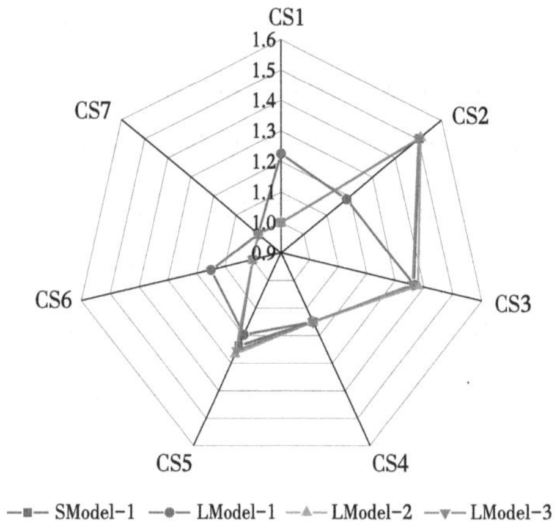

(c) 压气站压比值对比

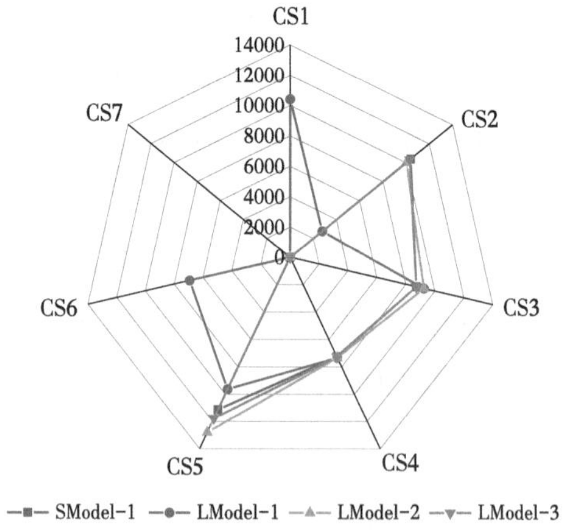

(d) 压气站功率值对比

图 1-6-1　不同分段数线性化模型优化结果对比

时间见表1-6-2。由结果可知，随着分段数的增多，线性化模型的目标函数值逐步向对照模型SModel-1靠拢，这表明精细的分段划分能够产出更为精确的优化结果。与此同时，随着线性化分段数的增加，无论是SCIP还是GUROBI求解算法，求解时间均有不同程度的增长。

表1-6-2　不同求解算法下分段线性化模型的优化性能对比

模型	求解算法	目标函数值	求解时间/s
SModel-1	SCIP	39 394.79	1.85
LModel-1	SCIP	48 992.23	188.83
LModel-2	SCIP	41 495.58	225.87
LModel-3	SCIP	40 046.71	818.77
LModel-1	GUROBI	48 992.23	1.82
LModel-2	GUROBI	41 495.58	16.39
LModel-3	GUROBI	40 046.71	19.30

三、线性化类型对模型性能影响分析

为研究不同约束类型线性化对模型性能的影响，对仅考虑压降方程线性化的LModel-4以及仅考虑压缩机功率约束线性化的LModel-5展开求解分析。通过对比研究单一约束线性化策略，旨在明晰不同类型约束线性化对模型求解效率与优化结果的作用，模型的求解目标函数值和求解时间见表1-6-3。

表1-6-3　不同约束类型线性化模型求解性能对比

模型	离散变量数量	连续变量数量	约束数量	目标函数值	求解时间/s
SModel-1	79	418	708	39 394.79	1.85
LModel-4	1037	2038	2786	40 945.78	49.08
LModel-5	334	1737	1415	39 724.87	32.58

结果显示，LModel-4的求解时间为49.08 s，LModel-5的求解时间为32.58 s；与对照模型SModel-1相比，二者目标函数值的偏差程度分别为3.94%与0.83%。相较于LModel-4，LModel-5无论是在求解效率还是相对偏差方面均更好。原因或许在于管网中压气站数量仅7座，少于管道数量。尽管对压缩机功率约束进行线性化（双变量线性化）需引入更多辅助变量和二元变量，但因压气站数量较少，使得对压缩机功率约束进行线性

化新增的辅助变量，少于对管道压降约束进行线性化新增的辅助变量。所以，LModel-5 在求解时间和目标函数值偏差方面性能更佳。

不同约束类型线性化模型求解结果对比如图 1-6-2 所示，在管道压降值对比中，LModel-4 在部分管道的压降值偏差较大，如 P17、P18、P22、P30 和 P32 等。而 LModel-5 在压气站压比与功率的结果与 SModel-1 偏差较大。

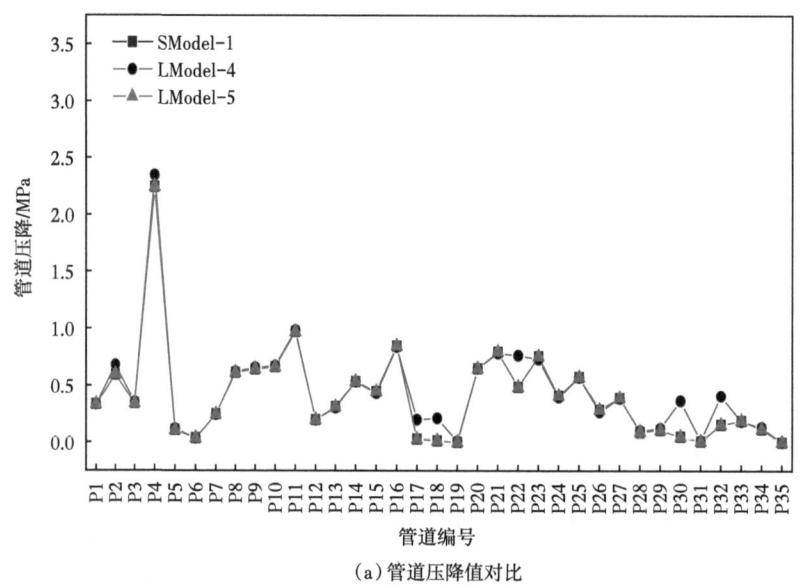

(a) 管道压降值对比

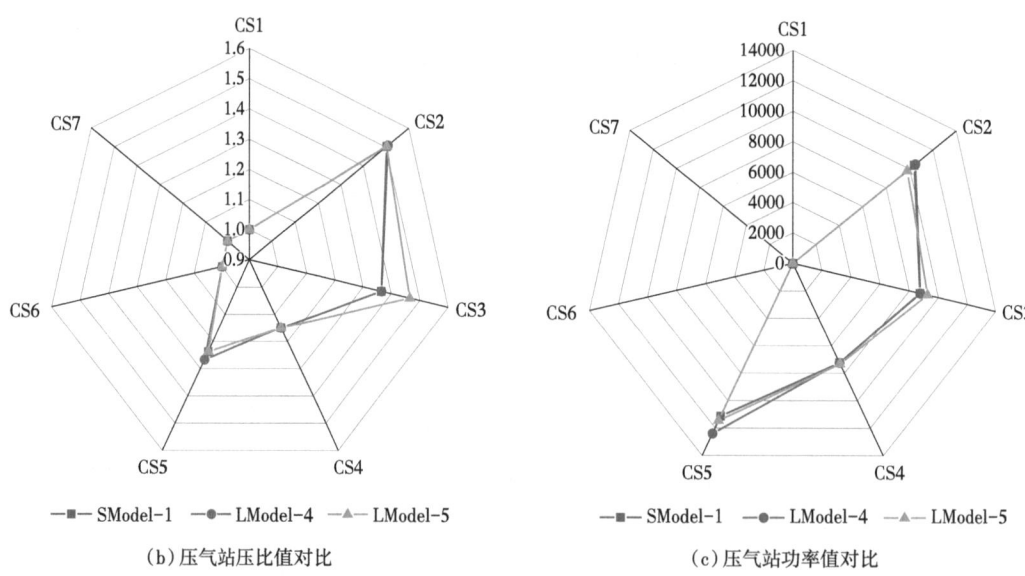

(b) 压气站压比值对比　　(c) 压气站功率值对比

图 1-6-2　不同约束类型线性化模型求解结果对比

第七节 凸松弛处理模型性能分析

一、情景设置

为分析凸松弛处理对模型求解性能影响，同样以 SModel-1 为基础模型，增加凸松弛约束并建立凸松弛模型 CModel，并分别利用枝状管网 CQDS 与环状管网 GasLib40 算例，对比凸松弛模型与 SModel-1 的求解结果，情景设置见表 1-7-1。

表 1-7-1 不同约束类型线性化模型求解性能对比

情景	模型	算例	情景分析
情景 1	SModel-1	CQDS	枝状管网下凸松弛处理模型性能分析
情景 2	CModel	CQDS	
情景 3	SModel-1	GasLib40	环状管网下凸松弛处理模型性能分析
情景 4	CModel	GasLib40	

二、枝状管网下凸松弛处理模型性能分析

SModel-1 和 CModel 求解结果见表 1-7-2，结果显示 SModel-1 和 CModel 的最优解相同。然而，CModel 却耗费了更多时间，这或许归因于 CModel 在处理管道压降时倾向于高估，并且扩大了可行域范围，致使搜索空间增大，进而降低了性能。此外，为对比两种模型管道压降分布情况，绘制管道压降对比图，如图 1-7-1 所示。从图中不难看出，除管道 P18 外，其余管道在两种模型下的压降结果基本相同，并结合 CQDS 管网的拓扑结构可知，管段 P18 属于管网的一条支线管道。由于边界条件设定需求节点压力不超过 3MPa，且主干线分流至该支线时的起始压力相对较高，使支线内压力分布偏高。基于此情形，CModel 在高估管道压降时，管段 P18 的压降解落入模型可行解范围，进一步放大了管道压降估计值。

表 1-7-2 枝状管网下凸松弛处理模型求解结果

情景	模型	算例	目标函数	求解时间 /s
情景 1	SModel-1	CQDS	39 394.79	1.85
情景 2	CModel	CQDS	39 394.79	7.99

综上所述，CModel 对管道压降的高估效应在支线管道中表现得尤为突出，这种效应不仅引发了管道压降的偏离，还增大了搜索空间，导致 CModel 在 CQDS 枝状管网中的求解性能低于 SModel-1。在后续对模型进行优化时，可着重针对支线管道的压降估计开展校正工作，以缩减不必要的可行域扩展，从而有效提升求解效率。

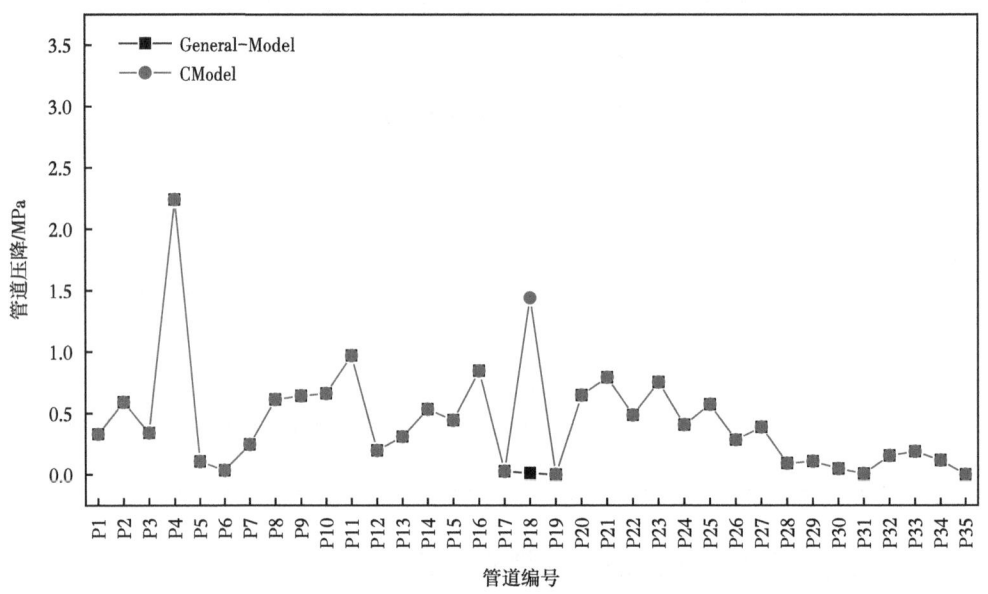

图 1-7-1　枝状管网算例下管道压降对比

三、环状管网下凸松弛处理模型性能分析

SModel-1 和 CModel 优化结果见表 1-7-3，结果表明在环状管网算例中，CModel 的求解效率高于 SModel-1。管道压降对比如图 1-7-2 所示。从图中可以看出，尽管两条曲线在大部分区域重合度较高，但仍存在局部差异。而最优解的目标函数值完全一致，因此这种差异可能是由于压力的高估所导致的，尽管在环状管网中，凸优化对模型求解效率提升显著，但压力高估的影响仍然不可忽视。

表 1-7-3　枝状管网下凸松弛处理模型求解结果

情景	模型	算例	最优解	求解时间 /s
情景 3	SModel-1	GasLib40	10 711.45	26.96
情景 4	CModel	GasLib40	10 711.45	13.31

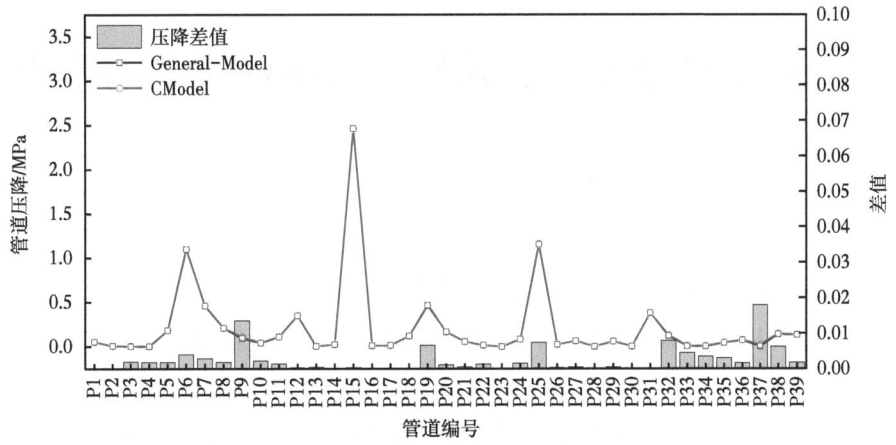

图 1-7-2 环状管网算例下管道压降对比

第二章　基于松弛处理的天然气管网管输申请核验方法

天然气管网是连接上下游、承担天然气长距离输送的关键基础设施。国家管网集团成立后，天然气管输与销售业务独立，管输交易机制演变。管输申请核验即管网公司对托运商申请进行技术可行性检验。目前，管网公司多采用人工经验结合仿真软件的方式，但该方法计算量大、过程烦琐、效率低，难以满足复杂管网海量管输申请核验需求。本章聚焦管输申请核验的智能求解方法，构建以可行性验证为目标的管输申请核验非凸 MINLP 数学模型，针对其非凸非线性求解难点，提出融合高维线性近似与非凸可行域凸松弛的 MILP 松弛方法，以此提升管输核验效率并实现全局寻优。

第一节　问题描述与模型基础

开展基于松弛处理的天然气管网管输申请核验方法研究。首先，基于天然气管网运行优化理论，对传统管网运行优化模型进行改写，形成以可行性验证为目标的管输申请核验非凸 MINLP 模型。该模型全面考虑了管网的结构和物理特性，包括管道水力特性、压气站离散状态切换和压气站非凸可行域边界等因素。然后，针对求解算法难以克服模型高维非凸非线性特性，求解结果无法保证全局最优性的不足，设计了一套结合一维非线性函数分段线性近似、高维非线性函数空间网格近似、压缩机非凸可行域凸松弛的 MILP 松弛方法，并通过分支定界算法求解松弛后的 MILP 模型，从而在降低模型求解复杂度的同时，实现求解过程的全局寻优。最后，通过天然气管网算例的一系列管输场景来检验所建立的数学模型和求解方法在解决管输申请核验问题上的求解质量和求解效率。同时，开展了所获管输方案的约束可行性分析和分段数对 MILP 松弛方法求解影响的敏感性分析。

一、问题描述

目前，我国天然气管网行业正经历运营机制重大改革。国家管网集团的成立和运营标志着中国天然气市场体系建设已取得突破性进展，形成上游油气资源多主体多渠道供应、中间统一管网高效集输、下游销售市场充分竞争的"X+1+X"公平开放天然气市场体系。在新的天然气市场体系下，由于产运销环节的相互独立，管网公司和天然气托运商之间的管输交易机制也发生了新的演变[7]。天然气托运商想要运输天然气，需提前向管网公司提交管输申请，管网公司接收管输申请后，对管网设施进行调度控制，以完成管输申请运输任务。考虑到管输申请的多样性，在大量管输申请中，可能存在管网输气能力无法满足的工况。为保障天然气管网的安全稳定运行[8]，管网公司需要预先对管输申请的技术可行性进行核验，由此便形成了管输申请核验问题。

管输申请核验的具体流程如图2-1-1所示，涉及以下一些步骤。（1）托运商制定管输申请：托运商根据天然气运输需求，制定管输申请计划，包括上载和下载节点位置、上载和下载节点流量以及上载和下载节点压力。（2）托运商提交管输申请：托运商在线上平台向管输公司提交管输申请。（3）管网公司开展管输申请核验：管网公司集中受理托运商所提交的管输申请，并通过人工经验和商业软件仿真手段进行管输申请的技术可行性核验。（4）管网公司输出核验结果：对于具有技术可行性的管输申请，输出相应的可行管输方案；对于不具有技术可行性的管输申请，输出不可行管输提示。（5）管网公司反馈核验结

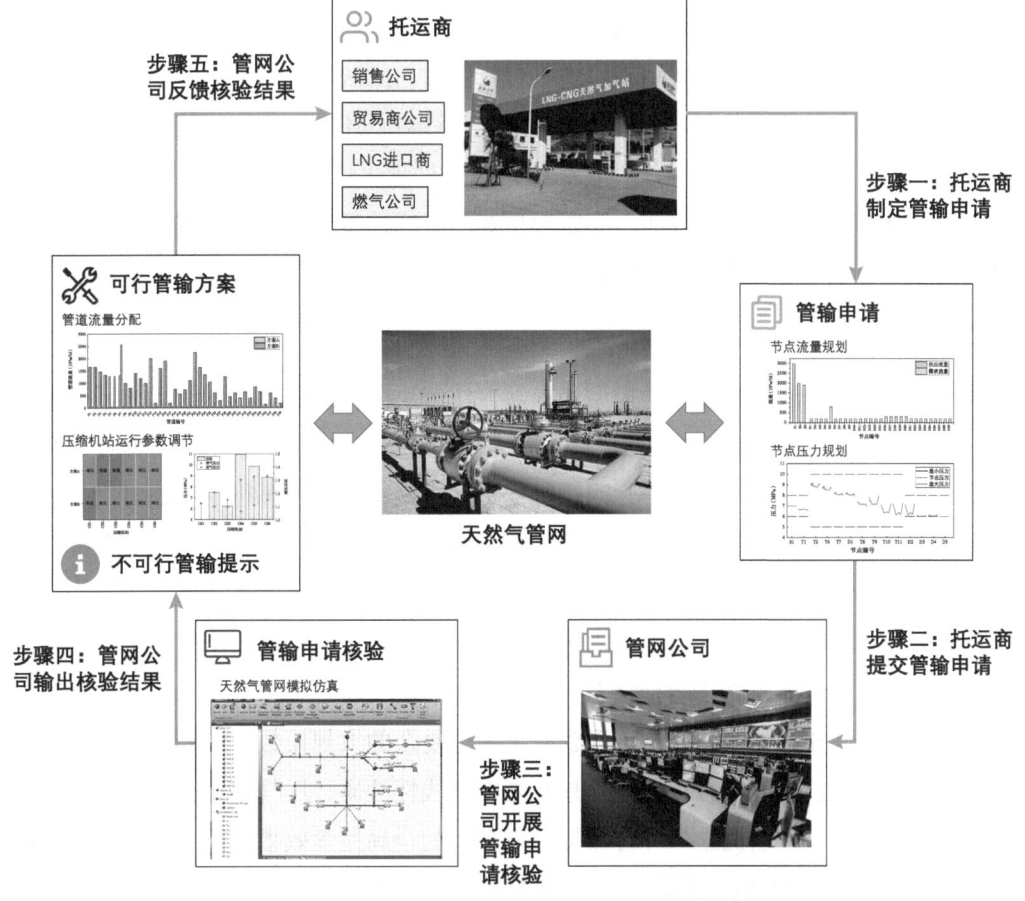

图2-1-1　天然气管网管输申请核验流程

果：管网公司向托运商反馈核验结果，特别是对于不可行管输申请，管网公司将与托运商进行协议完成管输申请的修改调整。

管输申请核验问题的本质是判断一个给定的流入—流出工况在管网结构约束和元件物理约束条件下是否具有输送的可能性。当前，管网公司往往采用人工经验和商业软件仿真相结合的方式进行管输申请核验。然而，该方法存在计算量大、过程烦琐和效率低下等问题。随着管网规模的大型化复杂化发展，该方法难以适应实际天然气管网海量管输申请核验的技术需求。利用管网运行优化领域的求解算法智能求解管输申请核验模型为解决该问题提供了一种新的思路。

天然气管网管输申请核验模型含有管道水力非线性约束、压缩机离散状态变量、压缩机非凸可行域等特性，这使得该模型成为一个复杂的非凸 MINLP 模型。因此，通过建模求解方法成功解决管输申请核验问题的关键是实现求解过程的全局寻优，只有当求解算法对模型可行域进行全局搜索之后，才能根据算法的求解状态，即可行解或不可行解，判断管输申请的技术可行性。然而，传统的确定性或启发式算法难以克服管输申请核验模型固有的非凸和非线性性质，求解结果无法保证解的全局最优性，不具备证明管输申请技术可行性的理论基础。特别是当求解结果出现不可行解时，无法判断是求解算法陷入了局部无解，还是真正的全局都不存在一个可行解。因此，针对上述求解难点，基于具有高度物理精确性的管输申请核验模型，从线性化、凸松弛等处理手段入手，提出非凸 MINLP 管输申请核验模型的全局优化求解方法，克服模型非凸非线性复杂特性对求解进程的影响，实现天然气管网管输申请的快速智能核验。

二、模型基础

研究主要目标是通过构建数学模型和求解方法解决公平开放天然气市场体系下衍生的管输申请核验问题。根据求解方法是否存在可行解判断管输申请的技术可行性，并且针对具有技术可行性的管输申请，基于管网运行变量的决策结果输出可行的管输方案，为管网运行管理提供技术支持。在复杂天然气管网系统中，天然气管道的流动条件存在变化，使得天然气管道的流量和流向决策存在多样性选择。因此，管输方案需要对管道流量和流向进行合理决策。此外，天然气管网的输送还受到压气站的影响，这要求管输方案有效确定压气站运行参数，包括压气站运行状态、开机数量、进气压力和排气压力等。由于天然气管网的结构复杂性和元素多元性，该问题属于一个复杂的大规模数学规划问题。问题的求解难点主要体现在：管道水力特性方程具有高度非线性性质，压气站运行状态和开机数量需要进行离散决策，压缩机非凸可行域将影响求解的全局搜索效果。因此，管输申请核验问题属于复杂的非凸 MINLP 问题，具有极大的求解难度。对要解决的天然气管网管输申请核验问题的已知参数和决策变量总结如下。

（一）已知参数

（1）气源和用户数据：气源天然气供应流量、供应压力和用户天然气需求流量；

（2）管网参数：管网拓扑结构、管道长度、管道直径、管道阻力系数、天然气物性参数、管道压力边界和管道流量边界；

（3）压气站参数：压气站的压缩机数量、压缩机工作可行域边界和压比边界。

（二）决策变量

（1）求解方法的解状态：确定求解方法的解状态，主要分为可行解、不可行解和无解三种；

（2）管网流动状态：确定各管道的流量和流向，以及沿线节点的工作压力；

（3）压气站运行状态：确定压气站的运行状态、开机数量、进气压力和排气压力。

第二节 核验模型

一、目标函数

天然气管网的管输申请核验问题本质上是判断一组由气源和用户的流量、压力参数构成的管输工况在管网结构约束和元件物理约束条件下是否具有输送的可能性。该问题不是求解模型的最优解，而是判断在该管输工况条件下模型是否存在一个可行解。因此，天然气管网管输申请核验模型不存在优化目标，但为了模型的顺利求解，设置一个常数值 0 为目标函数，如式（2-2-1）所示。常数值目标函数不会对模型的求解进程产生影响。当出现可行解时，由于常数值目标函数不存在迭代收敛误差的变化，因此，模型会立即停止迭代搜索进程，并输出可行解。

$$\min f^{\text{NoVa}} = 0 \qquad (2-2-1)$$

式中 f^{NoVa}——天然气管网管输申请核验模型目标函数。

二、约束条件

（一）节点约束

根据质量守恒定律，在任意节点处，流入节点的流量应等于流出节点的流量[9]。流入节点的流量包括上游边流量和气源输入流量，流出节点流量包括下游边流量和用户输出流量，如式（2-2-2）所示。

$$\sum_{i:(j,i)\in A} q_{ji} + s_i = \sum_{i:(i,j)\in A} q_{ij} + d_i, \quad \forall i \in N \quad (2\text{-}2\text{-}2)$$

式中 q_{ij} ——管道或压气站边 ij 流量，$10^4 \text{ m}^3/\text{d}$；

s_i ——气源 i 输入流量，$10^4 \text{ m}^3/\text{d}$；

d_i ——用户 i 流出流量，$10^4 \text{ m}^3/\text{d}$。

节点输入流量应满足气源供应能力限制，如式（2-2-3）所示。

$$s_i^{\min} \leqslant s_i \leqslant s_i^{\max}, \quad \forall i \in N \quad (2\text{-}2\text{-}3)$$

节点输出流量应满足用户需求限制，如式（2-2-4）所示。

$$d_i^{\min} \leqslant d_i \leqslant d_i^{\max}, \quad \forall i \in N \quad (2\text{-}2\text{-}4)$$

为保证管网系统安全运行，节点压力应不超过最大允许压力。同时，节点压力还应满足用户处的最小合同压力。节点压力约束如式（2-2-5）所示。

$$p_i^{\min} \leqslant p_i \leqslant p_i^{\max}, \quad \forall i \in N \quad (2\text{-}2\text{-}5)$$

式中 p_i ——节点 i 压力，MPa。

（二）管道约束

天然气在管道中流动时，由于管道内壁存在粗糙度，将导致天然气的压力沿管道逐渐降低。管道水力方程表示管道流量和管道起点压力、管道终点压力之间的关系。利用该方程可以计算气体沿管道流动的压降。管道约束如式（2-2-6）和式（2-2-7）所示。

$$q_{ij}^2 = R_{ij}^{\text{pipe}} \left(p_i^2 - p_j^2 \right), \quad \forall (i,j) \in A_p \quad (2\text{-}2\text{-}6)$$

$$R_{ij}^{\text{pipe}} = 3.629 \frac{D_{ij}}{\rho Z \lambda_{ij} L_{ij}} \quad (2\text{-}2\text{-}7)$$

式中 q_{ij} ——管道或压气站边 ij 流量，$10^4 \text{ m}^3/\text{d}$；

p_i ——节点 i 压力，MPa；

p_j ——节点 j 压力，MPa；

R_{ij}^{pipe} ——管道流动阻力系数，$(10^4 \text{ m}^3/\text{d})^2 \cdot \text{MPa}^2$；

D_{ij} ——管道直径，m；

λ_{ij} ——管道摩阻系数；

L_{ij} ——管道长度，m。

传统的管道水力方程基于管道单向流动制定，未考虑管道流向变化。对于复杂天然气管网，在不同管输需求下，管道流向可能存在变化。因此，本模型对传统管道流动方程进行改进，引入两个二元变量 $\alpha_{ij}^{\mathrm{for}}$ 和 $\alpha_{ij}^{\mathrm{bac}}$ 表示管道流向。$\alpha_{ij}^{\mathrm{for}}=1$ 表示管道正向流动，$\alpha_{ij}^{\mathrm{bac}}=1$ 表示管道逆向流动，改进后的管道水力方程如式（2-2-8）至式（2-2-11）所示。通过流向变量和极大值 M 在这四个方程中的组合使用，使得每次只有两个方程被收紧，其余两个方程被松弛，从而实现管道水力计算服从管道流向变化。

$$R_{ij}^{\mathrm{pipe}}\left(p_i^2-p_j^2\right) \leqslant q_{ij}^2+\left(1-\alpha_{ij}^{\mathrm{for}}\right)M, \quad \forall (i,j) \in A_{\mathrm{P}} \qquad (2\text{-}2\text{-}8)$$

$$R_{ij}^{\mathrm{pipe}}\left(p_i^2-p_j^2\right) \geqslant q_{ij}^2-\left(1-\alpha_{ij}^{\mathrm{for}}\right)M, \quad \forall (i,j) \in A_{\mathrm{P}} \qquad (2\text{-}2\text{-}9)$$

$$R_{ij}^{\mathrm{pipe}}\left(p_j^2-p_i^2\right) \leqslant q_{ij}^2+\left(1-\alpha_{ij}^{\mathrm{bac}}\right)M, \quad \forall (i,j) \in A_{\mathrm{P}} \qquad (2\text{-}2\text{-}10)$$

$$R_{ij}^{\mathrm{pipe}}\left(p_j^2-p_i^2\right) \geqslant q_{ij}^2-\left(1-\alpha_{ij}^{\mathrm{bac}}\right)M, \quad \forall (i,j) \in A_{\mathrm{P}} \qquad (2\text{-}2\text{-}11)$$

式中 $\alpha_{ij}^{\mathrm{for}}$——管道 ij 正向流动二元变量；

$\alpha_{ij}^{\mathrm{bac}}$——管道 ij 逆向流动二元变量；

M——极大值。

同一时期内管道只可能存在一种流向，两个流向变量需满足流向唯一性约束，如式（2-2-12）所示。

$$\alpha_{ij}^{\mathrm{for}}+\alpha_{ij}^{\mathrm{bac}}=1, \quad \forall (i,j) \in A_{\mathrm{P}} \qquad (2\text{-}2\text{-}12)$$

为保证天然气的安全输送，管道流量应满足管道最大输气能力限制。如式（2-2-13）所示。

$$q_{ij}^{\min} \leqslant q_{ij} \leqslant q_{ij}^{\max}, \quad \forall (i,j) \in A_{\mathrm{P}} \qquad (2\text{-}2\text{-}13)$$

摩阻系数 λ 是气体流动计算的重要参数之一，它与天然气流态和管道的粗糙程度等因素有关。通常情况下，管道内流体根据雷诺数 Re 和管道相对粗糙度 ε 分为层流和紊流两种流态。而紊流又分为水力光滑区、混合摩擦区和阻力平方区三个区域。在众多公式中，Colebrook 公式被普遍使用，该方程适用于紊流的三个区域，且计算精确度高。Colebrook 公式由普朗特水力光滑管公式和尼古拉兹完全粗糙管公式推导得到，如式（2-2-14）所示。

$$\frac{1}{\sqrt{\lambda_{ij}}}=-2\lg\left(\frac{\tau}{3.7D_{ij}}+\frac{2.51}{Re\sqrt{\lambda_{ij}}}\right), \quad \forall (i,j) \in A_{\mathrm{P}} \qquad (2\text{-}2\text{-}14)$$

式中　τ——管壁当量粗糙度，m；
　　　Re——雷诺数。

（三）压气站约束

压气站用于增加气体压力，以确保天然气的长距离输送。压气站通常有三种运行状态，分别是关闭、运行和旁通，压气站结构示意图如图 2-2-1 所示。关闭表示压气站的所有阀门关闭，通过压气站的天然气流量为零，上游节点压力 p_i 和下游节点压力 p_j 解耦，即两节点间压力无关联性。运行表示天然气通过压缩机组进行增压，上下游节点压力 p_i、p_j 与压缩机组吸排气压力 $p_{ij}^{com,s}$、$p_{ij}^{com,d}$ 耦合，并服从压缩机压力边界约束。旁通表示天然气仅通过站内旁通阀流动，而不进行增压，考虑旁通管道不具有明显的摩擦效应，上下游节点压力直接相等。

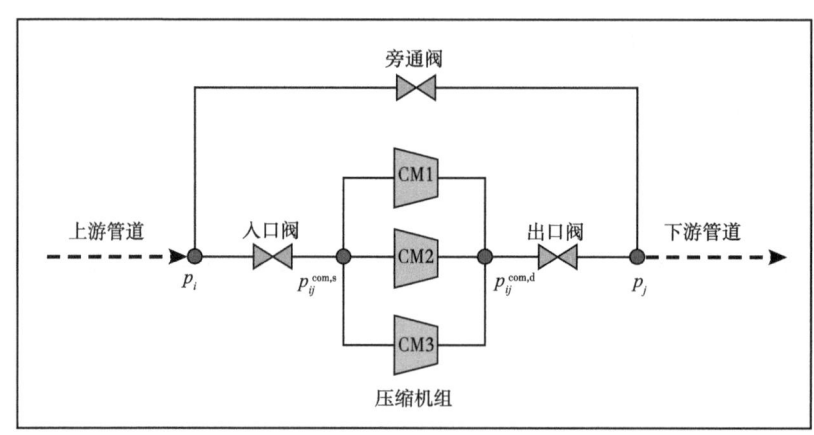

图 2-2-1　压气站结构示意图

引入三个二元变量表示压气站的运行状态，$\beta_{ij}^{station}$ 表示压气站的整体开关状态，β_{ij}^{group} 表示压缩机组的开关状态，β_{ij}^{bypass} 表示旁通阀的开关状态。压缩机组和旁通阀的开关状态应服从压气站的开关状态。如式（2-2-15）所示。

$$\beta_{ij}^{group} + \beta_{ij}^{bypass} = \beta_{ij}^{station}, \quad \forall (i,j) \in A_{cs} \qquad (2\text{-}2\text{-}15)$$

式中　β_{ij}^{group}——压气站 ij 压缩机组开关状态二元变量；
　　　β_{ij}^{bypass}——压气站 ij 旁通阀开关状态二元变量；
　　　$\beta_{ij}^{station}$——压气站 ij 开关状态二元变量。

同一时间内，压缩机组和旁通阀中只可能开启一种设备，因此，其状态变量之和最大为 1，如式（2-2-16）所示。

$$\beta_{ij}^{\text{group}} + \beta_{ij}^{\text{bypass}} \leqslant 1, \quad \forall (i,j) \in A_{\text{cs}} \tag{2-2-16}$$

压气站流量与压缩机组流量和旁通阀流量间存在流量平衡关系。同时，根据压缩机组和旁通阀的状态变量，将决定其是否存在流量值，流量平衡关系如式（2-2-17）至式（2-2-19）所示。

$$q_{ij} = q_{ij}^{\text{group}} + q_{ij}^{\text{bypass}}, \quad \forall (i,j) \in A_{\text{cs}} \tag{2-2-17}$$

$$\beta_{ij}^{\text{group}} q_{ij}^{\text{group,min}} \leqslant q_{ij}^{\text{group}} \leqslant \beta_{ij}^{\text{group}} q_{ij}^{\text{group,max}}, \quad \forall (i,j) \in A_{\text{cs}} \tag{2-2-18}$$

$$\beta_{ij}^{\text{bypass}} q_{ij}^{\text{bypass,min}} \leqslant q_{ij}^{\text{bypass}} \leqslant \beta_{ij}^{\text{bypass}} q_{ij}^{\text{bypass,max}}, \quad \forall (i,j) \in A_{\text{cs}} \tag{2-2-19}$$

式中 q_{ij}——管道或压气站边 ij 流量，$10^4 \text{ m}^3/\text{d}$；

q_{ij}^{group}——压气站 ij 压缩机组流量，$10^4 \text{ m}^3/\text{d}$；

q_{ij}^{bypass}——压气站 ij 旁通阀流量，$10^4 \text{ m}^3/\text{d}$。

当天然气通过旁通阀流动时，上下游节点的压力相等。通过引入极大值 M 来决定该约束是否成立，如式（2-2-20）和式（2-2-21）所示。

$$p_j \leqslant p_i + (1 - \beta_{ij}^{\text{bypass}}) M, \quad \forall (i,j) \in A_{\text{cs}} \tag{2-2-20}$$

$$p_j \geqslant p_i - (1 - \beta_{ij}^{\text{bypass}}) M, \quad \forall (i,j) \in A_{\text{cs}} \tag{2-2-21}$$

式中 p_i——节点 i 压力，MPa；

p_j——节点 j 压力，MPa。

当压气站增压时，上游节点压力与压缩机进气压力关联，下游节点压力与压缩机排气压力关联。压气站流向变量在以下八个不等式中的组合使用，使得压力间的关联关系服从压缩机运行状态，如式（2-2-22）至式（2-2-25）所示。

$$p_i \leqslant p_{ij}^{\text{com,s}} + (1 - \beta_{ij}^{\text{group}}) M, \quad \forall (i,j) \in A_{\text{cs}} \tag{2-2-22}$$

$$p_i \geqslant p_{ij}^{\text{com,s}} - (1 - \beta_{ij}^{\text{group}}) M, \quad \forall (i,j) \in A_{\text{cs}} \tag{2-2-23}$$

$$p_j \leqslant p_{ij}^{\text{com,d}} + (1 - \beta_{ij}^{\text{group}}) M, \quad \forall (i,j) \in A_{\text{cs}} \tag{2-2-24}$$

$$p_j \geqslant p_{ij}^{\text{com,d}} - (1 - \beta_{ij}^{\text{group}}) M, \quad \forall (i,j) \in A_{\text{cs}} \tag{2-2-25}$$

式中　$p_{ij}^{\mathrm{com},\mathrm{s}}$——压缩机 ij 进气压力，MPa；

　　　$p_{ij}^{\mathrm{com},\mathrm{d}}$——压缩机 ij 排气压力，MPa。

当天然气通过压气站进行增压时，压缩机进气和排气压力应满足压缩机最大和最小压比约束，如式（2-2-26）和式（2-2-27）所示。

$$p_{ij}^{\mathrm{com},\mathrm{d}} \leqslant \varepsilon^{\max} p_{ij}^{\mathrm{com},\mathrm{s}} + \left(1-\beta_{ij}^{\mathrm{group}}\right)M, \quad \forall (i,j) \in A_{\mathrm{cs}} \qquad (2\text{-}2\text{-}26)$$

$$p_{ij}^{\mathrm{com},\mathrm{d}} \geqslant \varepsilon^{\min} p_{ij}^{\mathrm{com},\mathrm{s}} - \left(1-\beta_{ij}^{\mathrm{group}}\right)M, \quad \forall (i,j) \in A_{\mathrm{cs}} \qquad (2\text{-}2\text{-}27)$$

式中　$\varepsilon^{\max}$——压缩机最大压比；

　　　$\varepsilon^{\min}$——压缩机最小压比。

压气站通常由多台压缩机设备构成，根据压缩机设备的开机数量，可计算出单台设备的流量，如式（2-2-28）所示。

$$q_{ij}^{\mathrm{group}} = n_{ij}^{\mathrm{cm}} q_{ij}^{\mathrm{cm}}, \quad \forall (i,j) \in A_{\mathrm{cs}} \qquad (2\text{-}2\text{-}28)$$

式中　n_{ij}^{cm}——压气站 ij 压缩机开机数量；

　　　q_{ij}^{cm}——压气站 ij 单台压缩机流量，$10^4\ \mathrm{m^3/d}$。

压缩机开机数应满足压气站设备配置约束，如式（2-2-29）所示。

$$n_{ij}^{\mathrm{cm},\min} \leqslant n_{ij}^{\mathrm{cm}} \leqslant n_{ij}^{\mathrm{cm},\max}, \quad \forall (i,j) \in A_{\mathrm{cs}} \qquad (2\text{-}2\text{-}29)$$

式中　$n_{ij}^{\mathrm{cm},\min}$——压气站 ij 最小压缩机配置数量；

　　　$n_{ij}^{\mathrm{cm},\max}$——压气站 ij 最大压缩机配置数量。

压头表示压缩机为单位质量天然气所提供的能量，由压缩机的进气和排气压力决定，如式（2-2-30）所示。

$$H_{ij} = \frac{ZRT}{\chi}\left[\left(\frac{p_{ij}^{\mathrm{com},\mathrm{d}}}{p_{ij}^{\mathrm{com},\mathrm{s}}}\right)^{\chi} - 1\right] \quad \forall (i,j) \in A_{\mathrm{cs}} \qquad (2\text{-}2\text{-}30)$$

式中　H_{ij}——压气站 ij 压缩机压头，kJ/kg；

　　　R——气体常数，J/(mol·K)；

　　　χ——天然气膨胀指数。

压缩机通过所谓的特性图来确定设备的可行工作范围，这是一个非线性有界非凸集，如图 2-2-2 所示。该图定义了压缩机转速、流量和压头的可行组合。在建模过程中，压缩机特性图常常被拟合成多项式方程，这样的方程称为压缩机特性方程，如式（2-2-31）

所示。方程中所包含的系数 A_H、B_H、C_H、D_H 均由最小二乘法回归确定。而特性图的边界线则由转速约束和喘振滞止约束表示，如式（2-2-32）和式（2-2-33）所示。

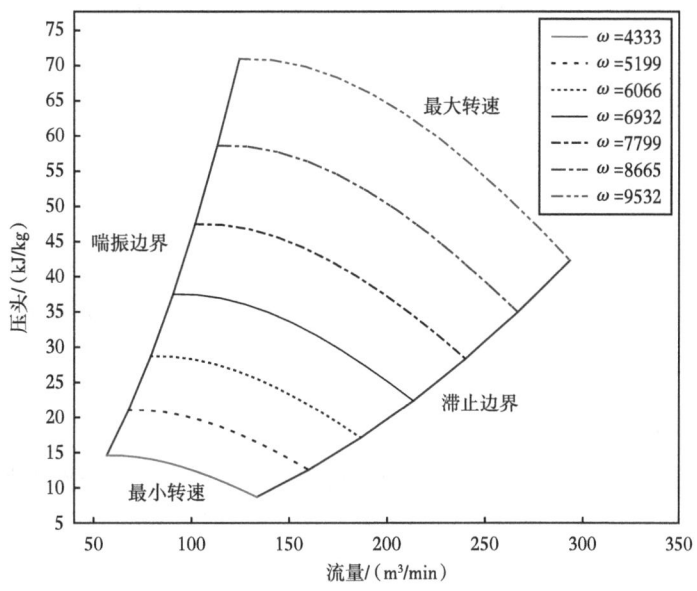

图 2-2-2　压缩机非凸工作可行域示意图

$$\frac{H_{ij}}{\omega_{ij}^2} = A_H + B_H \left(\frac{q_{ij}^{cm}}{\omega_{ij}}\right) + C_H \left(\frac{q_{ij}^{cm}}{\omega_{ij}}\right)^2 + D_H \left(\frac{q_{ij}^{cm}}{\omega_{ij}}\right)^3, \quad \forall (i,j) \in A_{cs} \quad （2-2-31）$$

$$\omega_{ij}^{\min} \leqslant \omega_{ij} \leqslant \omega_{ij}^{\max}, \quad \forall (i,j) \in A_{cs} \quad （2-2-32）$$

$$\text{surge} \leqslant \frac{q_{ij}^{cm}}{\omega_{ij}} \leqslant \text{stonewall}, \quad \forall (i,j) \in A_{cs} \quad （2-2-33）$$

式中　ω_{ij}——压气站 ij 压缩机转速，r/min；

　　　surge——压缩机喘振边界系数，m³/r；

　　　stonewall——压缩机滞止边界系数，m³/r。

第三节　求解框架与模型处理

一、数学模型分析

所构建的天然气管网管输申请核验模型如式（2-3-1）所示，该模型以一个常数值为目标函数，包含节点流量和压力约束、管道水力和流向约束、压气站运行状态和可行域约束。由于数学模型中含有管道水力方程、压缩机压头方程等非线性约束和管道流向变量、压气站运行状态变量等离散变量，并且压缩机可行工作域为一个非凸有界集，因此，该模型为一个复杂的非凸 MINLP 模型。为求解该复杂优化问题，提出一套基于松弛处理的求解框架，以实现模型变量的有效决策。

$$\min f^{\mathrm{NoVa}}=0 \tag{2-3-1}$$

式（2-3-1）的约束条件：节点流量和压力约束为式（2-2-2）至式（2-2-5）；管道水力和流向约束为式（2-2-6）至式（2-2-14）；压缩机站运行状态和可行域约束为式（2-2-15）至式（2-2-33）。

二、求解框架

天然气管网管输申请核验问题求解框架如图 2-3-1 所示。该求解框架的主要步骤包括：(1) 管网拓扑结构描述：梳理天然气管网的拓扑布局、设施位置及管道连接关系，形成管网节点关联矩阵。(2) 数据输入：输入气源和用户数据、管网参数、压气站参数。(3) 模型构建：综合考虑节点流量压力约束、管道水力和流向约束、压气站运行状态和可行域约束，构建取值为常数的天然气管网管输申请核验非凸 MINLP 模型。(4) 松弛处理和求解：针对模型中存在的非线性约束和非凸可行域边界，提出一个 MILP 松弛方法进行模型求解。该松弛方法采用分段线性近似处理一维非线性函数，采用空间网格近似处理高维非线性函数，采用线性外部逼近对压缩机非凸可行域进行凸松弛处理。使得原始非凸 MINLP 模型转化为凸 MILP 模型，以降低模型的求解复杂度。所有计算均在具有 Intel Core i7 处理器（2.90 GHz）和 32GB 内存的计算机上运行。(5) 结果分析：根据求解方法的解状态，判断管输申请的技术可行性。针对具有可行解的管输申请，基于模型求解结果输出天然气管网的可行管输方案，包括管道流量、节点压力、压气站运行状态、开机数量和增压压比等参数。

三、松弛处理

（一）一维非线性函数线性化

通过线性近似方法，可将模型中的非线性函数转化为线性形式。在该模型中，主要存在两种类型的非线性函数，分别是一维非线性函数（管道水力方程）和高维非线性函数（压缩机压头方程）。一维非线性函数主要以单一变量的平方项为代表，而高维非线性函数则以两个连续变量的乘积或除商为代表。

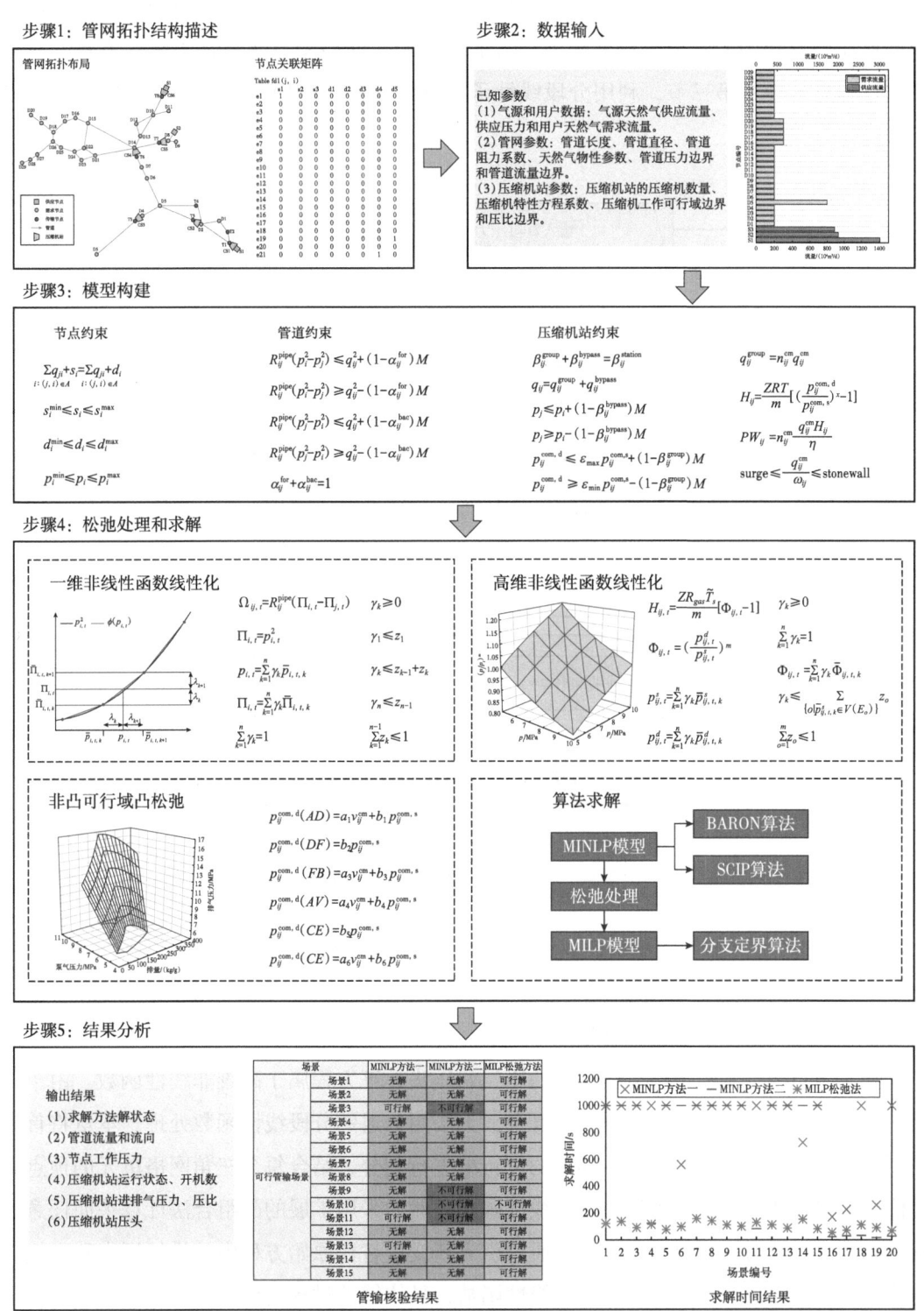

图 2-3-1 天然气管网管输申请核验求解框架

针对一维非线性管道水力方程，采用第一章所述分段线性函数近似处理，引入新变量替代原始方程中的管道流量和压力平方非线性项，使原始方程转化为线性方程。具体转化过程见第一章第三节，利用分段线性函数对其进行近似处理的详细流程如图 2-3-2 所示。

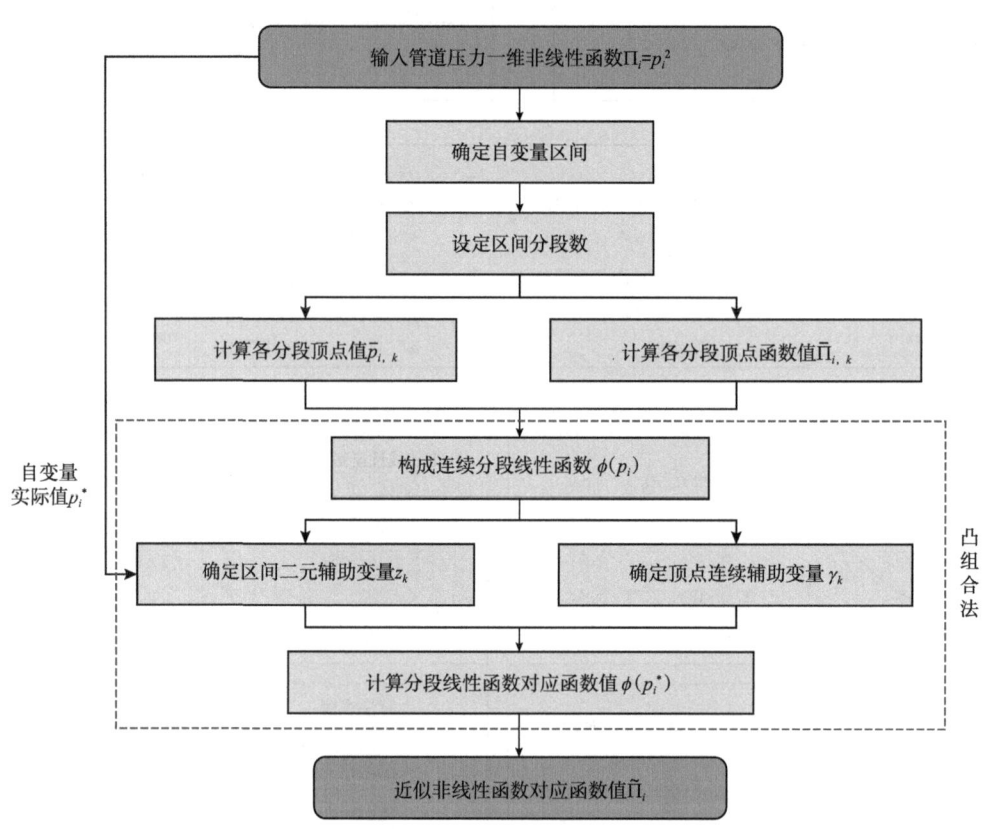

图 2-3-2　一维非线性函数线性化流程图

（二）高维非线性函数线性化

除一维非线性函数以外，模型中的压气站压头计算方程属于高维非线性函数。由于变量的不可分离性质，线性化变得更加复杂，无法用普通的分段线性函数处理。本章将首先采用空间三角网格对高维非线性函数的可行域进行剖分，结合每个三角网格单元的顶点函数值，构造线性平面函数逼近原始非线性函数，然后采用扩展的凸组合法计算平面任意位置的函数值。针对压缩机压头方程，通过引入新变量替代原始方程中的排气压力和进气压力除商项，将原始非线性方程转化为线性函数，具体线性过程同样参考第一章第三节，进行近似处理的详细流程如图 2-3-3 所示。

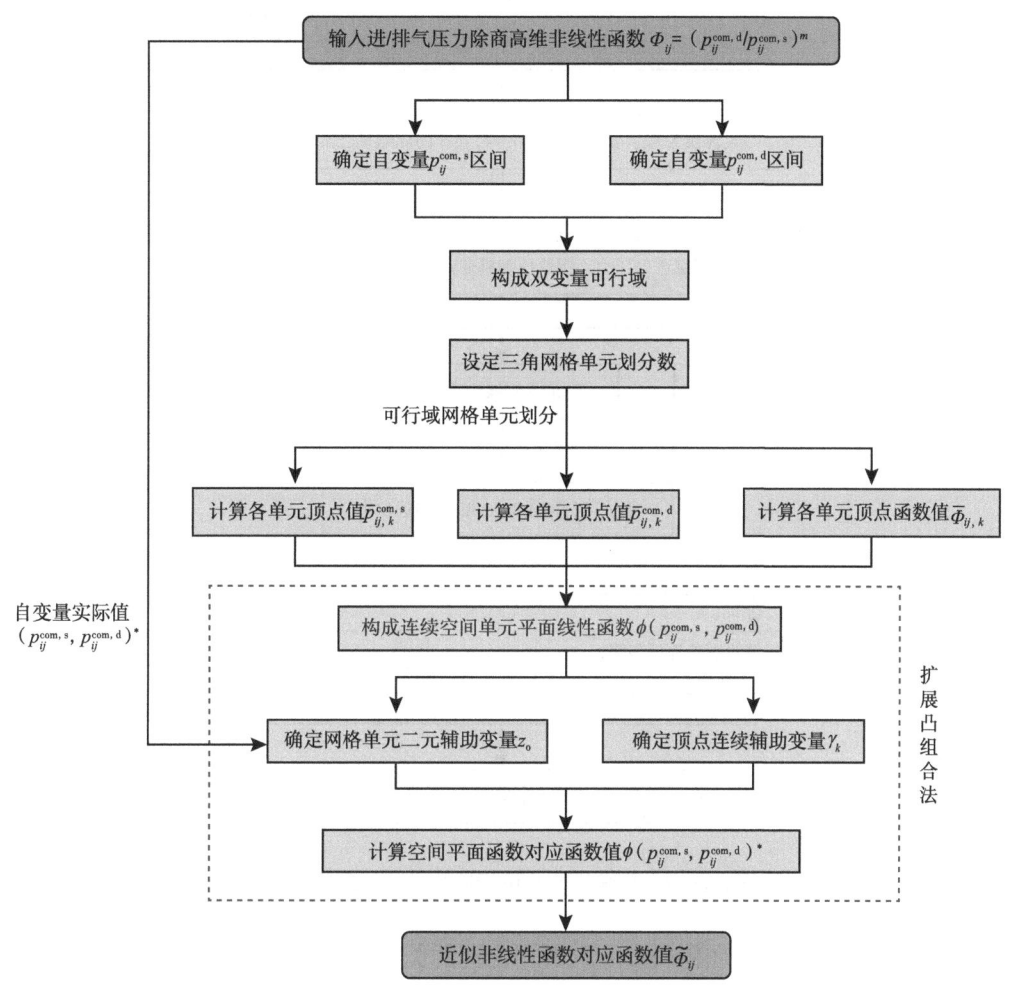

图 2-3-3　高维非线性函数线性化流程图

（三）非凸可行域凸松弛

由压缩机约束可知，压缩机可行域为一个非线性有界非凸集。由于压缩机可行域的非凸性质，所构建的模型是一个难以求解的非凸数学规划问题，其在求解过程中容易陷入局部最优。为保障全局最优解的获得，选择采用线性外部逼近方法对压缩机可行域进行松弛处理，使得非凸可行域转化为凸可行域，详细的处理流程如图 2-3-4 所示。

从天然气管网运行的角度，选择采用压缩机质量流量 v_{ij}^{cm}、进气压力 $p_{ij}^{com,s}$ 和排气压力 $p_{ij}^{com,d}$ 作为决策变量。这些参数与上下游管道有直接联系，采用这些参数作为决策变量更便于模型的构建。因此，利用 ($p_{ij}^{com,s}$、$p_{ij}^{com,d}$、v_{ij}^{cm}) 和 (ω_{ij}、q_{ij}^{cm}、H_{ij}) 之间的关系方程，对压缩机工作可行域进行转换。

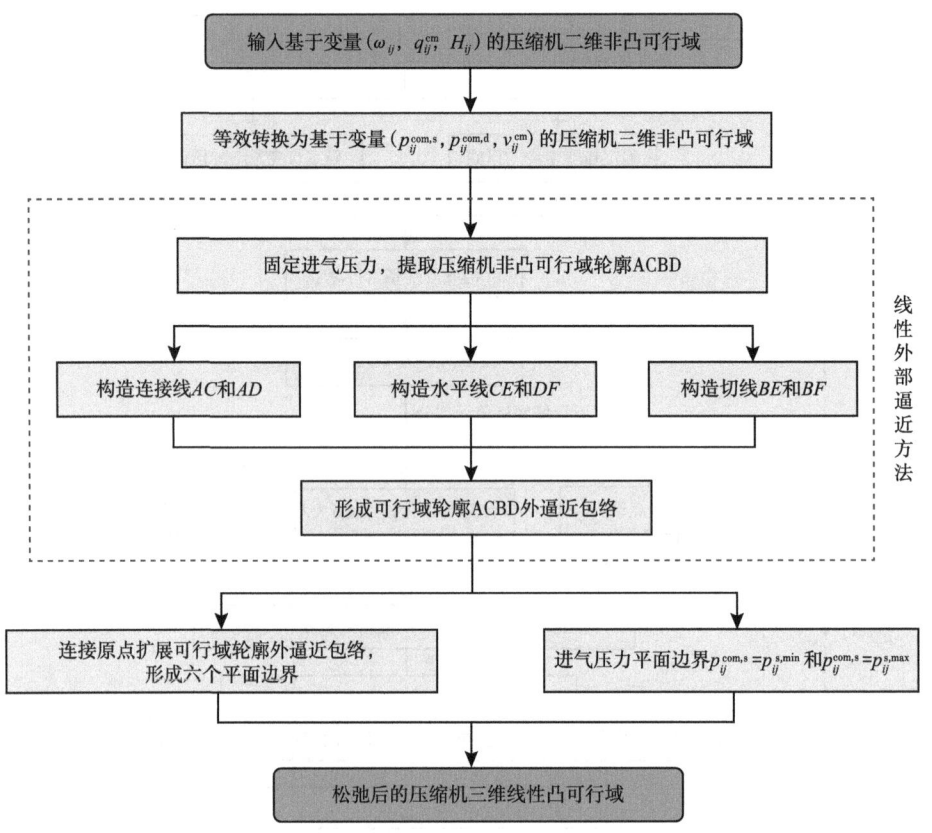

图 2-3-4　压缩机非凸可行域凸松弛处理流程图

变量（$p_{ij}^{com,s}$、$p_{ij}^{com,d}$、v_{ij}^{cm}）和（ω_{ij}、q_{ij}^{cm}、H_{ij}）之间的关系方程如式（2-3-2）和式（2-3-3）所示。

$$H_{ij} = \frac{ZRT}{\chi}\left[\left(\frac{p_{ij}^{com,d}}{p_{ij}^{com,s}}\right)^{\chi} - 1\right] \quad (2-3-2)$$

$$q_{ij}^{cm} = ZRT\frac{v_{ij}^{cm}}{p_{ij}^{com,s}} \quad (2-3-3)$$

式中　v_{ij}^{cm}——单台压缩机质量流量，kg/s。

基于变量（ω_{ij}、q_{ij}^{cm}、H_{ij}）的原始压缩机可行域的约束方程如式（2-3-4）至式（2-3-7）所示。

$$p_{ij}^{com,s,min} \leqslant p_{ij}^{com,s} \leqslant p_{ij}^{com,s,max} \quad (2-3-4)$$

$$\text{surge} \leqslant \frac{q_{ij}^{\text{cm}}}{\omega_{ij}} \leqslant \text{stonewall} \quad (2-3-5)$$

$$\omega_{ij}^{\min} \leqslant \omega_{ij} \leqslant \omega_{ij}^{\max} \quad (2-3-6)$$

$$\frac{H_{ij}}{\omega_{ij}^2} = A_H + B_H \left(\frac{q_{ij}^{\text{cm}}}{\omega_{ij}}\right) + C_H \left(\frac{q_{ij}^{\text{cm}}}{\omega_{ij}}\right)^2 + D_H \left(\frac{q_{ij}^{\text{cm}}}{\omega_{ij}}\right)^3 \quad (2-3-7)$$

基于变量（$p_{ij}^{\text{com,s}}$、$p_{ij}^{\text{com,d}}$、v_{ij}^{cm}）的转换后压缩机可行域约束方程如式（2-3-8）至式（2-3-12）所示。

$$p_{ij}^{\text{com,s,min}} \leqslant p_{ij}^{\text{com,s}} \leqslant p_{ij}^{\text{com,s,max}} \quad (2-3-8)$$

$$\frac{\omega_{ij}^{\min}\text{surge}}{ZRT} \leqslant \frac{v_{ij}^{\text{cm}}}{p_{ij}^{\text{com,s}}} \leqslant \frac{\omega_{ij}^{\max}\text{stonewall}}{ZRT} \quad (2-3-9)$$

$$G^{\min}\left(\frac{v_{ij}^{\text{cm}}}{p_{ij}^{\text{com,s}}}\right) \leqslant \frac{p_{ij}^{\text{com,d}}}{p_{ij}^{\text{com,s}}} \leqslant G^{\max}\left(\frac{v_{ij}^{\text{cm}}}{p_{ij}^{\text{com,s}}}\right) \quad (2-3-10)$$

$$G^{\min}\left(\frac{v_{ij}^{\text{cm}}}{p_{ij}^{\text{com,s}}}\right) = \left[1 + \frac{\chi}{ZRT} H^{\min}\left(ZRT \frac{v_{ij}^{\text{cm}}}{p_{ij}^{\text{com,s}}}\right)\right]^{\frac{1}{\chi}} \quad (2-3-11)$$

$$G^{\max}\left(\frac{v_{ij}^{\text{cm}}}{p_{ij}^{\text{com,s}}}\right) = \left[1 + \frac{\chi}{ZRT} H^{\max}\left(ZRT \frac{v_{ij}^{\text{cm}}}{p_{ij}^{\text{com,s}}}\right)\right]^{\frac{1}{\chi}} \quad (2-3-12)$$

根据上述方程，转换后的压缩机三维可行域如图2-3-5（a）所示，中间表示进气压力固定时的压缩机可行域轮廓，该二维轮廓如图2-3-5（b）所示。进气压力固定下的压缩机可行域二维轮廓仍属于非凸集合，因此，采用线性外部逼近方法对其进行凸松弛，如图2-3-5（c）所示。采用三条线段对曲线 ADB 进行线性外部逼近。其中，第一条为 A 点和 D 点的连线，第二条为通过 D 点的水平线，第三条为曲线在 B 点处的切线。第二条和第三条线段在 F 点处交会。同理，曲线 ACB 也采用类似的方法进行线性外部逼近。最终，六条线段 AD、DF、FB、BE、EC、CA 构成了可行域轮廓的线性外部逼近。通过将这六条线段与原点连接，可获得六个平面。将这六个平面与另外两个进气压力边界平面结合，即 $p_{ij}^{\text{com,s}}=p_{ij}^{\text{com,s,min}}$ 和 $p_{ij}^{\text{com,s}}=p_{ij}^{\text{com,s,max}}$，便可构成一个原始压缩机可行域的线性超集合，如图2-3-5（d）所示。

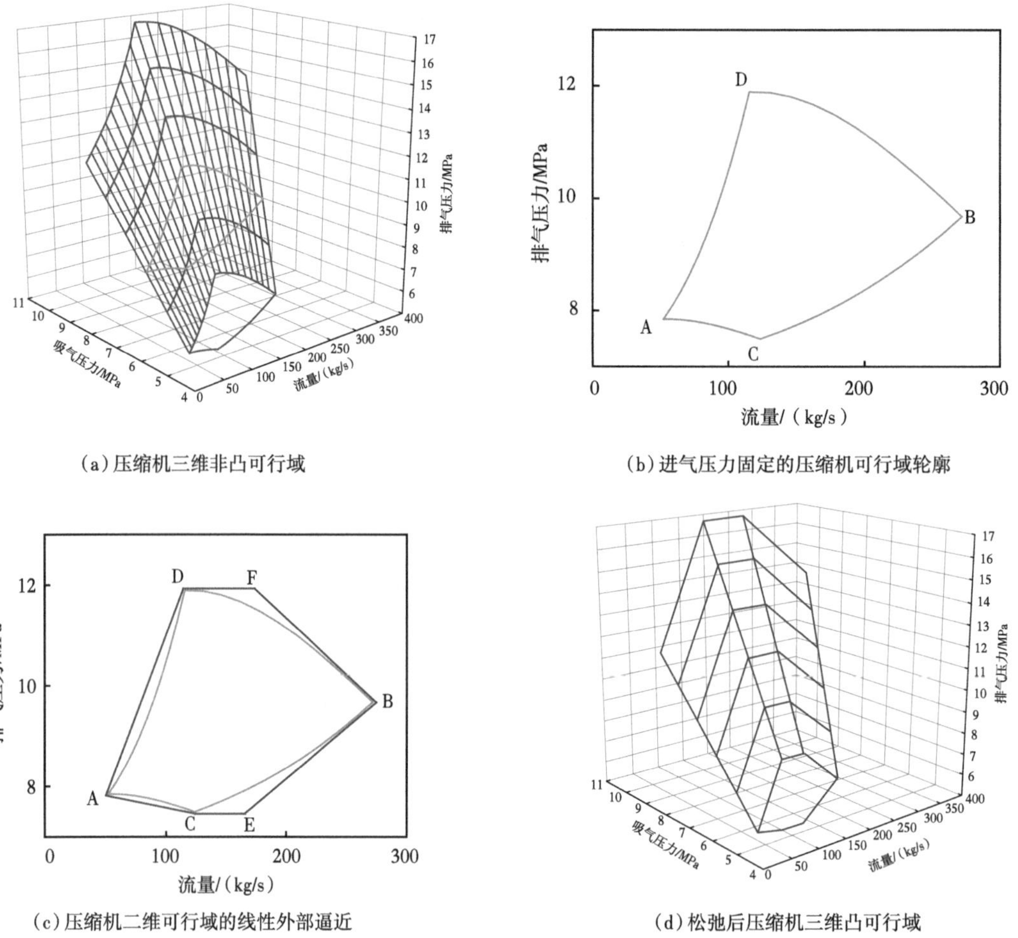

(a)压缩机三维非凸可行域

(b)进气压力固定的压缩机可行域轮廓

(c)压缩机二维可行域的线性外部逼近

(d)松弛后压缩机三维凸可行域

图 2-3-5 压缩机非凸可行域和处理后凸可行域示意图

松弛后压缩机三维凸可行域中六个平面方程的表达式如式（2-3-13）至式（2-3-18）所示。其中，a_k 和 b_k 为平面方程系数，可通过 A、B、C、D 点处的函数值和 B 点处的倒数计算得到。

$$p_{ij}^{com,d}(AD) = a_1 v_{ij}^{cm} + b_1 p_{ij}^{com,s} \qquad (2\text{-}3\text{-}13)$$

$$p_{ij}^{com,d}(DF) = b_2 p_{ij}^{com,s} \qquad (2\text{-}3\text{-}14)$$

$$p_{ij}^{com,d}(FB) = a_3 v_{ij}^{cm} + b_3 p_{ij}^{com,s} \qquad (2\text{-}3\text{-}15)$$

$$p_{ij}^{com,d}(AC) = a_4 v_{ij}^{cm} + b_4 p_{ij}^{com,s} \qquad (2\text{-}3\text{-}16)$$

$$p_{ij}^{\text{com,d}}(CE) = b_5 p_{ij}^{\text{com,s}} \tag{2-3-17}$$

$$p_{ij}^{\text{com,d}}(CE) = a_6 v_{ij}^{\text{cm}} + b_6 p_{ij}^{\text{com,s}} \tag{2-3-18}$$

式中　a_k、b_k——空间平面方程系数。

四、求解算法

通过对原始管输申请核验非凸 MINLP 模型进行线性化和凸松弛处理，原始模型转化为凸 MILP 模型。对于松弛处理后的凸 MILP 模型，本章选择分支定界算法进行求解。此外，为丰富求解方法的对比分析，除了基于松弛处理的分支定界算法以外，还选择了另外两个 MINLP 算法对原始非凸 MINLP 模型进行直接求解，以探究不同方法的求解质量和求解效率。

（一）分支定界算法

分支定界算法是一种求解整数规划问题的常用算法，它结合了搜索与迭代的策略，旨在找到满足约束条件的最优解。分支定界算法通过分支产生新的子问题，并通过定界来剪枝，以缩小搜索范围，最终找到全局最优解。基于分支定界算法求解管输申请核验 MILP 模型的具体流程如图 2-3-6 所示。

（1）初始步：令节点集合 L={P(X)}，利用启发式算法求得问题的一个初始可行点 x^* 和初始目标值 $v^*=f(x^*)$，若无初始可行点则令初始目标值 $v^*=+\infty$。

（2）选择节点：若 $L=\phi$，停止迭代，x^* 是原问题的最优解。否则，从 L 中选择一个或多个节点，记为节点分支集合 $L^s=\{P(X_1),\cdots,P(X_k)\}$，令 $i=1$。

（3）定界：计算子问题 $P(X_i)$ 的下界 LB_i，如果 $P(X_i)$ 不可行，则记 $LB_i=+\infty$。若 $LB_i \geq v^*$，转步骤 6。若 $P(X_i)$ 的松弛问题的最优解 $\tilde{x}$ 是整数解，且 $\tilde{x}$ 是比当前最好的可行解 x^* 更好的解更新 x^*，转步骤 6，否则转步骤 4。

（4）可行解：利用启发式算法寻找可行解，若有则更新当前最好的可行解 x^* 和最优目标值 v^*。若 $i \leq k$，令 $i=i+1$，回到步骤 3，否则转步骤 5。

（5）分枝：如果 $L^S=\phi$，转步骤 2，否则，从 L^S 选择节点 $P(X_i)$。剖分 X_i 为若干子集 $L_i^s=\{X_i^1,\cdots,X_i^p\}$ 并在 L^S 中用 L_i^s 对应的子问题替换 $P(X_i)$，令 $L=L \cup L^s$ 转步骤 2。

（6）剪枝：从 L^S 中删除 $P(X_i)$。若 $i \leq k$，令 $i=i+1$ 并回到步骤 3，否则转步骤 5。

（二）BARON

BARON 是一种用于求解非线性和混合整数优化问题的算法框架。它采用了融合分支归约的混合算法，通过深入探索解空间和动态简化问题来高效求解复杂的优化问题。具体

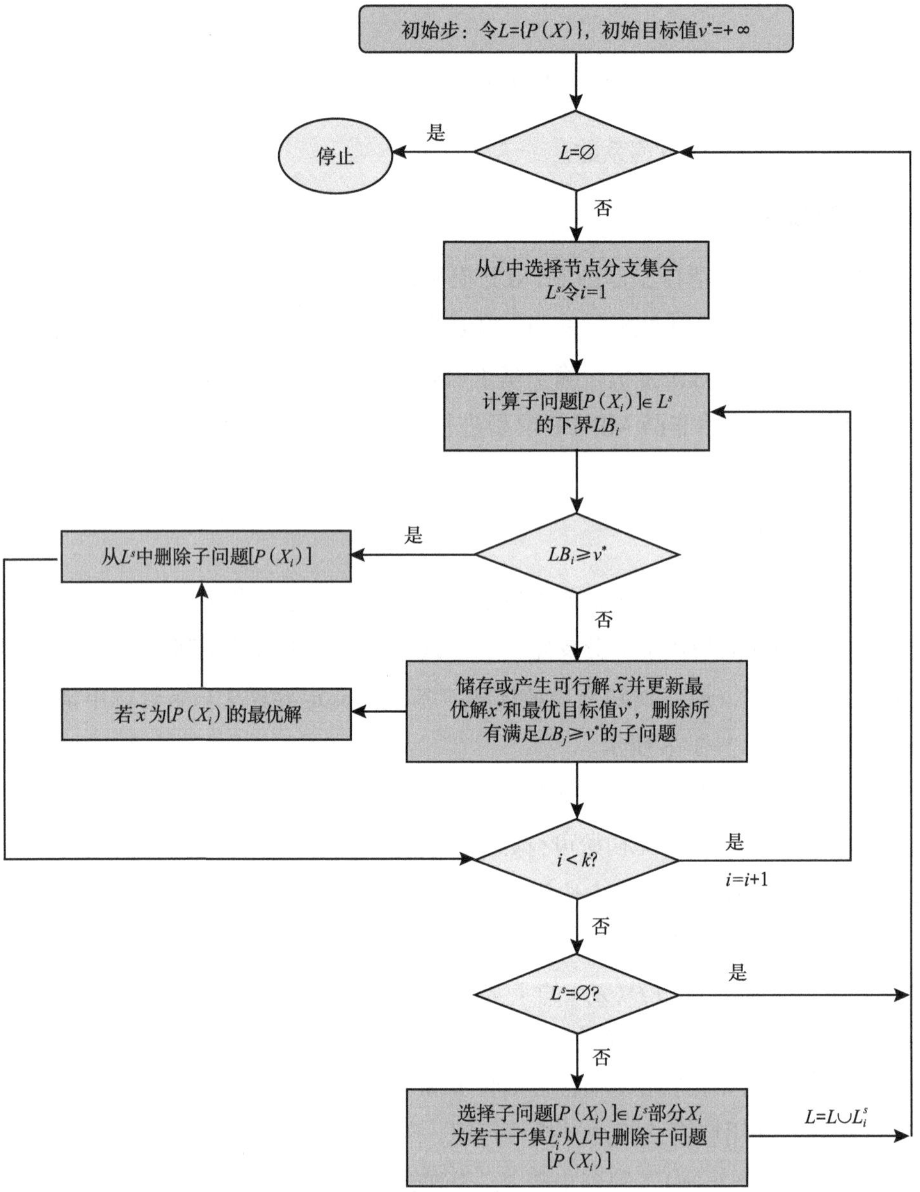

图 2-3-6 分支定界算法流程框图

来说，分支归约是 BARON 的核心，它通过递归地将问题划分为较小的子问题并逐步求解来寻找全局最优解。在分支过程中，BARON 会利用问题的特性，如凸性、可微性等，来动态地执行归约方法。归约方法可以通过多种技术，如区间分析、凸包构造、线性松弛等，来削减变量域，从而大幅缩小搜索范围，提高求解效率。这种分支与归约相结合的方法使 BARON 能够快速而准确地处理包含非线性和整数变量的复杂优化问题。

(三) SCIP

SCIP 是求解 MILP 和 MINLP 的算法，是一种确定性的通用混合整数非线性全局优化框架。SCIP 在求解大规模混合整数非线性规划时核心思路是采用数学规划和启发式相结合进行求解，整个求解框架仍然是以数学规划中分支切割算法（分支定界算法和割平面算法的结合）为核心框架，但在某些节点部分采用 Primal 启发式，从而能够高效且准确地获得整数可行解，进而加速对偶上界的更新以及结果收敛。此外在每个节点会调用多种割平面算法来生成割平面，收紧模型，逼近该节点可行域的凸包，收紧下界。利用 SCIP 对原始非凸管输申请核验 MINLP 模型进行求解时，核心部分调用流程示意图如图 2-3-7 所示。

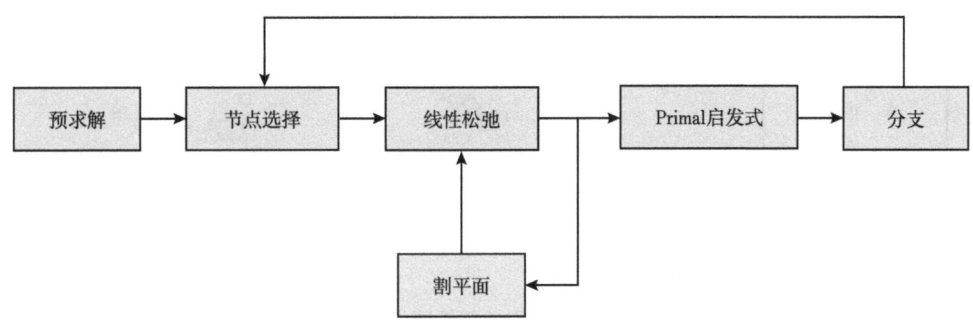

图 2-3-7　SCIP 流程框图

第四节　算例分析

通过对算例进行求解，以检验所建立的模型和求解方法在不同管输申请工况下的求解效果。主要分析求解方法的求解质量和求解效率，检验所获得的管输方案的约束可行性，并探究线性化分段数对 MILP 松弛方法求解结果的影响。

一、算例数据和场景设置

(一) 算例数据

算例为一个含有多条环路的天然气管网。该天然气管网含有 3 个气源、29 个用户、6 座压气站和 39 条管道，如图 2-4-1 所示。该天然气管网的结构和运行数据来源于公开的天然气管网实例数据库 Gaslib。该管网的总长度为 1112.47 km，管道最大输送流量为 3000×10^4 m^3/d，管道最大输送压力为 9 MPa，最小输送压力为 5 MPa。各压气站配置有 3 台并联运行的压缩机设备，压缩机的最大压比为 1.5。

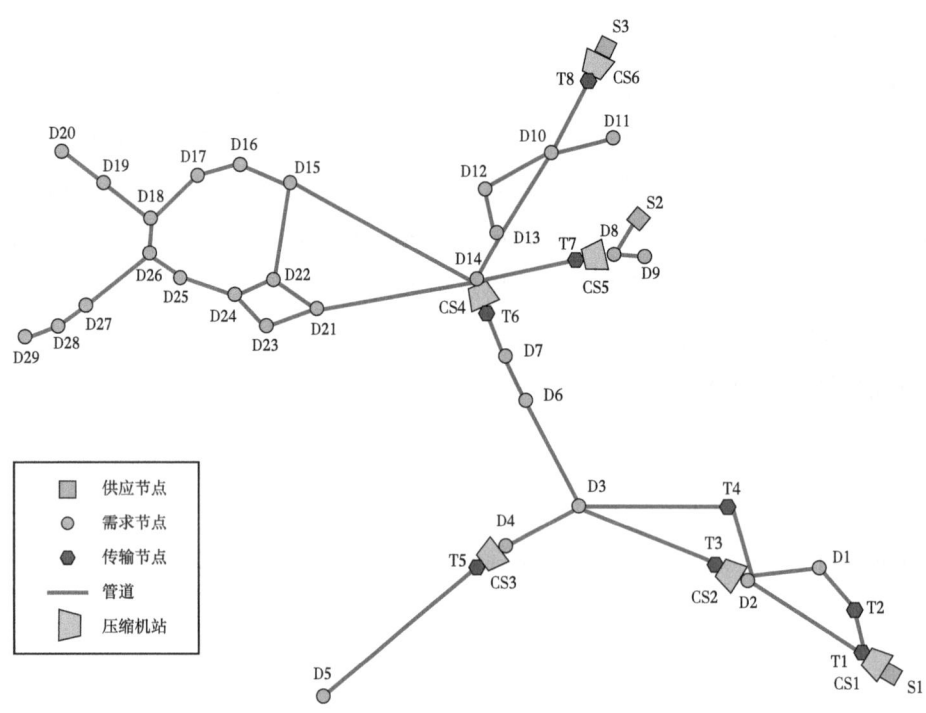

图 2-4-1　算例天然气管网结构示意图

(二) 场景设置

天然气管网的供应节点和需求节点流量基础数据如图 2-4-2 所示。为充分研究求解方法在不同管输申请工况下的求解质量和求解效率，通过改变气源端或用户端的流量和压力参数，设计了 20 个管输场景，每个管输场景代表一个独立的管输申请工况。场景 1 至场景 15 为可行管输场景，场景 16 至场景 20 为不可行管输场景。求解过程采用前述的三

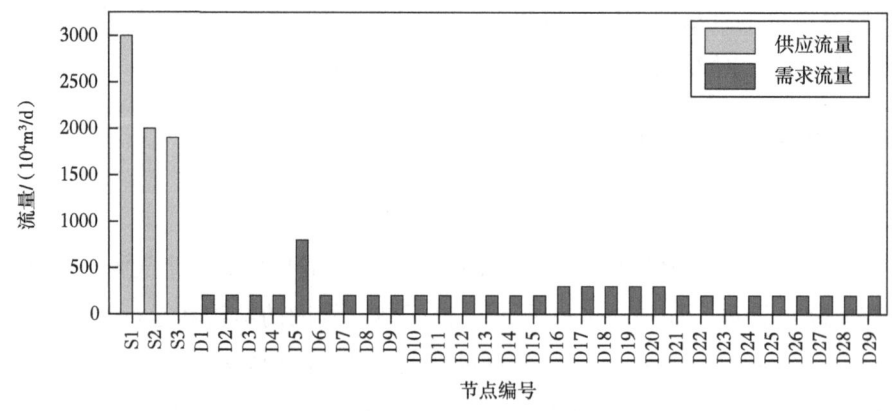

图 2-4-2　天然气管网的节点流量数据

个方法，分别是 MILP 松弛方法、MINLP 方法一、MINLP 方法二。其中，MILP 松弛方法通过对原始非凸 MINLP 模型进行线性化和凸松弛处理后，将其转化为凸 MILP 模型，并采用分支定界算法求解全局最优解。MINLP 方法一采用 BARON 对非凸 MINLP 模型进行直接求解。MINLP 方法二采用 SCIP 对非凸 MINLP 模型进行直接求解。三个求解方法的求解时间均限定为 200s，迭代收敛误差均设置为 0.1%。MILP 松弛方法的线性化分段数设置为 10 段。

二、管输核验结果分析

（一）求解质量分析

求解方法的解状态包括可行解、不可行解和无解三种：（1）可行解表示求解方法成功求解，并输出一个适用于管输工况的可行方案；（2）不可行解表示求解方法无法求解管输工况，直接结束求解进程；（3）无解表示在规定时间限制内求解方法无法找到一个可行解，但无法判断可行解是否真正存在。各求解方法在不同管输场景下的解状态如图 2-4-3 所示。

场景		MINLP方法一	MINLP方法二	MILP松弛方法
可行管输场景	场景1	无解	无解	可行解
	场景2	无解	无解	可行解
	场景3	可行解	不可行解	可行解
	场景4	无解	无解	可行解
	场景5	无解	无解	可行解
	场景6	无解	无解	可行解
	场景7	无解	无解	可行解
	场景8	无解	无解	可行解
	场景9	无解	不可行解	可行解
	场景10	无解	不可行解	不可行解
	场景11	可行解	不可行解	可行解
	场景12	无解	无解	可行解
	场景13	可行解	无解	可行解
	场景14	无解	无解	可行解
	场景15	无解	无解	可行解
不可行管输场景	场景16	无解	不可行解	不可行解
	场景17	不可行解	不可行解	不可行解
	场景18	不可行解	不可行解	不可行解
	场景19	不可行解	不可行解	不可行解
	场景20	不可行解	不可行解	不可行解

图 2-4-3　求解方法的解状态结果

根据求解方法的解状态，计算出各求解方法的有效解数量，如图 2-4-4 所示。有效解表示求解方法的解状态与当前管输场景的可行性状态成功匹配，即对于可行管输场景求解方法输出可行解，对于不可行管输场景求解方法输出不可行解。有效解代表求解方法成功核验了当前管输场景。MINLP 方法一成功核验了 7 个管输场景，成功率为 35%，包括可行管输场景 3 个和不可行管输场景 4 个，其余 13 个管输场景均在时间限制内无解。MINLP 方法二仅成功核验了 5 个不可行管输场景，核验成功率为 25%。MILP 松弛方法成功核验了 19 个管输场景，成功率为 95%，包括可行管输场景 14 个和不可行管输场景 5 个。因此，本章提出的 MILP 松弛方法的管输申请核验成功率高于 MINLP 方法，不仅能求解可行管输场景的有效管输方案，还能检测不可行管输场景，展示出 MILP 松弛方法在解决复杂天然气管网的非凸 MINLP 管输申请核验问题方面的卓越性能。

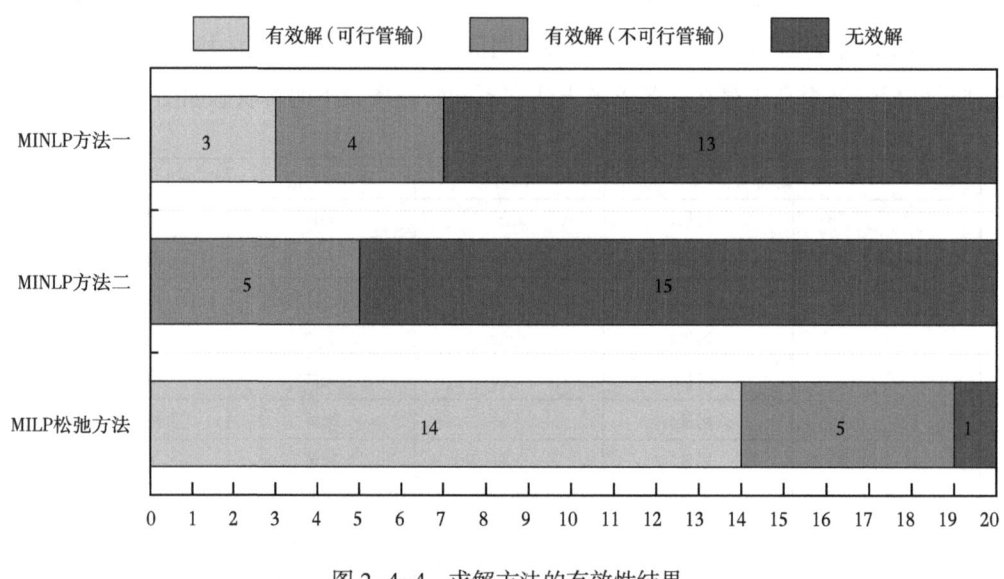

图 2-4-4 求解方法的有效性结果

（二）求解效率分析

三个求解方法的求解时间结果如图 2-4-5 所示。从图 2-4-5（a）可以看出，由于 MINLP 方法一和 MINLP 方法二存在大量无解的求解结果，因此求解时间大多为 200 s，只有少部分管输场景的求解时间低于 200 s。相反，MILP 松弛方法成功核验了大量管输场景，未出现无解的求解结果，求解时间均低于 200s。图 2-4-5（b）展示了三个求解方法的有效解平均求解时间。对于可行管输场景，MINLP 方法一的平均求解时间为 54.08 s，MILP 松弛方法的平均求解时间为 6.93 s。MILP 松弛方法的平均求解时间低于 MINLP 方法一。MINLP 方法二未实现可行管输场景的有效求解，因此不存在平均求解时间。对于不可行管输场景，MINLP 方法一的平均求解时间为 39.61 s，MINLP 方法二的平均求解时间为 1.14 s，MILP 松弛方法的平均求解时间为 3.75 s。由此可以看出，MILP 松弛方法在可行和不可行管输场景上的求解效率远高于 MINLP 方法一。MINLP 方法二虽未能成功求解可行管输场景，但在不可行管输场景上具有较快的求解速度。

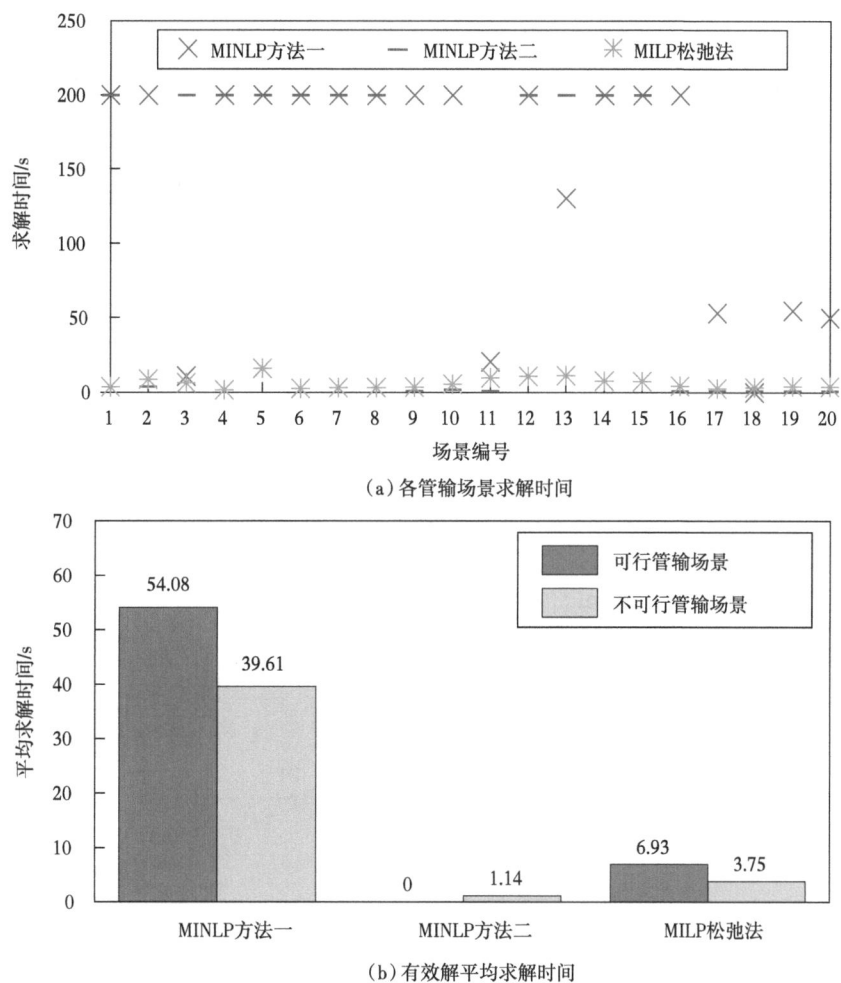

图 2-4-5　求解方法的求解时间结果

三、管输方案约束可行性分析

为检验求解方法所获得的管输方案的约束可行性，以管输场景 3 为例开展分析。对于管输场景 3，MINLP 方法一和 MILP 松弛方法均具有可行解，因此都可输出一个管输方案。采用方案 A 表示 MINLP 方法一输出的管输方案，方案 B 表示 MILP 松弛方法输出的管输方案。两个管输方案的管道流向结果一致，如图 2-4-6 所示。方案 A 和方案 B 的管道流量和节点压力结果如图 2-4-7 所示。从图 2-4-7（a）可以看出，两个管输方案的管道流量差异主要出现在管道 P5—P7。管道 P5—P6 和管道 P7 构成了一个环路，方案 A 选择将天然气均衡地通过管道 P5—P6 和管道 P7 输送，两者的流量差异较小。方案 B 则选择将更多天然气通过管道 P7 输送，管道 P7 的流量远高于管道 P5—P6。总的来看，两个方案下各管道的流量均满足 $3000 \times 10^4 \text{ m}^3/\text{d}$ 的最大流量限制。此外，从图 2-4-7（b）可以看出，两个管输方案的节点压力差异主要出现在节点 S1—D14 范围，方案 A 的节点压力要高于方案 B。对于剩余节点，两个管输方案的压力值不存在明显差异。在两个管输方案中，所有节点的压力均满足最小 5 MPa 和最大 9 MPa 的压力约束。因此，从管道流量和节点压力角度，两个管输方案均满足对应约束，具有天然气输送的技术可行性。

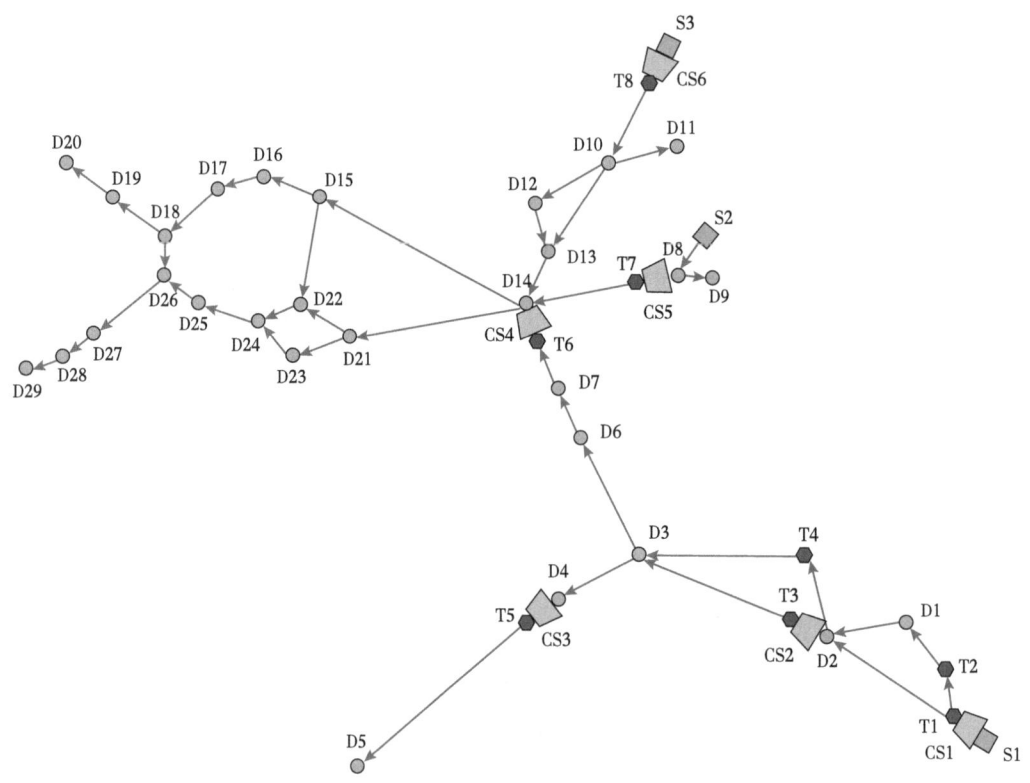

图 2-4-6　管输方案的管道流向结果

方案 A 和方案 B 的压气站运行状态和开机数量结果如图 2-4-8 所示。方案 A 启动了 4 座压气站进行增压，包括 CS1、CS4、CS5 和 CS6。这 4 座压气站的开机数分别为 3 台、1 台、1 台和 1 台。方案 B 启动除 CS1 以外的其余 5 座压气站进行增压，其开机数分别为 2 台、1 台、1 台、1 台和 2 台。两个方案下压气站开机数和运行状态高度匹配，并且开机数量均满足最大 3 台设备运行的约束要求。

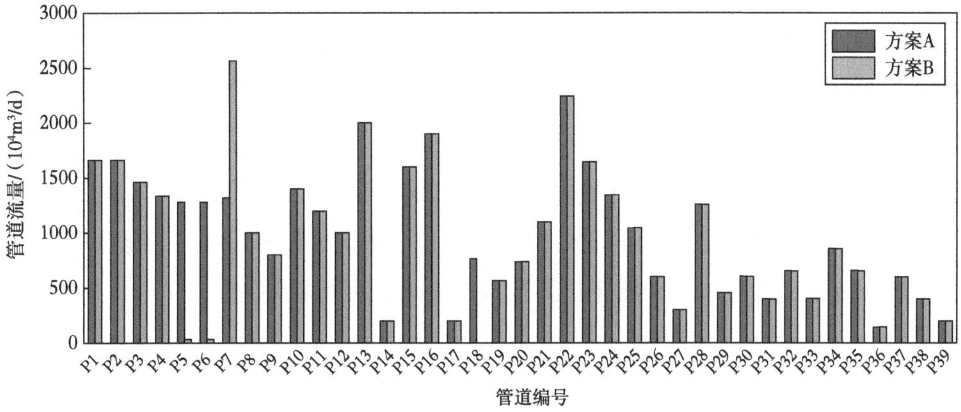

（a）管输方案的管道流量

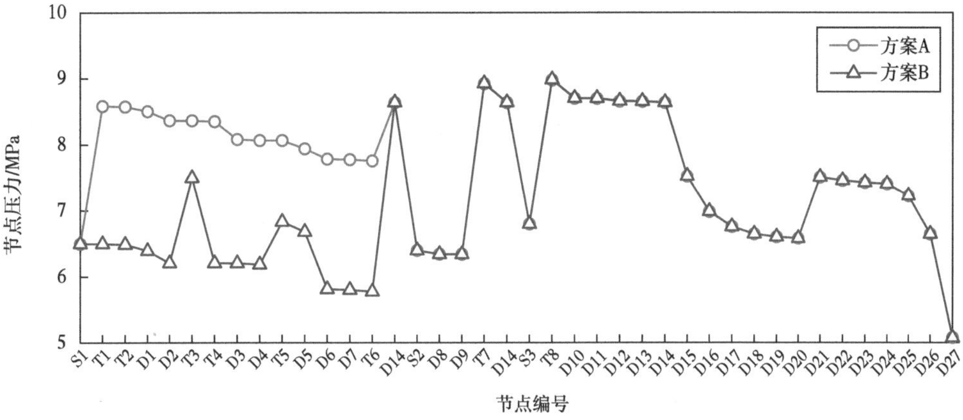

（b）管输方案的节点压力

图 2-4-7 管输方案的流量和压力结果

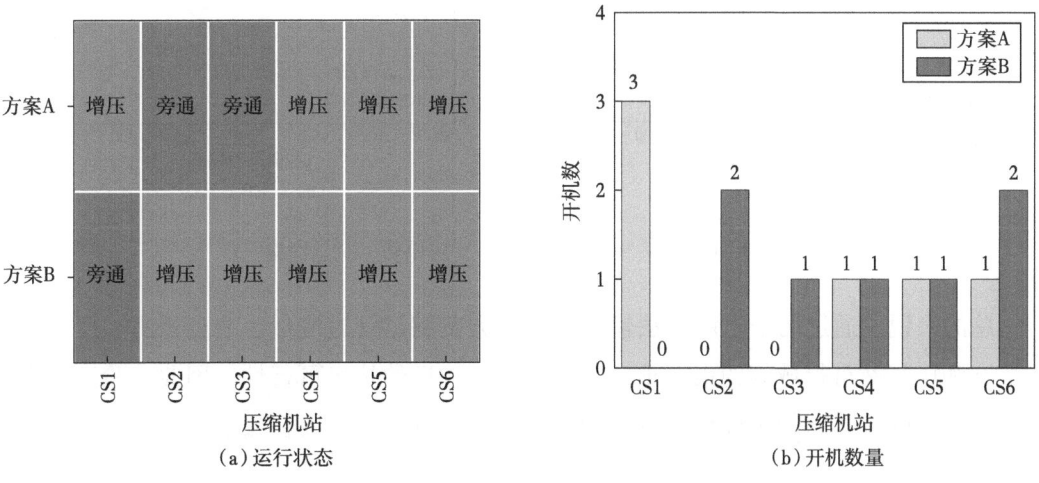

(a) 运行状态

(b) 开机数量

图 2-4-8 压气站运行状态和开机数量结果

方案 A 和方案 B 的压气站进排气压力、压比和工况点结果如图 2-4-9 所示。从图 2-4-9（a）可以看出，在方案 A 中压气站 CS5 的压比最大，为 1.406。从图 2-4-9（b）可以看出，方案 B 的最大压比出现在压气站 CS4，为 1.496。因此，两个方案的压缩机压比均满足最大压比 1.5 的约束要求。此外，从图 2-4-9（c）可以看出，方案 A 中运行的 4 座压气站的工况点均在压缩机可行域之内。从图 2-4-9（d）可以看出，方案 B 中运行的 5 座压气站工况点也均在压缩机可行域之内。因此，两个方案的压缩机工况点均满足由最小转速、最大转速、喘振边界和滞止边界构成的压缩机可行域约束。

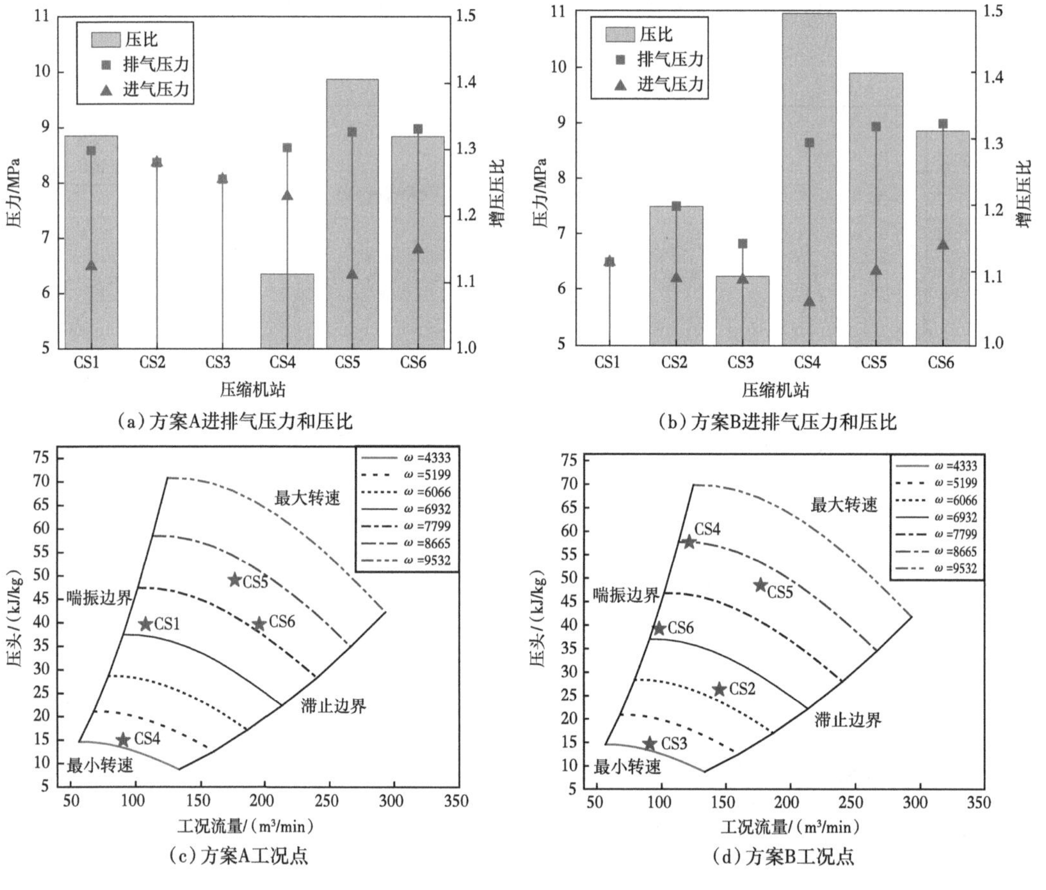

图 2-4-9　压气站进排气压力、压比和工况点结果

总的来说，通过两个求解方法输出的管输方案满足管道流量、节点压力、压气站运行状态和压气站可行域等约束要求，具有天然气输送的技术可行性。因此，验证了求解方法所获得的解状态的正确性，进一步说明了求解方法在解决管输申请核验问题上的有效性。

四、线性化分段数敏感性分析

线性化分段数是影响 MILP 松弛方法求解过程的关键因素之一。分段数过少，将提高求解结果的误差水平，损害求解结果的计算精度。分段数过多虽然可减少误差，但将增加求解方法的计算成本和求解时间。因此，需要合理选择线性化分段数，以实现计算精度和求解时间之间的良好平衡。为探究线性化分段数对求解结果的影响，在 MILP 松弛方法分段数为 10 的基础上，增加了分段数为 5 和分段数为 20 两种设置。

（一）求解效率分析

采用不同分段数的 MILP 松弛方法对 20 个管输场景进行求解，分段数为 5 和分段数为 20 时，MILP 松弛方法在各管输场景下的解状态与分段数为 10 时一致，但求解时间存在明显差异。三种分段数的求解时间结果如图 2-4-10 所示。对于可行管输场景，分段数为 5 的平均求解时间为 1.80 s，分段数为 10 的平均求解时间为 6.93 s，分段数为 20 的平均求解时间为 33.30 s。对于不可行管输场景，分段数为 5 的平均求解时间为 1.37 s，分段

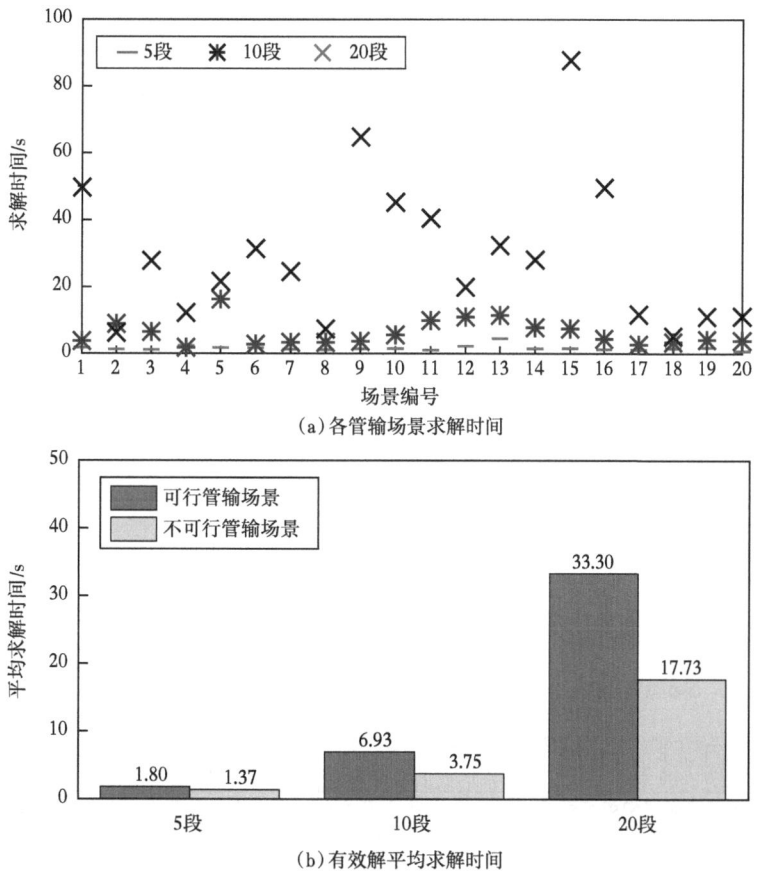

图 2-4-10 不同分段数的求解时间结果

数为 10 的平均求解时间为 3.75 s，分段数为 20 的平均求解时间为 17.73 s。因此，分段数为 5 和分段数为 10 时，均能在 7 s 内获得求解结果，具有明显的求解效率优势。当分段数为 20 时，求解时间比分段数为 10 时增长了近 4 倍，求解时间大幅增长。

（二）水力误差分析

为探究分段数对求解结果计算精度的影响，以场景 1 为例，将三种分段数所输出的管输方案与 TGNET 仿真软件进行水力误差对比。三种分段数的水力误差结果如图 2-4-11 所示。

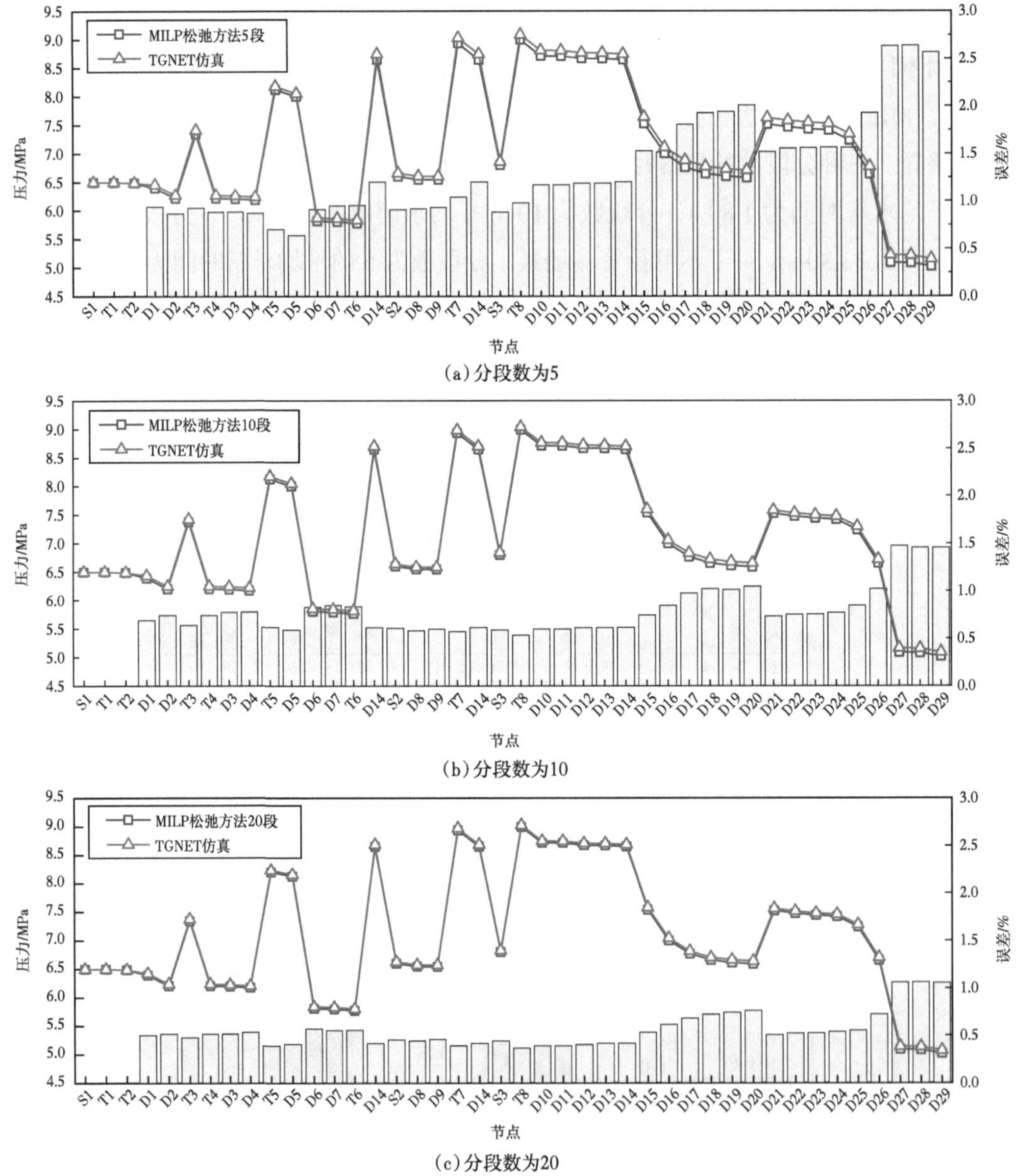

图 2-4-11 不同分段数的水力误差结果

在三个分段数下，节点水力误差的变化趋势一致。随着天然气的输送，节点水力误差逐渐增大，最大水力误差往往出现在末端节点。当分段数为 5 时，最大水力误差为 2.63%，平均水力误差为 1.23%。当分段数为 10 时，最大水力误差为 1.47%，平均水力误差为 0.73%。当分段数为 20 时，最大水力误差为 1.06%，平均水力误差为 0.51%。由此可以看出，当分段数为 10 和 20 时，最大水力误差可控制在 1.5% 以内，平均水力误差可控制在 0.8% 以内，具有极高的水力计算精度，足以满足工程实际需求。然而，当分段数为 5 时，最大水力误差和平均水力误差均比分段数为 10 时分别升高了 79% 和 68%。

总的来说，通过对三种分段数的求解效率和水力误差对比分析，发现分段数为 10 时可实现求解效率和水力误差的良好平衡。当分段数为 10 时，求解时间可控制在 7s 以内，最大水力误差保持在 1.5% 以下，平均水力误差保持在 0.8% 以下，有助于天然气管网管输申请核验问题的高效精确求解。

第三章 考虑流量分配和碳排放的天然气管网调度优化方法

在全球能源转型的大趋势下,天然气作为一种相对清洁高效的能源,其在能源消费结构中的占比不断提升。这使得天然气管网的规模持续扩张,管网结构愈发复杂,如何实现天然气管网的高效、经济且低碳运行成为能源领域的关键课题。天然气管网系统不仅要满足日益增长的天然气输送需求,还需应对能源成本控制、环境保护以及电网协同等多方面的挑战。在此背景下,天然气管网调度优化的重要性愈发凸显。

本章研究主要聚焦两个关键方面。其一,着力于压气站的精细建模与基于分时电价的运行优化。压气站作为天然气管网中主要的能耗与碳排放设施,其压缩机常偏离设计工况运行,导致能耗大幅增加。同时,传统调度策略对分时电价重视不足,进一步加重了压气站的用能成本,加剧电网负荷不平衡。因此,在既定工况与任务指令下,依据压缩机进口压力、出口压力、当日任务增压量等参数,精准调控压缩机开机数量、空载数量、转速以及开机时长等决策变量,力求实现当日压气站增压能耗目标函数的最优解,构建经济运行策略,实现经济性与环境效益的双赢。其二,针对多路径复杂天然气管网的整体调度优化开展研究。随着天然气管网的建设与互联互通,管网结构向大型化、复杂化发展,多路径管网大量涌现。这使得管网调度优化不仅要在满足天然气输送需求的基础上,精细调控管网及站场设施的运行参数,还要对各管道路径的天然气流量进行科学分配[10]。管道路径流量的变化会显著影响管道运输成本与流动条件,增加优化难度。此外,"双碳"目标的提出,使得对压气站的碳排放控制成为管网调度优化的必要考量。基于此,本研究以多路径复杂天然气管网为对象,构建兼顾经济与环境目标的天然气管网调度优化数学模型,充分考虑管道运输成本、路径流量分配以及压气站碳排放控制等因素,并采用 MILP 松弛方法进行优化求解,致力于实现天然气输送环节的经济低碳运行,达成从压气站局部优化到整个管网系统全面优化的目标,切实提升天然气管网的整体运行效率与效益。

第一节 问题描述与模型基础

一、压气站精细建模与分时电价运行优化问题描述

在"双碳"目标背景下,天然气长输管道压气站作为高耗能节点(能耗占系统总能耗

25%~50%），构建精细化能耗管控体系十分迫切。当前压气站运行存在两大问题：压缩机偏离设计工况致能耗增加，传统调度忽视分时电价机制，造成用能成本上升与电网负荷失衡。压气站运行优化旨在满足用气需求与运行约束下，规划出站压力及压缩机启停方案，实现设备运行状态最优。为此需建立更精细的模型，掌握阀门及压缩机运行特性，以准确估算能耗。目前，各地鼓励遵循峰谷分时电价原则，但现实中压气站能源负荷呈直线状态，既增加运行能耗成本，又不利于生产调节、电力负荷平衡与能源效率提升。故而，研究分时电价环境下压气站运行优化策略意义重大[11]。该问题可描述为：在给定工况和任务指令下，依据压缩机进口压力、出口压力、当日任务增压量等参数，确定压缩机开机数量、空载数量、转速及开机时长等决策变量，实现当日压气站增压能耗目标函数最优的经济运行策略。

二、考虑流量分配和碳排放的天然气管网调度优化问题描述

随着天然气管网建设与互联互通，管网中存在多种管道路径，天然气输送路径选择丰富。管道路径流量变化对管道水力条件、设施运行及运输成本影响重大，有必要优化流量分配决策，确保在满足输送需求时，实现管网最优流动状态与运输经济性[12]。天然气在管道流动会因与内壁摩擦产生压力损失，需沿线建设压气站增压以实现长距离输送。

图 3-1-1 呈现了典型的多路径天然气管网，含三条不同结构管道路径，气源天然气可经不同路径输至终点用户，沿线分布众多压气站，它们是主要能耗与碳排放源。管道路

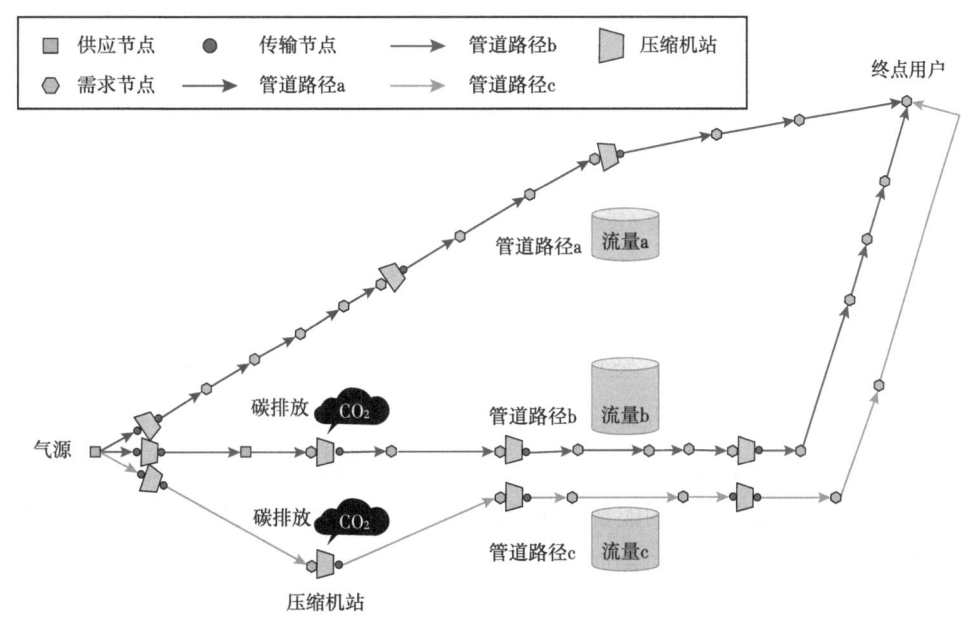

图 3-1-1　典型的多路径天然气管网示意图

径流量分配受压气站增压能力影响，同时流量变化又改变压气站运行参数。因此，基于多路径天然气管网的管道水力与压气站增压特性，构建兼顾路径流量分配与压气站碳排放控制的管网调度优化模型，揭示流量与站场压力关系，实现管网最优运行。

第二节　压气站精细建模与分时电价运行优化

压气站精细建模与分时电价运行优化研究，是在既定工况及任务指令框架内，基于压缩机进口压力、出口压力、当日任务增压量等关键参数，精准确定压缩机开机数量、空载数量、转速以及开机时长等决策变量，致力于达成当日压气站增压能耗目标函数的最优解，从而构建起经济高效的运行策略。

一、基于分时电价的压气站运行优化模型

基于分时电价的压缩机经济运行优化模型以压气站运行总成本最低为目标函数，压气站运行总成本分别由压缩机增压能耗费用 F_{pres}、压缩机空载能耗费用 F_{zero}、压缩机切机 F_{switch} 成本以及压缩机碳税成本 F_{carb} 组成，如式（3-2-1）所示。

$$\min F_{cost} = F_{pres} + F_{zero} + F_{switch} + F_{carb} \quad (3-2-1)$$

压缩机进行增压作业时会耗费显著量的能源，因此压缩机增压费用是压气站运行非常关键的经济因素。压气站增压费用的计算可依据公式（3-2-2）进行。

$$F_{pres} = \sum_{t}^{T} \sum_{k}^{n^{com}} c_t W_{k,t}^{com} \quad (3-2-2)$$

式中　c_t——时段 t 的电价，元/（kW·h）；

$W_{k,t}^{com}$——压缩机 k 在时段 t 能耗，kW·h。

压缩机空载是指压缩机处于开启状态但不进行实际压缩工作的运行状态。空载状态下，压缩机的所有动作都在进行，但没有对天然气进行增压。在实际的增压作业中，为了确保压气站的安全和稳定运行，经常会根据运行需求和条件，把压缩机调整至空载状态。这种做法有助于调整站内压缩机流量分配，避免压缩机进入不稳定的喘振状态。同时，它也为应对紧急情况提供了必要的反应余地，确保整个系统运行的高效性和平衡性。然而，压缩机空载状态仍会带来较大的能量消耗，做无用功。因此有必要研究压缩机空载状态能耗对系统所带来的影响，计算如式（3-2-3）所示。

$$F_{zero} = \sum_{t}^{T} \sum_{k}^{n^{com}} c_t W_{k,t}^{zero} \quad (3-2-3)$$

为了引导压气站在确保能源供应的同时有效地管理其环境足迹，将增压过程中产生的碳排放的经济影响（即碳排放成本）纳入了优化目标函数，以避免过度使用压缩机空载降低分时电价下的增压成本。压缩机碳税成本 F_{carb} 是指处于压气站增压过程所带来的碳排放影响，其与压气站增压过程总功率有关，如式（3-2-4）所示。

$$F_{\text{carb}} = \sum_{t}^{T} \sum_{k}^{n^{\text{com}}} \left(W_{k,t}^{\text{com}} + W_{k,t}^{\text{zero}} \right) \tag{3-2-4}$$

式中　$W_{k,t}^{\text{zero}}$——压缩机 k 在时段 t 空载能耗，kW·h；

n^{com}——压气站压缩机总数。

基于分时电价的压气站运行优化，通常在电价高峰时段选择高负荷上载，在电价较低时选择低负荷上载，以使得整个系统总增压费用最小（系统总能耗不一定最小）。然而，由于压缩机空载状态时并不对天然气进行增压，保持空载状态仅是为了避免压缩机频繁启停，这会带来能源的浪费。因此，本章加入碳排放成本以限制压缩机处于空载状态的时间。

（一）压气站流量耦合约束

压气站内多台压缩机并联运行，经过压气站的天然气需要根据现场工作人员操作，分配给单台或多台压缩机或直接旁通不增压，当流量通过旁通阀时，通过压缩机的总流量强制为 0，当选择增压时，通过旁通阀的流量为 0。因此，压气站流量耦合约束如式（3-2-5）至式（3-2-7）所示。

$$Q_t^{\text{cs}} = \sum_{k}^{n^{\text{com}}} Q_{k,t}^{\text{com}} \tag{3-2-5}$$

$$\sum_{t}^{T} Q_t^{\text{cs}} = q^{\text{target}} \tag{3-2-6}$$

$$B_{k,t}^{\text{on}} q_k^{\text{max}} \geqslant Q_{k,t}^{\text{com}} \geqslant 0 \tag{3-2-7}$$

式中　Q_t^{cs}——t 时刻通过压气站的总流量，10^4 m³/d；

$Q_{k,t}^{\text{com}}$——t 时刻通过压缩机 k 的流量，10^4 m³/d；

$B_{k,t}^{\text{on}}$——t 时刻压缩机增压开关变量，1 为增压，0 为不增压；

q^{target}——压气站日增压总指标，10^4 m³/d；

q_k^{max}——压缩机 k 最大允许增压流量，10^4 m³/d。

（二）压气站状态约束

压缩机有三种状态，即增压状态、空载状态及关机状态，压缩机在同一时间段只能存在一种状态，即压缩机状态约束如式（3-2-8）所示。

$$B_{k,t}^{\text{zero}} + B_{k,t}^{\text{on}} + B_{k,t}^{\text{off}} = 1 \tag{3-2-8}$$

式中　$B_{k,t}^{\text{zero}}$——t 时刻压缩机空载状态二元变量；

$B_{k,t}^{\text{off}}$——t 时刻压缩机关闭状态二元变量。

为避免压缩机频繁启停造成压缩机损耗，一天内压缩机开机后不允许关闭，压缩机开机—关机状态转换约束如式（3-2-9）所示。式（3-2-9a）表示压缩机在任意时刻开启后，其关机状态变量均为 0。式（3-2-9b）表示压缩机全天均不处于增压状态 $\sum\limits_{t}^{24} B_{k,t}^{\text{on}} = 0$ 时，其一定处于关机状态 $B_{k,t}^{\text{off}} = 1$。

$$B_{k,t}^{\text{off}} \leqslant 1 - \left(\sum_{t}^{T} B_{k,t}^{\text{on}} \right) / 24 \tag{3-2-9a}$$

$$B_{k,t}^{\text{off}} + \sum_{t}^{T} B_{k,t}^{\text{on}} \geqslant 1 \tag{3-2-9b}$$

（三）压缩机特性参数计算

压缩机压头计算如式（3-2-10）所示。

$$H_{k,t}^{\text{com}} = \frac{Z_{k,t}^{\text{com,s}} RT^{\text{amb}}}{\chi} \left[\left(\frac{p_{k,t}^{\text{com,d}}}{p_{k,t}^{\text{com,s}}} \right)^{\chi} - 1 \right] \tag{3-2-10}$$

式中　$Z_{k,t}^{\text{com,s}}$——t 时刻压缩机 k 入口天然气压缩因子；

T^{amb}——t 时刻压缩机入口处环境温度；

$p_{k,t}^{\text{com,d}}$——t 时刻压缩机 k 出口压力，MPa；

$p_{k,t}^{\text{com,s}}$——t 时刻压缩机 k 入口压力，MPa；

$H_{k,t}^{\text{com}}$——t 时刻压缩机 k 压头，kJ/kg。

压缩机功率计算如式（3-2-11）和式（3-2-12）所示。

$$W_{k,t}^{\text{com}} = \frac{\rho Q_{k,t}^{\text{com}} H_{k,t}^{\text{com}}}{\eta_{k,t}^{\text{com}}} \tag{3-2-11}$$

$$W_{k,t}^{\text{zero}} \geqslant \left(1 - B_{k,t}^{\text{zero}} \right) w_{k}^{\text{zero}} \tag{3-2-12}$$

式中　$\eta_{k,t}^{\text{com}}$——t 时刻压缩机 k 效率；

ρ——天然气密度，kg/m³。

压缩因子计算如式（3-2-13）所示。

$$Z_{k,t}^{\text{com},s} = 1 + 0.257 \frac{p_{k,t}^{\text{com},s}}{p_c} - 0.533 \frac{p_{k,t}^{\text{com},s} T_c}{p_c T^{\text{amb}}} \tag{3-2-13}$$

式中　T_c——天然气临界温度，K；

p_c——天然气临界压力，MPa。

（四）压缩机特性曲线

压缩机压头特性曲线用二次拟合法进行建模，如式（3-2-14）至式（3-2-17）所示。

$$A_{k,t}^{\text{H}} = a_1^{\text{H}} \omega_{k,t}^2 + b_1^{\text{H}} \omega_{k,t} + c_1^{\text{H}} \tag{3-2-14}$$

$$B_{k,t}^{\text{H}} = a_2^{\text{H}} \omega_{k,t}^2 + b_2^{\text{H}} \omega_{k,t} + c_2^{\text{H}} \tag{3-2-15}$$

$$C_{k,t}^{\text{H}} = a_3^{\text{H}} \omega_{k,t}^2 + b_3^{\text{H}} \omega_{k,t} + c_3^{\text{H}} \tag{3-2-16}$$

$$H_{k,t}^{\text{com}} = A_{k,t}^{\text{H}} \left(Q_{k,t}^{\text{com}}\right)^2 + B_{k,t}^{\text{H}} Q_{k,t}^{\text{com}} + C_{k,t}^{\text{H}} \tag{3-2-17}$$

式中　a_1^{H}、a_2^{H}、a_3^{H}、b_1^{H}、b_2^{H}、b_3^{H}、c_1^{H}、c_2^{H}、c_3^{H}——压缩机压头特性曲线二次拟合系数；

$\omega_{k,t}$——t 时刻压缩机 k 转速，r/min；

$A_{k,t}^{\text{H}}$、$B_{k,t}^{\text{H}}$、$C_{k,t}^{\text{H}}$——压缩机压头特性曲线中间变量。

压缩机效率特性曲线也用二次拟合法进行建模，如式（3-2-18）至式（3-2-21）所示。

$$A_{k,t}^{\text{Y}} = a_1^{\text{Y}} \omega_{k,t}^2 + b_1^{\text{Y}} \omega_{k,t} + c_1^{\text{Y}} \tag{3-2-18}$$

$$B_{k,t}^{\text{Y}} = a_2^{\text{Y}} \omega_{k,t}^2 + b_2^{\text{Y}} \omega_{k,t} + c_2^{\text{Y}} \tag{3-2-19}$$

$$C_{k,t}^{\text{Y}} = a_3^{\text{Y}} \omega_{k,t}^2 + b_3^{\text{Y}} \omega_{k,t} + c_3^{\text{Y}} \tag{3-2-20}$$

$$\eta_{k,t}^{\text{com}} = A_{k,t}^{\text{Y}} \left(Q_{k,t}^{\text{com}}\right)^2 + B_{k,t}^{\text{Y}} Q_{k,t}^{\text{com}} + C_{k,t}^{\text{Y}} \tag{3-2-21}$$

式中　a_1^{Y}、a_2^{Y}、a_3^{Y}、b_1^{Y}、b_2^{Y}、b_3^{Y}、c_1^{Y}、c_2^{Y}、c_3^{Y}——压缩机效率特性曲线二次拟合系数；

$A_{k,t}^{\text{Y}}$、$B_{k,t}^{\text{Y}}$、$C_{k,t}^{\text{Y}}$——压缩机效率特性曲线中间变量。

喘振/滞止曲线，如式（3-2-22）和式（3-2-23）所示。

$$Q_{k,t}^{\text{com}} \geq a^{\text{su}} \omega_{k,t}^2 + b^{\text{su}} \omega_{k,t} + c^{\text{su}} \tag{3-2-22}$$

$$Q_{k,t}^{\text{com}} \leqslant a^{\text{st}}\omega_{k,t}^2 + b^{\text{st}}\omega_{k,t} + c^{\text{st}} \qquad (3\text{-}2\text{-}23)$$

当压缩机开机时，压缩机转速应大于最小允许转速，应小于最大允许转速。压缩机转速约束如式（3-2-24）所示。

$$\omega_k^{\max} B_{k,t}^{\text{on}} \geqslant \omega_{k,t} \geqslant \omega_k^{\min} B_{k,t}^{\text{on}} \qquad (3\text{-}2\text{-}24)$$

二、基于分时电价的压气站运行优化案例分析

为了分析基于分时电价的压缩机经济运行优化模型，分别在某典型工况（压比2.0，进口压力4.2MPa）下选取 $600\times10^4\text{m}^3/\text{d}$、$700\times10^4\text{m}^3/\text{d}$、$800\times10^4\text{m}^3/\text{d}$、$900\times10^4\text{m}^3/\text{d}$、$1000\times10^4\text{m}^3/\text{d}$、$1100\times10^4\text{m}^3/\text{d}$ 流量进行经济性对比分析。给定压比、进口压力及日指定增压流量，对比"流量均分策略"（即各时段压缩机增压流量均衡分配）和"经济运行策略"（即通过基于分时电价的压缩机经济运行优化模型优化结果得出的运行策略）。

由图3-2-1可知，经济运行策略下，压气站能耗费用变化总是在0—11时高于流量均分策略。而在11—17时（峰段）经济运行策略倾向于将1台或者2台压缩机切换到低负荷状态，以降低能耗成本。在0—8时经济运行策略倾向于将压缩机满载运行，因此在谷段及平段压缩机的能耗成本明显高于流量均分策略，当然在电价平段和谷段采用经济运行策略的增压流量也是明显高于流量均分策略，如图3-2-2所示。

由图3-2-2和表3-2-1可知，在进口压力4.2MPa，压比2.0的工况下，日指定增压流量为 $600\times10^4\text{m}^3$、$700\times10^4\text{m}^3$、$800\times10^4\text{m}^3$、$900\times10^4\text{m}^3$、$1000\times10^4\text{m}^3$ 及 $1100\times10^4\text{m}^3$ 的条件下，经济运行策略相比于流量均分策略能节省（1.1~1.58）万元/d，经济运行策略的经济效益较为明显。

表3-2-1 经济运行策略与流量均分策略的能耗费用对比

费用	日指定增压流量 /10^4m^3					
	600	700	800	900	1000	1100
经济运行策略费用/（万元/d）	10.09	11.59	13.17	14.96	16.64	18.16
流量均分策略费用/（万元/d）	11.67	12.87	14.28	16.06	17.92	19.55
节省费用/（万元/d）	1.58	1.28	1.11	1.1	1.28	1.39

结果表明，基于分时电价的压缩机运行优化模型通过优化机组运行和不同时段的气量，成功地降低了压气站成本，从而提高了压气站的经济效益。该策略在实际应用中验证了其经济性、可行性和实用性。

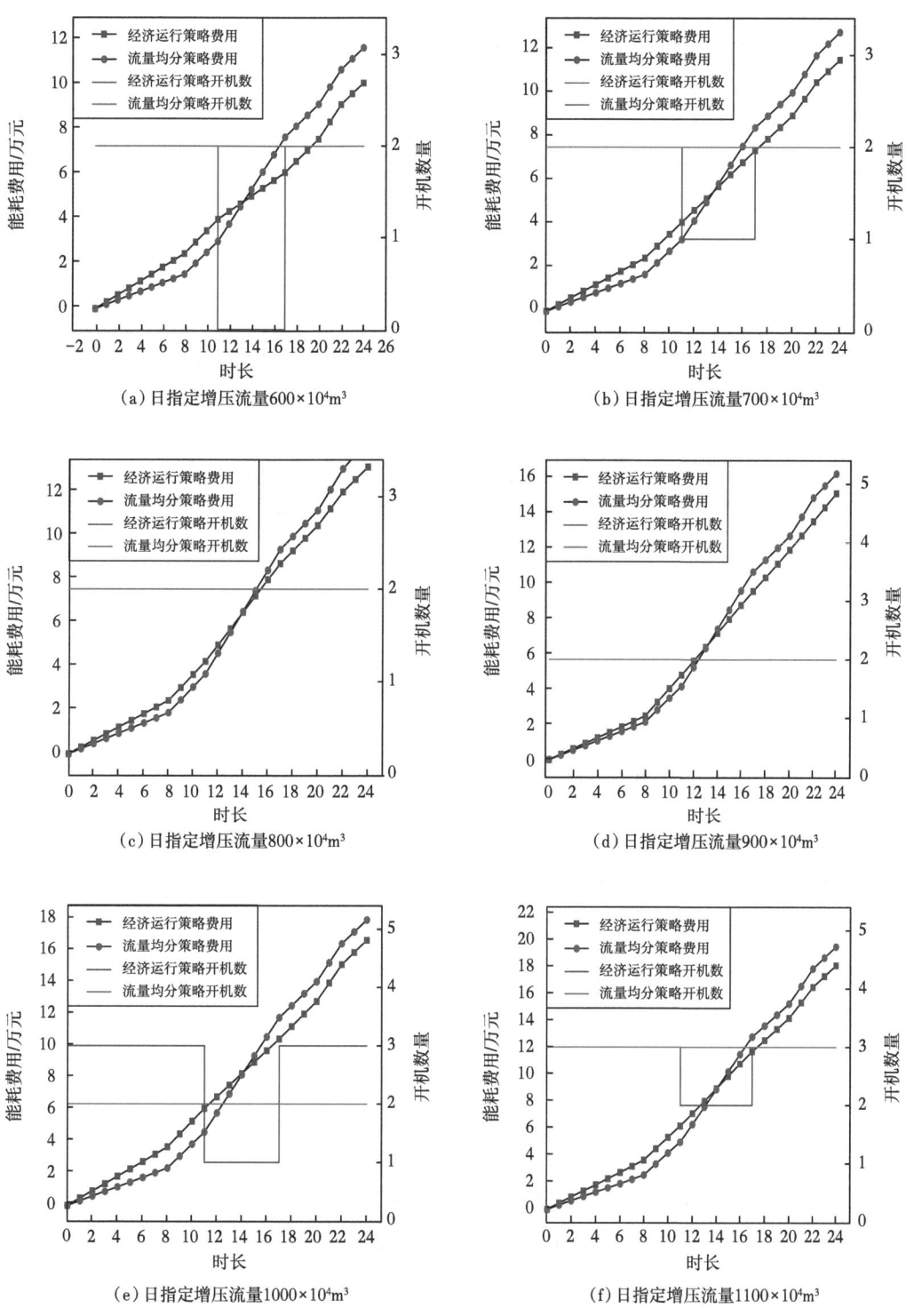

图 3-2-1 不同工况下压气站能耗成本变化与开机数量变化

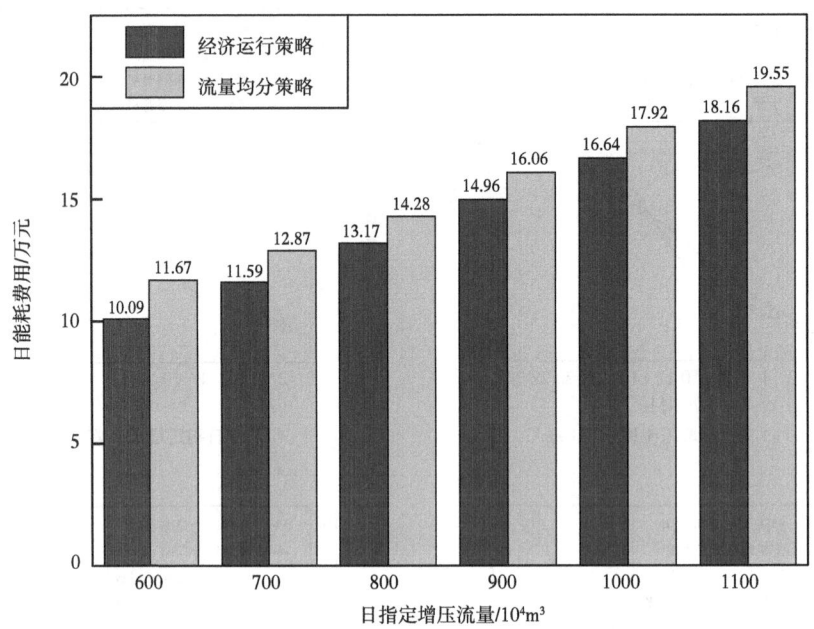

图 3-2-2　经济运行策略与流量均分策略的能耗费用对比

第三节　天然气管网调度优化

考虑流量分配和碳排放的天然气管网调度优化方法研究旨在以多路径复杂天然气管网为研究对象，建立一个考虑管道路径流量分配的非凸 MINLP 模型，该模型全面涵盖了节点流量压力约束、管道水力约束、压气站离散运行状态约束和压气站功率约束。然后，在管道运输成本最小化这一经济性目标的基础上，引入压气站碳排放目标，以提高天然气输送过程的经济效益和环境效益。

一、考虑流量分配和碳排放的天然气管网调度优化模型

（一）目标函数

模型以天然气管网运行经济和环境成本最小化为目标，如式（3-3-1）所示。目标函数由两部分构成，分别为天然气运输过程产生的管道运输成本和碳排放成本。

$$\min f = f_{\text{tran}} + f_{\text{carb}} \qquad (3\text{-}3\text{-}1)$$

式中　f——总运行成本，元；

f_{tran}——管道运输成本，元；

f_{carb}——碳排放成本，元。

在公平开放天然气市场下，管网设施的运输容量已成为一种交易资源。管道运输成本是指天然气在管网中流动时，由于占用管网运输容量，托运商所支付的成本费用，也就是市场化机制下的管输费。管道运输成本可表达为单位成本系数、管道流量和管道长度之间的乘积，如式（3-3-2）所示。

$$f_{\text{tran}} = \sum_{(i,j) \in A_{\text{p}}} C_{\text{tran}} q_{ij} L_{ij} \qquad (3-3-2)$$

式中　C_{tran}——管道运输单位成本系数，元/（$10^4 \text{ m}^3 \cdot \text{km}$）;

q_{ij}——管道流量，$10^4 \text{ m}^3/\text{d}$;

L_{ij}——管道长度，km。

天然气管网中的压气站是系统主要能耗设备，不仅造成了重要的电能消耗，同时也导致了二氧化碳的大量排放。近年来，一些国家对二氧化碳的生产征税，使二氧化碳的减少具有经济价值。根据《中国碳税税制实施框架设计》和《环境保护税法》，工业生产过程中产生的二氧化碳将按排放量进行收费。碳排放成本可由单位碳税价格、电能碳排放强度系数和压气站功率计算得到，如式（3-3-3）所示。

$$f_{\text{carb}} = \sum_{(i,j) \in A_{\text{cs}}} C_{\text{car}} e_{\text{car}} W_{ij} \qquad (3-3-3)$$

式中　C_{carb}——单位碳税价格，元/kg;

e_{carb}——电能碳排放强度系数，kg/（kW·h）;

W_{ij}——压气站功率，kW。

（二）约束条件

1. 节点约束

根据质量守恒定律，在任意节点处，流入节点的流量应等于流出节点的流量，如式（3-3-4）所示。

$$\sum_{i:(j,i) \in A} q_{ji} + s_i = \sum_{i:(j,i) \in A} q_{ij} + d_i, \quad \forall i \in N \qquad (3-3-4)$$

式中　q_{ij}——管道或压气站边 ij 流量，$10^4 \text{ m}^3/\text{d}$;

s_i——气源 i 输入流量，$10^4 \text{ m}^3/\text{d}$;

d_i——用户 i 流出流量，$10^4 \text{ m}^3/\text{d}$。

节点输入流量应满足气源供应能力限制，如式（3-3-5）所示。

$$s_i^{\min} \leq s_i \leq s_i^{\max}, \quad \forall i \in N \tag{3-3-5}$$

节点输出流量应满足用户需求限制，如式（3-3-6）所示。

$$d_i^{\min} \leq d_i \leq d_i^{\max}, \quad \forall i \in N \tag{3-3-6}$$

节点压力应服从节点最小和最大压力约束，如式（3-3-7）所示。

$$p_i^{\min} \leq p_i \leq p_i^{\max}, \quad \forall i \in N \tag{3-3-7}$$

式中　p_i——节点 i 压力，MPa。

2. 管道约束

水力压降，如式（3-3-8）至式（3-3-12）所示。

$$R_{ij}^{\text{pipe}}\left(p_i^2 - p_j^2\right) \leq q_{ij}^2 + \left(1 - \alpha_{ij}^{\text{for}}\right)M, \quad \forall (i,j) \in A_p \tag{3-3-8}$$

$$R_{ij}^{\text{pipe}}\left(p_i^2 - p_j^2\right) \geq q_{ij}^2 - \left(1 - \alpha_{ij}^{\text{for}}\right)M, \quad \forall (i,j) \in A_p \tag{3-3-9}$$

$$R_{ij}^{\text{pipe}}\left(p_j^2 - p_i^2\right) \leq q_{ij}^2 + \left(1 - \alpha_{ij}^{\text{bac}}\right)M, \quad \forall (i,j) \in A_p \tag{3-3-10}$$

$$R_{ij}^{\text{pipe}}\left(p_j^2 - p_i^2\right) \geq q_{ij}^2 - \left(1 - \alpha_{ij}^{\text{bac}}\right)M, \quad \forall (i,j) \in A_p \tag{3-3-11}$$

$$R_{ij}^{\text{pipe}} = 3.629 \frac{D_{ij}}{\rho Z \lambda_{ij} L_{ij}} \tag{3-3-12}$$

式中　q_{ij}——管道或压气站边 ij 流量，$10^4 \text{ m}^3/\text{d}$；

p_i——节点 i 压力，MPa；

p_j——节点 j 压力，MPa；

α_{ij}^{for}——管道 ij 正向流动二元变量；

α_{ij}^{bac}——管道 ij 逆向流动二元变量；

M——极大值；

R_{ij}^{pipe}——管道流动阻力系数，$(10^4 \text{ m}^3/\text{d})^2 \cdot \text{MPa}^2$；

D_{ij}——管道直径，m；

λ_{ij}——管道摩阻系数。

同一时期内管道只可能存在一种流向，两个流向变量需满足流向唯一性约束，如式

（3-3-13）所示。

$$\alpha_{ij}^{\text{for}} + \alpha_{ij}^{\text{bac}} = 1, \quad \forall (i,j) \in A_{\text{p}} \tag{3-3-13}$$

为保证天然气的安全输送，管道流量应满足管道最大输气能力限制，如式（3-3-14）所示。

$$q_{ij}^{\min} \leqslant q_{ij} \leqslant q_{ij}^{\max}, \quad \forall (i,j) \in A_{\text{p}} \tag{3-3-14}$$

摩阻系数 λ，如式（3-3-15）所示。

$$\frac{1}{\sqrt{\lambda_{ij}}} = -2\lg\left(\frac{\tau}{3.7 D_{ij}} + \frac{2.51}{Re\sqrt{\lambda_{ij}}}\right), \quad \forall (i,j) \in A_{\text{p}} \tag{3-3-15}$$

式中 τ——管壁当量粗糙度，m；

Re——雷诺数。

3. 压气站约束

压缩机组和旁通阀的开关状态应服从压气站的开关状态。如式（3-3-16）所示。同一时间内，压缩机组和旁通阀中只可能开启一种设备，因此，其状态变量之和最大为1，如式（3-3-17）所示。

$$\beta_{ij}^{\text{group}} + \beta_{ij}^{\text{bypass}} = \beta_{ij}^{\text{station}}, \quad \forall (i,j) \in A_{\text{cs}} \tag{3-3-16}$$

$$\beta_{ij}^{\text{group}} + \beta_{ij}^{\text{bypass}} \leqslant 1, \quad \forall (i,j) \in A_{\text{cs}} \tag{3-3-17}$$

式中 $\beta_{ij}^{\text{group}}$——压气站 ij 压缩机组开关状态二元变量；

$\beta_{ij}^{\text{bypass}}$——压气站 ij 旁通阀开关状态二元变量；

$\beta_{ij}^{\text{station}}$——压气站 ij 开关状态二元变量。

流量平衡关系如式（3-3-18）至（3-3-20）所示。

$$q_{ij} = q_{ij}^{\text{group}} + q_{ij}^{\text{bypass}}, \quad \forall (i,j) \in A_{\text{cs}} \tag{3-3-18}$$

$$\beta_{ij}^{\text{group}} q_{ij}^{\text{group, min}} \leqslant q_{ij}^{\text{group}} \leqslant \beta_{ij}^{\text{group}} q_{ij}^{\text{group, max}}, \quad \forall (i,j) \in A_{\text{cs}} \tag{3-3-19}$$

$$\beta_{ij}^{\text{bypass}} q_{ij}^{\text{bypass, min}} \leqslant q_{ij}^{\text{bypass}} \leqslant \beta_{ij}^{\text{bypass}} q_{ij}^{\text{bypass, max}}, \quad \forall (i,j) \in A_{\text{cs}} \tag{3-3-20}$$

式中　q_{ij}——管道或压气站边 ij 流量，$10^4\ \text{m}^3/\text{d}$；

　　　q_{ij}^{group}——压气站 ij 压缩机组流量，$10^4\ \text{m}^3/\text{d}$；

　　　q_{ij}^{bypass}——压气站 ij 旁通阀流量，$10^4\ \text{m}^3/\text{d}$。

当天然气通过旁通阀流动时，上下游节点的压力相等。通过引入极大值 M 来决定该约束是否成立。如式（3-3-21）和式（3-3-22）所示。

$$p_j \leqslant p_i + \left(1 - \beta_{ij}^{\text{bypass}}\right)M, \quad \forall (i,j) \in A_{\text{cs}} \qquad (3\text{-}3\text{-}21)$$

$$p_j \geqslant p_i - \left(1 - \beta_{ij}^{\text{bypass}}\right)M, \quad \forall (i,j) \in A_{\text{cs}} \qquad (3\text{-}3\text{-}22)$$

式中　p_i——节点 i 压力，MPa；

　　　p_j——节点 j 压力，MPa。

当压气站增压时，上游节点压力与压缩机进气压力关联，下游节点压力与压缩机排气压力关联。压气站流向变量在以下八个不等式中的组合使用，使得压力间的关联关系服从压缩机运行状态。如式（3-3-23）至式（3-3-26）所示。

$$p_i \leqslant p_{ij}^{\text{com,s}} + \left(1 - \beta_{ij}^{\text{group}}\right)M, \quad \forall (i,j) \in A_{\text{cs}} \qquad (3\text{-}3\text{-}23)$$

$$p_i \geqslant p_{ij}^{\text{com,s}} - \left(1 - \beta_{ij}^{\text{group}}\right)M, \quad \forall (i,j) \in A_{\text{cs}} \qquad (3\text{-}3\text{-}24)$$

$$p_j \leqslant p_{ij}^{\text{com,d}} + \left(1 - \beta_{ij}^{\text{group}}\right)M, \quad \forall (i,j) \in A_{\text{cs}} \qquad (3\text{-}3\text{-}25)$$

$$p_j \geqslant p_{ij}^{\text{com,d}} - \left(1 - \beta_{ij}^{\text{group}}\right)M, \quad \forall (i,j) \in A_{\text{cs}} \qquad (3\text{-}3\text{-}26)$$

式中　$p_{ij}^{\text{com,s}}$——压缩机 ij 进气压力，MPa；

　　　$p_{ij}^{\text{com,d}}$——压缩机 ij 排气压力，MPa。

当天然气通过压气站进行增压时，压缩机进气和排气压力应满足压缩机最大和最小压比约束。如式（3-3-27）和式（3-3-28）所示。

$$p_{ij}^{\text{com,d}} \leqslant \varepsilon^{\max} p_{ij}^{\text{com,s}} + \left(1 - \beta_{ij}^{\text{group}}\right)M, \quad \forall (i,j) \in A_{\text{cs}} \qquad (3\text{-}3\text{-}27)$$

$$p_{ij}^{\text{com,d}} \geqslant \varepsilon^{\min} p_{ij}^{\text{com,s}} - \left(1 - \beta_{ij}^{\text{group}}\right)M, \quad \forall (i,j) \in A_{\text{cs}} \qquad (3\text{-}3\text{-}28)$$

式中　$\varepsilon^{\min}$——压缩机最小压比；

　　　$\varepsilon^{\max}$——压缩机最大压比。

压气站通常由多台压缩机设备构成，根据压缩机设备的开机数量，可计算出单台设备的流量。如式（3-3-29）所示。

$$q_{ij}^{\text{group}} = n_{ij}^{\text{cm}} q_{ij}^{\text{cm}}, \quad \forall (i,j) \in A_{\text{cs}} \tag{3-3-29}$$

式中 n_{ij}^{cm}——压气站 ij 压缩机开机数量；

q_{ij}^{cm}——压气站 ij 单台压缩机流量，$10^4 \text{ m}^3/\text{d}$。

压缩机开机数应满足压气站设备配置约束。如式（3-3-30）所示。

$$n_{ij}^{\text{cm,min}} \leqslant n_{ij}^{\text{cm}} \leqslant n_{ij}^{\text{cm,max}}, \quad \forall (i,j) \in A_{\text{cs}} \tag{3-3-30}$$

压头表示压缩机为单位质量天然气所提供的能量，由压缩机的进气和排气压力决定。如式（3-3-31）所示。

$$H_{ij} = \frac{ZTR}{\chi}\left[\left(\frac{p_{ij}^{\text{com,d}}}{p_{ij}^{\text{com,s}}}\right)^{\chi} - 1\right], \quad \forall (i,j) \in A_{\text{cs}} \tag{3-3-31}$$

式中 H_{ij}——压气站 ij 压缩机压头，kJ/kg；

χ——天然气膨胀指数。

压缩机特性方程，如式（3-3-32）所示。而特性图的边界线则由转速约束和喘振滞止约束表示，如式（3-3-33）和式（3-3-34）所示。

$$\frac{H_{ij}}{\omega_{ij}^2} = A_H + B_H\left(\frac{q_{ij}^{\text{cm}}}{\omega_{ij}}\right) + C_H\left(\frac{q_{ij}^{\text{cm}}}{\omega_{ij}}\right)^2 + D_H\left(\frac{q_{ij}^{\text{cm}}}{\omega_{ij}}\right)^3, \quad \forall (i,j) \in A_{\text{cs}} \tag{3-3-32}$$

$$\omega_{ij}^{\min} \leqslant \omega_{ij} \leqslant \omega_{ij}^{\max}, \quad \forall (i,j) \in A_{\text{cs}} \tag{3-3-33}$$

$$\text{surge} \leqslant \frac{q_{ij}^{\text{cm}}}{\omega_{ij}} \leqslant \text{stonewall}, \quad \forall (i,j) \in A_{\text{cs}} \tag{3-3-34}$$

式中 ω_{ij}——压气站 ij 压缩机转速，r/min；

surge——压缩机喘振边界系数；

stonewall——压缩机滞止边界系数。

根据压缩机压头，结合压缩机开机数、流量和效率，便可计算出压气站的功率。如式（3-3-35）所示。

$$W_{ij} = \frac{\rho q_{ij} H_{ij}}{\eta}, \quad \forall (i,j) \in A_{cs} \qquad (3-3-35)$$

式中　W_{ij}——压气站 ij 功率，kW；

　　　η——压缩机效率。

为保证压缩机设备的正常运行，压气站功率应满足最小和最大功率约束，如式（3-3-36）所示。

$$W_{ij}^{\min} \leqslant W_{ij} \leqslant W_{ij}^{\max}, \quad \forall (i,j) \in A_{cs} \qquad (3-3-36)$$

二、优化框架与松弛处理

（一）数学模型分析

考虑流量分配和碳排放的天然气管网调度优化数学模型如式（3-3-37）所示，该模型以管道运输成本和碳排放成本最小化为目标，包含节点流量和压力约束、管道水力和流向约束、压气站运行状态、可行域和功率约束。考虑到模型中包含的大量非线性约束和离散变量，该模型属于一个复杂的非凸 MINLP 模型。与第二章的管输申请核验模型相比，该模型增加了管道运输成本和碳排放成本最小化目标函数以及压缩机功率非线性约束，并且管道路径流量的分配变化将进一步影响管道水力条件和压气站增压条件，这使得该模型具有更加复杂的求解特性。

$$\min f = f_{\text{tran}} + f_{\text{carb}} \qquad (3-3-37)$$

式（3-3-37）约束条件：节点流量和压力约束为式（3-3-28）至式（3-3-31）；管道水力和流向约束为式（3-3-32）至式（3-3-39）；压缩机站运行状态、可行域和功率约束为式（3-3-40）至式（3-3-60）。

（二）优化框架

本章建立的考虑流量分配和碳排放的天然气管网调度优化框架如图 3-3-1 所示。该优化框架的主要步骤包括：管网拓扑结构描述、数据输入、模型构建、松弛处理和求解以及结果分析。针对模型中存在的非线性约束和非凸可行域边界，利用所设计的 MILP 松弛方法进行模型松弛处理和求解。松弛处理过程采用分段线性近似法对一维非线性函数进行线性化，主要针对管道水力方程。采用空间网格近似法对高维非线性函数进行线性化，包括压缩机压头方程和压缩机功率方程。采用线性外部逼近法，在三维空间中对压缩机非凸非线性可行域进行凸松弛处理，使其转化为具有凸性质的线性可行域。经过松弛处理原始非凸 MINLP 模型转化为凸 MILP 模型。采用分支定界算法进行迭代求解。

第三章 考虑流量分配和碳排放的天然气管网调度优化方法

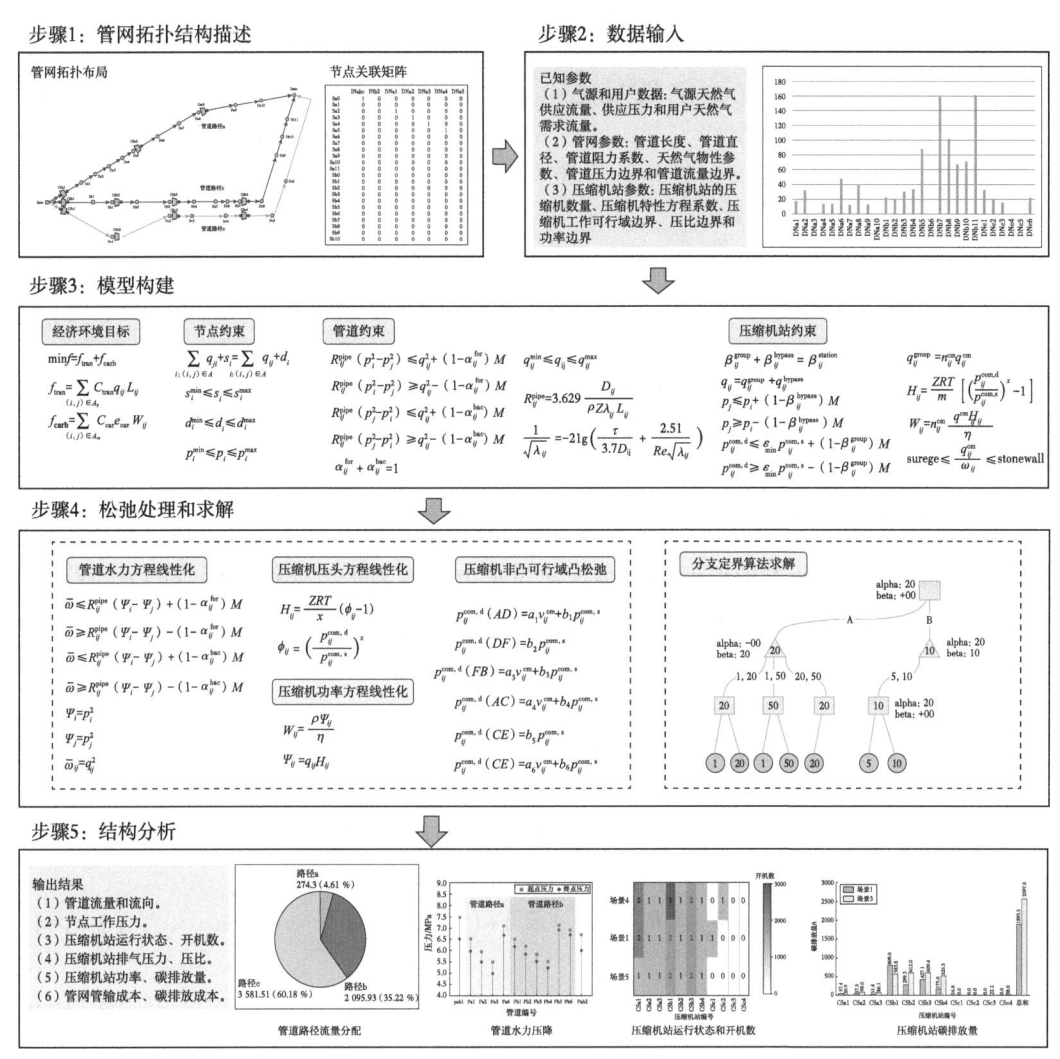

图 3-3-1 考虑流量分配和碳排放的天然气管网调度优化框架

(三) 松弛处理

1. 一维非线性函数线性化处理

针对管道水力方程,引入新变量替换原始方程中的非线性流量平方项和压力平方项,使原始方程转化为线性方程,如式(3-3-38)至式(3-3-44)所示。

$$\varpi_{ij} \leqslant R_{ij}^{\text{pipe}}\left(\psi_i - \psi_j\right) + \left(1 - \alpha_{ij}^{\text{for}}\right)M \tag{3-3-38}$$

$$\varpi_{ij} \geqslant R_{ij}^{\text{pipe}}\left(\psi_i - \psi_j\right) - \left(1 - \alpha_{ij}^{\text{for}}\right)M \tag{3-3-39}$$

$$\varpi_{ij} \leq R_{ij}^{\text{pipe}}(\psi_i - \psi_j) + (1 - \alpha_{ij}^{\text{bac}})M \quad (3\text{-}3\text{-}40)$$

$$\varpi_{ij} \geq R_{ij}^{\text{pipe}}(\psi_i - \psi_j) - (1 - \alpha_{ij}^{\text{bac}})M \quad (3\text{-}3\text{-}41)$$

$$\psi_i = p_i^2 \quad (3\text{-}3\text{-}42)$$

$$\psi_j = p_j^2 \quad (3\text{-}3\text{-}43)$$

$$\varpi_{ij} = q_{ij}^2 \quad (3\text{-}3\text{-}44)$$

式中 ψ_i——节点 i 压力平方项，MPa^2；

ψ_j——节点 j 压力平方项，MPa^2；

ϖ_{ij}——流量 q_{ij} 平方项，$(10^4 \text{m}^3/\text{d})^2$。

针对变量替换后产生的流量平方和压力平方非线性函数，通过构建分段线性函数，并采用凸组合法计算各平方项近似值，实现流量平方和压力平方非线性函数的分段线性近似，详细的线性化过程可参考第二章第三节。最终，线性化处理后的管道水力方程如式（3-3-45）至式（3-3-48）所示。

$$\tilde{\varpi}_{ij} \leq R_{ij}^{\text{pipe}}(\tilde{\psi}_i - \tilde{\psi}_j) + (1 - \alpha_{ij}^{\text{for}})M \quad (3\text{-}3\text{-}45)$$

$$\tilde{\varpi}_{ij} \geq R_{ij}^{\text{pipe}}(\tilde{\psi}_i - \tilde{\psi}_j) - (1 - \alpha_{ij}^{\text{for}})M \quad (3\text{-}3\text{-}46)$$

$$\tilde{\varpi}_{ij} \leq R_{ij}^{\text{pipe}}(\tilde{\psi}_j - \tilde{\psi}_i) + (1 - \alpha_{ij}^{\text{bac}})M \quad (3\text{-}3\text{-}47)$$

$$\tilde{\varpi}_{ij} \leq R_{ij}^{\text{pipe}}(\tilde{\psi}_j - \tilde{\psi}_i) - (1 - \alpha_{ij}^{\text{bac}})M \quad (3\text{-}3\text{-}48)$$

式中 $\tilde{\varpi}_{ij}$——流量平方项线性化近似值，$(10^4 \text{m}^3/\text{d})^2$；

$\tilde{\psi}_i$——节点 i 压力平方项线性化近似值，此处元件指管道，MPa^2；

$\tilde{\psi}_j$——节点 j 压力平方项线性化近似值，此处元件指管道，MPa^2。

2. 高维非线性函数线性化处理

（1）压气站压头方程线性化。

针对压气站压头方程，引入新变量替代原始方程中的非线性进排气压力除商项，使原始方程转化为线性方程，如式（3-3-49）所示。同时，产生一个新的高维非线性函数，如式（3-3-50）所示。

$$H_{ij} = \frac{ZRT}{\chi}(\Phi_{ij} - 1) \quad (3\text{-}3\text{-}49)$$

$$\Phi_{ij} = \left(\frac{p_{ij}^{\text{com,d}}}{p_{ij}^{\text{com,s}}} \right)^{\chi} \quad (3\text{-}3\text{-}50)$$

式中 Φ_{ij}——压气站 ij 排气压力和进气压力除商的 χ 次方项。

针对变量替换后产生的排气压力和进气压力除商 χ 次方的高维非线性函数，通过构建空间单元平面函数，并采用扩展凸组合法计算除商项近似值，实现高维非线性函数的空间网格线性近似，详细的线性化过程可参考第二章第三节。最终，线性化处理后的压缩机压头方程如式（3-3-51）所示。

$$H_{ij} = \frac{ZRT}{\chi}(\tilde{\Phi}_{ij} - 1) \quad (3\text{-}3\text{-}51)$$

式中 $\tilde{\Phi}_{ij}$——压气站 ij 排气压力与进气压力除商的 χ 次方项线性化近似值。

（2）压气站功率方程线性化。

针对压气站功率方程，引入新变量替代原始方程中的非线性流量和压头乘积项，使原始方程转化为线性方程，如式（3-3-52）所示。同时，产生一个新的高维非线性函数，如式（3-3-53）所示。针对该高维非线性函数采用空间网格近似法对其进行线性化处理。

$$W_{ij} = \frac{\rho \Psi_{ij}}{\eta} \quad (3\text{-}3\text{-}52)$$

$$\Psi_{ij} = q_{ij} H_{ij} \quad (3\text{-}3\text{-}53)$$

式中 Ψ_{ij}——压气站 ij 流量和压头乘积项，kJ。

针对变量替换后产生的压气站流量与压头乘积的高维非线性函数，通过构建空间单元平面函数，并采用扩展凸组合法计算乘积项近似值，实现非线性函数的空间网格近似。最终，线性化处理后的压缩机功率方程如式（3-3-54）所示。

$$W_{ij} = \frac{\rho \tilde{\Psi}_{ij}}{\eta} \quad (3\text{-}3\text{-}54)$$

式中 $\tilde{\Psi}_{ij}$——压气站 ij 流量与压头乘积项线性化近似值。

（3）压缩机非凸可行域凸松弛处理。

针对压缩机非凸非线性有界可行域，在三维空间中采用6个空间平面通过线性外部逼近方法对压缩机可行域进行松弛处理，使得非凸非线性可行域转化为凸线性可行域。松弛后压缩机凸线性可行域的边界即为6个空间平面的函数方程，如式（3-3-55）至式（3-3-60）所示，详细的凸松弛处理过程可参考第二章第三节。

$$p_{ij}^{\text{com,d}}(AD) = a_1 v_{ij}^{\text{cm}} + b_1 p_{ij}^{\text{com,s}} \tag{3-3-55}$$

$$p_{ij}^{\text{com,d}}(DF) = b_2 p_{ij}^{\text{com,s}} \tag{3-3-56}$$

$$p_{ij}^{\text{com,d}}(FB) = a_3 v_{ij}^{\text{cm}} + b_3 p_{ij}^{\text{com,s}} \tag{3-3-57}$$

$$p_{ij}^{\text{com,d}}(AC) = a_4 v_{ij}^{\text{cm}} + b_4 p_{ij}^{\text{com,s}} \tag{3-3-58}$$

$$p_{ij}^{\text{com,d}}(CE) = b_5 p_{ij}^{\text{com,s}} \tag{3-3-59}$$

$$p_{ij}^{\text{com,d}}(CE) = a_6 v_{ij}^{\text{cm}} + b_6 p_{ij}^{\text{com,s}} \tag{3-3-60}$$

式中　　a_k、b_k——空间平面方程系数。

第四节　算例分析

采用三路径天然气管网算例，通过对其进行优化求解，旨在进一步验证在天然气管网中流量分配优化对管道运输成本的影响，在此基础之上，探究压气站碳排放优化对管网环境效益的影响，并对不同单一目标下的优化结果开展了敏感性对比分析。

（一）算例数据和场景设置

1. 算例数据

天然气管网含有 2 个气源、28 个用户、11 座压气站和 35 条管道，如图 3-4-1 所示。管网的总长度为 2 224.4 km，最大运行压力为 10 MPa，最小运行压力为 3.35 MPa，压气站参数可见表 3-4-1。气源 Sabc 的供应流量为 5 348.66×10^4 m³/d，气源 Sb1 的供应流量为 603.08×10^4 m³/d，全部沿线用户的需求流量总和为 1 444.76×10^4 m³/d，终点用户 Dabc 的需求流量为 4 506.98×10^4 m³/d，需求压力为 4.5 MPa。终点用户 Dabc 作为整个天然气管网的主要用户，其需求流量占总流量的 75.73%。由于三条管道路径的存在，终点用户 Dabc 的天然气流量可通过管道路径 a、管道路径 b 或管道路径 c 进行输送。因此，在制定管网调度方案的过程中需要对三条路径的流量进行分配决策。此外，该算例天然气管网规模较大，压气站数量多，将对其压气站运行方案进行优化研究。管道运输成本系数为 2.805 元 /（10^4 m³·km），压缩机所消耗电能的碳排放强度系数为 0.997kg/（kW·h），碳排放成本系数为 0.15 元 /kg。

第三章 考虑流量分配和碳排放的天然气管网调度优化方法

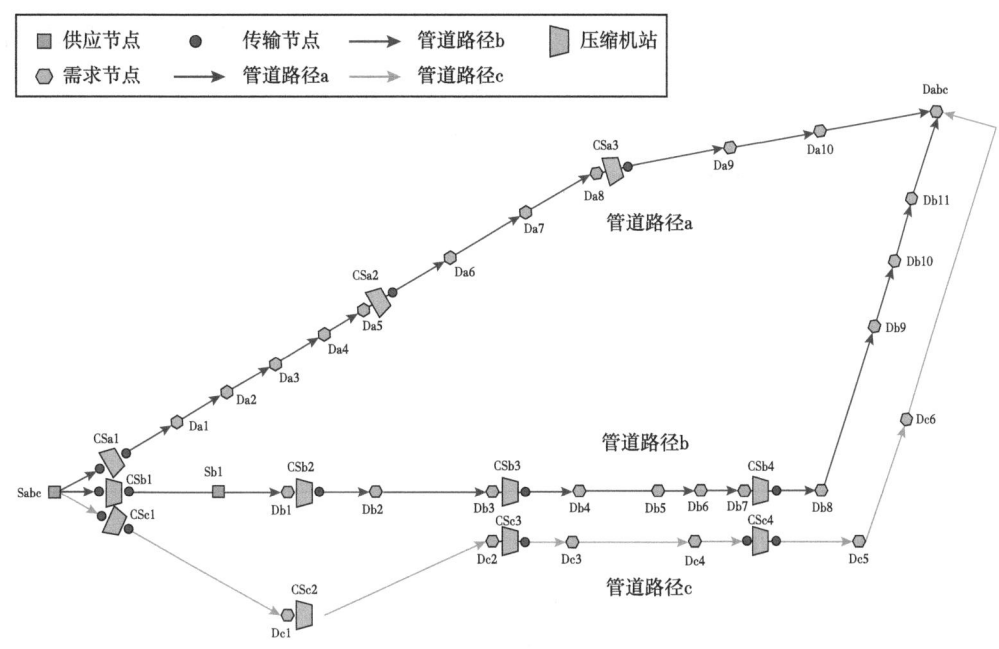

图 3-4-1 管网结构

表 3-4-1 压气站参数

压气站编号	CSa1–CSa3	CSb1–CSb4	CSc1–CSc4
最小压比	1.05	1.05	1.05
最大压比	1.50	1.50	1.50
最小耗电功率 / kW	0	0	0
最大耗电功率 / kW	5000	20 000	20 000
最小进站压力 / MPa	3.3	4.2	4.2
最大进站压力 / MPa	6.25	10	10
电能碳排放强度系数 / [kg/(kW·h)]	0.997	0.997	0.997
单位碳税价格 / (元/kg)	0.15	0.15	0.15

2. 场景设置

设置4个场景，见表3-4-2。其中，场景1表示同时考虑流量分配优化和碳排放优化。场景2表示不考虑流量分配优化，利用场景2与场景1形成对比，以探究流量分配优化对管道运输成本的影响。场景3表示考虑流量分配优化，但不考虑碳排放优化，利用场景3

和场景 1 形成对比，以探究碳排放优化对管道运输环境效益的影响。场景 4 表示仅考虑碳排放优化，不考虑流量分配优化，该场景的优化目标设置正好与场景 3 相反，利用这两个场景形成对比，以开展优化目标设置对优化结果影响的敏感性分析。

表 3-4-2 场景设置

场景	是否优化流量分配	是否优化碳排放
场景 1	是	是
场景 2	否	否
场景 3	是	否
场景 4	否	是

（二）流量分配优化分析

为探究管网流量分配优化对天然气管网运输成本的影响，选择场景 1 和场景 2 进行对比分析。场景 1 考虑管网流量分配优化，场景 2 不考虑管网流量分配优化，即在场景 2 中去掉数学模型的管道运输成本目标。

1. 迭代收敛分析

以场景 1 为例开展求解方法迭代收敛分析，该场景的迭代收敛过程如图 3-4-2 所示。基于 MILP 松弛方法，求解过程的上界和下界初始收敛误差为 4.09%，经 800 次迭代后，快速收敛至 1.88%。经 6000 次迭代后，收敛误差缩小到 0.81%，并长期维持。最终，经过 12 921 次迭代之后收敛得到最优解，获得管网调度方案，迭代时间为 212.57 s，收敛误差精度为 0.087%。

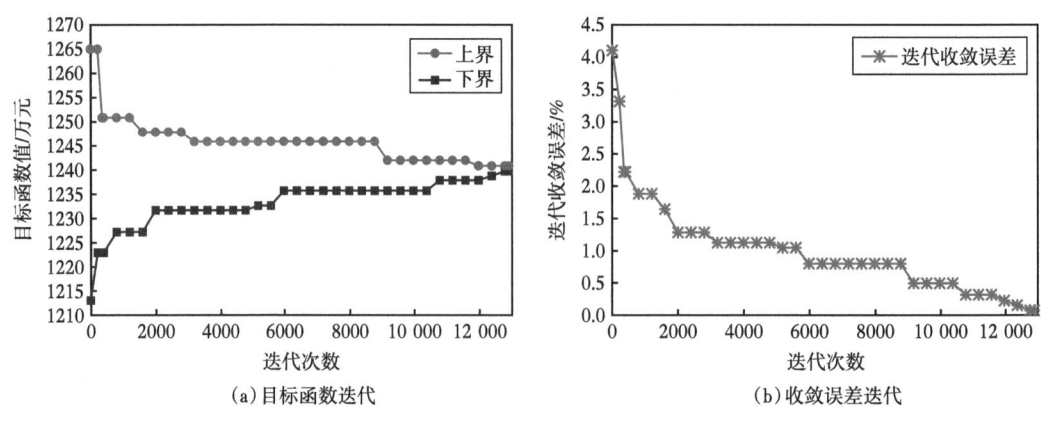

图 3-4-2 求解方法迭代收敛过程

2. 经济性分析

经求解得到的场景 1 和场景 2 的管道运输成本结果如图 3-4-3 所示。在场景 1 中，路径 a 的运输成本为 149.9 万元，路径 b 的运输成本为 862.2 万元，路径 c 的运输成本为 200.3 万元，总运输成本为 1 212.5 万元。在场景 2 中，路径 a 的运输成本为 33.3 万元，路径 b 的运输成本为 390.7 万元，路径 c 的运输成本为 890.5 万元，总运输成本为 1 314.5 万元。因此，与未考虑管网流量分配优化的场景 2 相比，优化后的场景 1 减少了 102.0 万元的管道运输成本，降低幅度为 7.76%。验证了对于含有多条管道路径的复杂天然气管网，优化管网流量分配方案在提升管网运输经济性方面的重要价值。

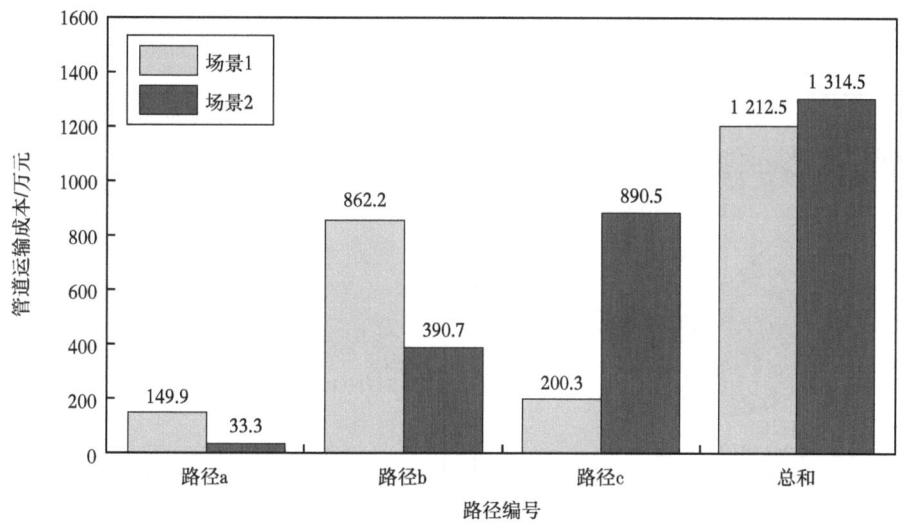

图 3-4-3 管输费结果

3. 流量分配方案

场景 1 和场景 2 管网流量分配方案结果如图 3-4-4 所示。在场景 1 中，路径 a 的流量为 $862.67 \times 10^4 \text{ m}^3/\text{d}$，路径 b 的流量为 $4\,263.88 \times 10^4 \text{ m}^3/\text{d}$，路径 c 的流量为 $825.17 \times 10^4 \text{ m}^3/\text{d}$，管道路径 b 承担了主要的输送任务，流量占比为 71.64%。在场景 2 中，路径 a 的流量为 $274.3 \times 10^4 \text{ m}^3/\text{d}$，路径 b 的流量为 $2\,095.93 \times 10^4 \text{ m}^3/\text{d}$，路径 c 的流量为 $3\,581.51 \times 10^4 \text{ m}^3/\text{d}$，管道路径 c 分担了更多的天然气流量，流量占比为 60.18%。通过管网结构参数可知，路径 a 的长度为 606.3 km，路径 b 的长度为 725.5 km，路径 c 的长度为 892.6 km。因此，与场景 2 相比，优化后的场景 1 将更多天然气通过长度更短的路径 b 输送，有效降低了管道运输成本。由此可见，建立的数学模型和求解方法在应对多路径天然气管网时，同样能够合理决策最优的管网流量分配方案，具有良好的扩展性。

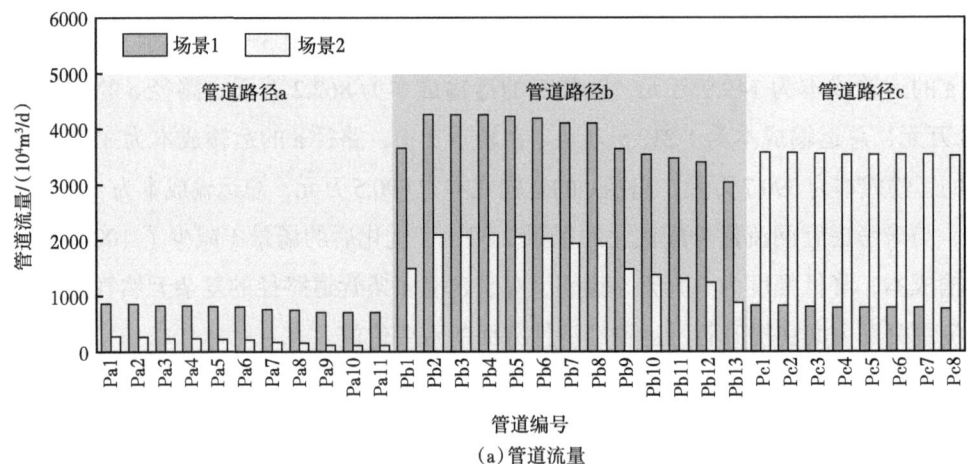

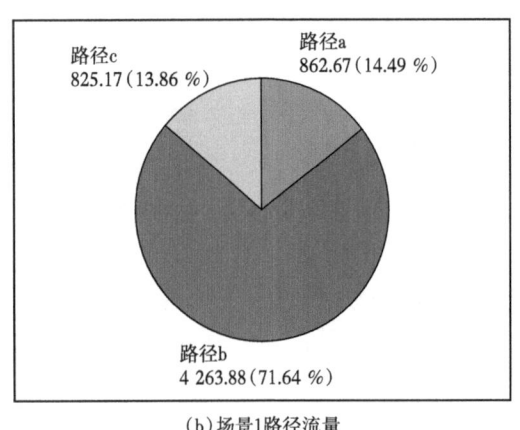

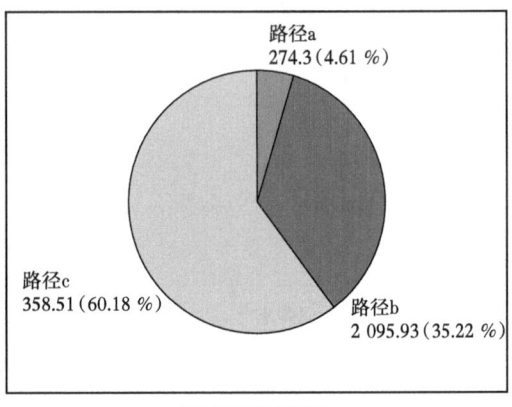

图 3-4-4 流量分配结果

（三）碳排放优化分析

压气站是天然气管网运输过程中的主要能耗设备，在消耗电能的同时，将排放大量二氧化碳。为探究压气站碳排放优化对管道运输环境效益的影响，选择场景 1 和场景 3 进行对比分析。场景 1 考虑压气站碳排放优化，场景 3 不考虑压气站碳排放优化，即在数学模型中去掉碳排放优化目标。

1. 碳排放分析

经求解得到的场景 1 和场景 3 的碳排放成本结果如图 3-4-5 所示。在场景 1 中，压气站总碳排放成本为 28.4 万元，根据碳排放计算公式，碳排放量为 1893.5 t。在场景 3 中，压气站总碳排放成本为 39.0 万元，根据碳排放计算公式，碳排放量为 2597.0 t。与未考虑压气站碳排放优化的场景 3 相比，优化后的场景 1 减少了 10.6 万元的碳排放成本，直接减少 703.5 t 的二氧化碳排放，减少幅度高达 27.09%。由此可见，对天然气管网压气站的碳排放进行合理优化可在满足天然气输送要求的前提下，有效提高环境效益。

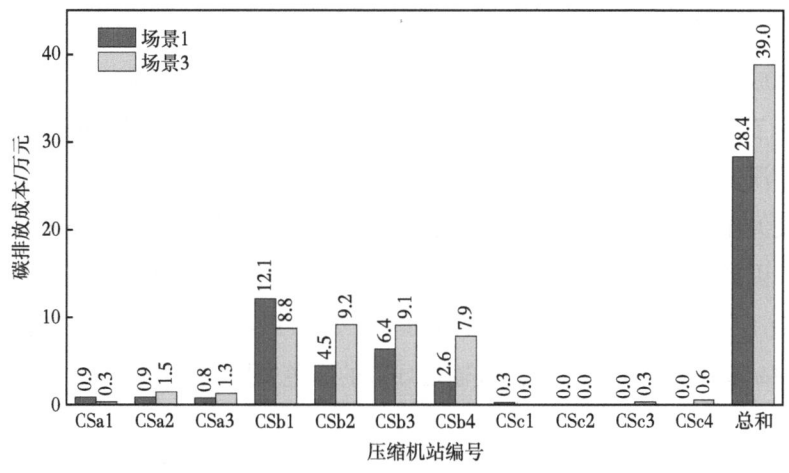

图 3-4-5 碳排放成本结果

2. 流量分配方案

场景 1 和场景 3 管网流量分配方案结果如图 3-4-6 所示。结果表明，场景 3 的管网流量分配方案与场景 1 一致，路径 a 的流量为 862.67×10^4 m³/d，路径 b 的流量为 $4\,263.88 \times 10^4$ m³/d，路径 c 的流量为 825.17×10^4 m³/d，管道路径 b 承担了主要的输送任务，流量占比为 71.64%。因此，进一步证明了场景 1 所获得的管网流量分配方案的全局最优性。

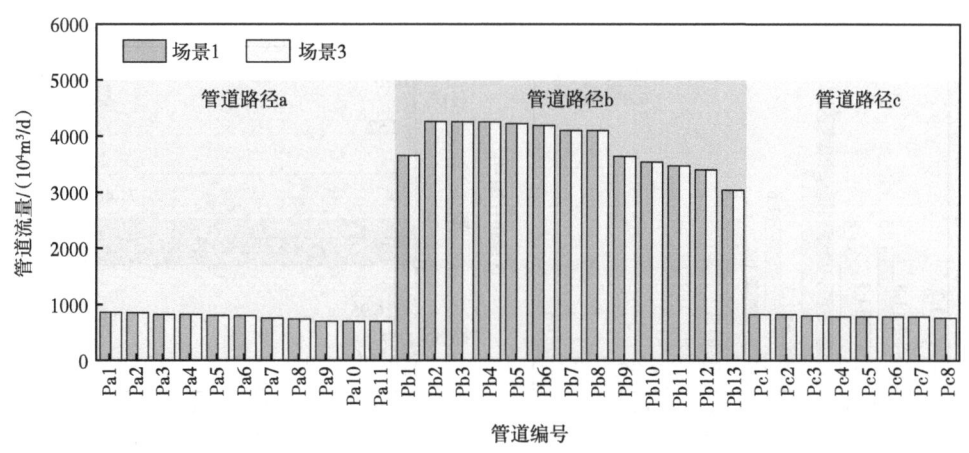

图 3-4-6 管道流量

3. 压气站运行方案

场景 1 和场景 3 压气站运行方案如图 3-4-7 所示。从运行的压气站数量角度来看，如图 3-4-7（a）所示，在场景 1 中，天然气管网共启动了 8 座压气站，运行压缩机数量为 11 台。在场景 3 中，天然气管网共启动了 9 座压气站，运行压缩机数量为 14 台。因此，与未考虑碳排放优化的场景 3 相比，优化后的场景 1 的压缩机运行数量有所减少。从压气站压比角度来看，如图 3-4-7（b）所示，在场景 1 下，三条管道路径的压气站最大压比均出现在上游压气站，说明该场景更倾向于利用上游压气站承担主要增压任务。相反，在场景 3 下，最大压比更多出现在下游压气站，说明该场景更倾向于利用下游压气站承担主要增压任务。因此，优化后的场景 1 通过减少运行的压气站数量和改变压气站压比分配策略，有效降低了各管道路径上压气站增压功率，如图 3-4-7（c）所示，从而实现了压缩机碳排放量的减少，有力促进了天然气输送环节的绿色发展。

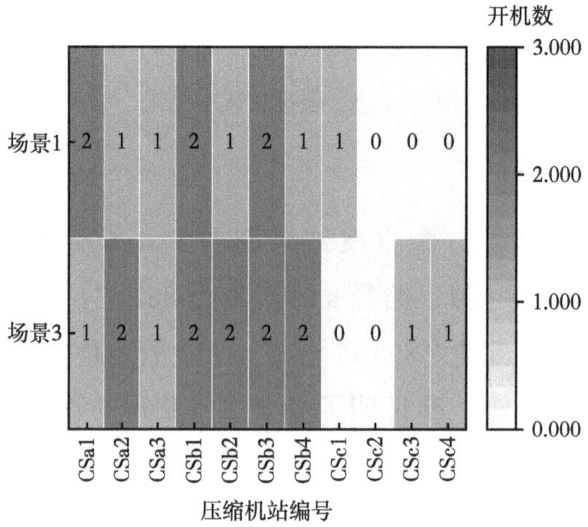

（a）开机数

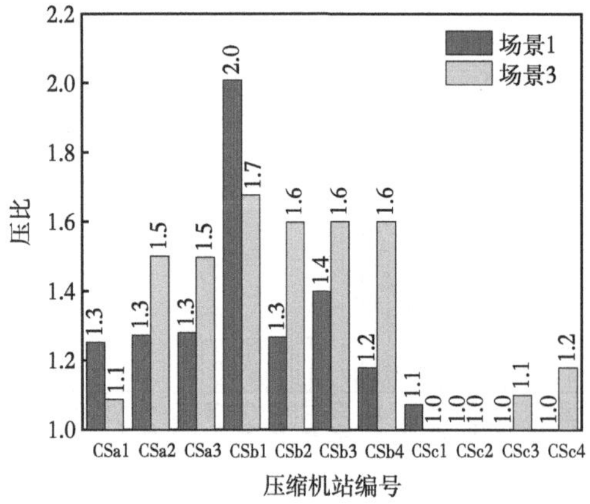

（b）压比

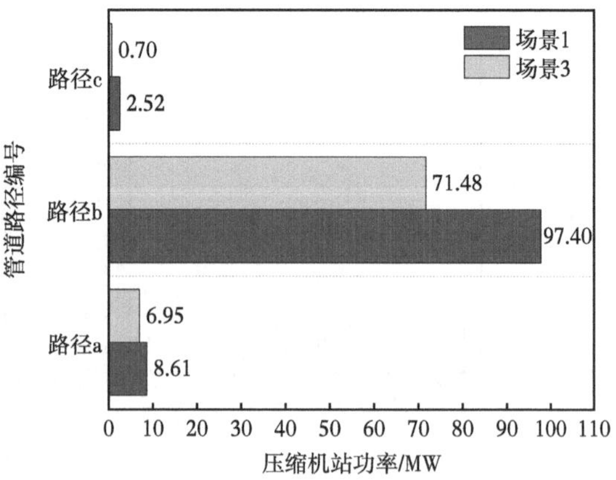

（c）功率

图 3-4-7　压气站运行参数

4. 水力压降对比

场景 1 和场景 3 的管道水力压降结果如图 3-4-8 所示。结果表明，不同压气站运行方案下管道水力压降具有明显差异。在场景 1 中，最大压力出现在路径 b 中管道 pb1 的起点端，为 10 MPa，最小压力出现在路径 a 中管道 pa5 的终点端，为 3.75 MPa。在场景 3 中，最大压力出现在路径 b 中管道 pb5 的起点端，为 9.14 MPa，最小压力出现在路径 a 中管道 pa11 的终点端，为 4.5 MPa。由此可见，两个场景均能满足管道 3.35~10 MPa 的运行压力要求。值得注意的是，在场景 1 中，三条管道路径的终点压力均为 4.5 MPa，满足终点用户的输气压力要求。在场景 3 中，只有管道路径 a 的终点压力为 4.5 MPa，管道路径 b 和管道路径 c 的终点压力分别为 5.27 MPa 和 5.48 MPa，高于终点用户的输气压力要求，存在能量浪费，这也是造成场景 3 压气站碳排放高于场景 1 的另一个重要原因。因此，在满足用户天然气输送需求的前提下，对压气站的运行方案进行合理优化，可有效避免能源浪费和减少环境污染，在"双碳"背景下，促进企业的低碳发展。

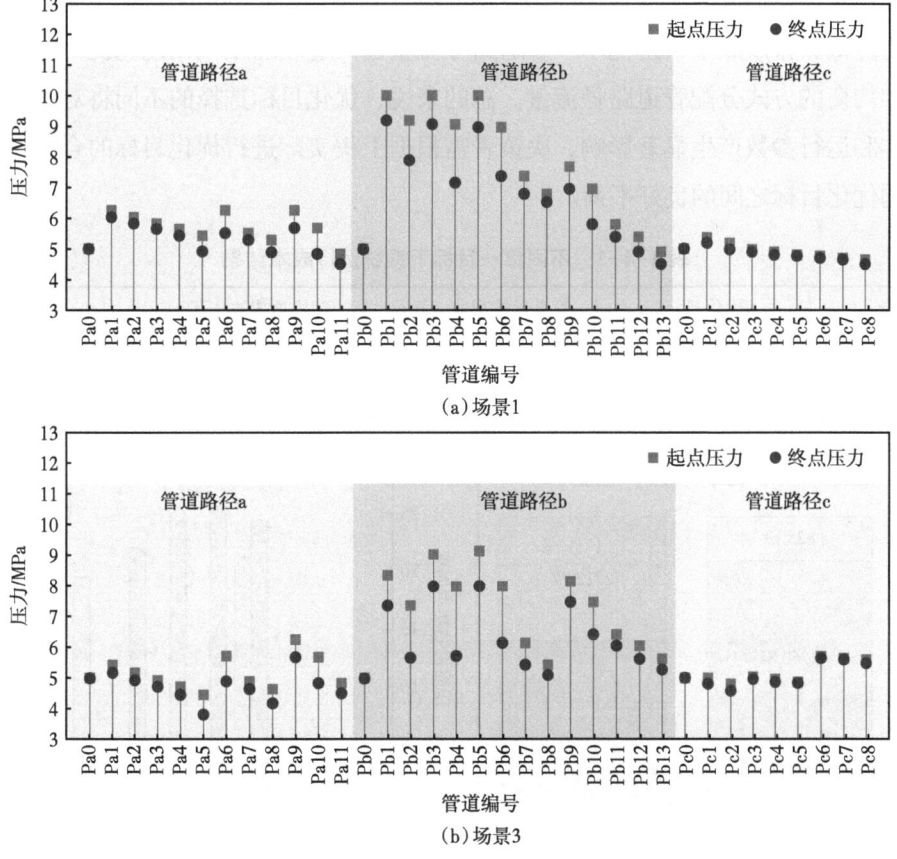

图 3-4-8 管道水力压降结果

(四)优化目标敏感性分析

通过分别开展天然气管网流量分配和碳排放优化研究,发现管道运输成本目标和碳排放成本目标的考虑与否将对优化结果产生较大影响。为探究各单一目标之间的差异性,选择场景 3 和场景 4 进行对比分析,场景 3 仅考虑管道运输成本目标,场景 4 仅考虑碳排放成本目标。

经求解得到的场景 3 和场景 4 的系统运行成本结果见表 3-4-3。场景 3 的管道运输成本为 1 212.50 万元,碳排放成本为 38.96 万元,总成本为 1 251.46 万元。场景 4 的管道运输成本为 1 263.84 万元,碳排放成本为 15.98 万元,总成本为 1 279.82 万元。场景 3 重点考虑管道运输成本最小化,相较于场景 4,场景 3 的管道运输成本降低了 51.34 万元。相反,场景 4 偏向于优化碳排放成本,场景 4 的碳排放成本比场景 3 减少 22.98 万元。此外,场景 3 和场景 4 的管道路径流量分配结果和压气站功率结果如图 3-4-9 所示。从这两张表可以看出,在不同的优化目标下,管网流量分配方案和压气站运行方案同样存在明显差异。为降低管道运输成本,场景 3 选择将更多天然气通过长度更短的管道路径 b 进行输送。相反,为降低碳排放成本,避免单一管道路径流量过大造成的压气站能耗提升,场景 4 选择以更加均衡的方式分配管道路径流量。总的来说,优化目标选择的不同将对优化方案的运行成本和运行参数产生显著影响,决策者需根据工程实际进行优化目标的合理设置,以实现不同优化目标之间的良好平衡。

表 3-4-3 不同单一目标下系统运行成本结果

场景	优化目标	管道运输成本/万元	碳排放成本/万元	合计/万元
3	管道运输成本	1212.50	38.96	1251.46
4	碳排放成本	1263.84	15.98	1279.82

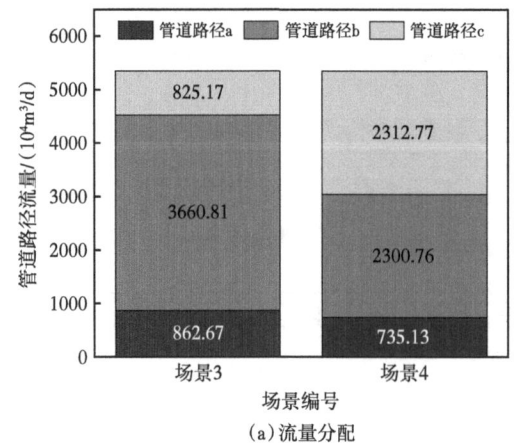
(a)流量分配

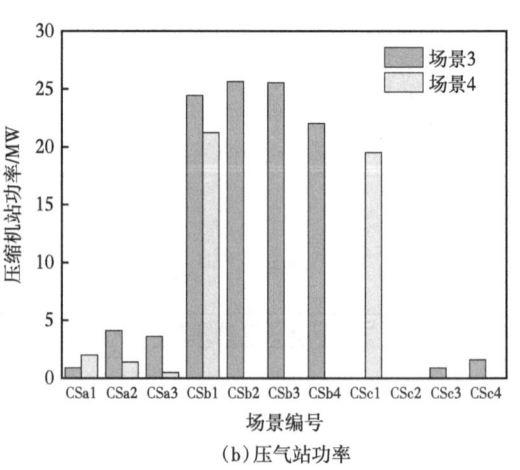
(b)压气站功率

图 3-4-9 不同单一目标下流量分配和压气站功率结果

第四章 耦合储气库注采特性的天然气管网调峰优化方法

随着天然气消费需求的增长，稳定的气源供应和多周期波动的用户需求之间的供需矛盾逐渐加剧。储气库作为重要的管网调峰设施，通过在低需求期注气和高需求期采气，可极大提高管网的供应灵活性，保障供需平衡[13]。储气库注采调峰是一个涉及多周期多设施的复杂调控过程。因此，有必要对含储气库天然气管网系统的综合调度过程进行优化研究，以实现管网和储气库达到最优的运行状态。同时，储气库注气时需依靠压缩机对天然气进行增压，压缩机在消耗能源过程中将产生大量碳排放。储气库采出高压天然气时则具有巨大的压能利用潜力，可应用膨胀机进行压差发电实现绿色电能的自产自用以降低系统碳排放污染。因此，有必要在制定储气库注采方案过程中，充分考虑压缩机碳排放控制和膨胀机压差发电优化，以提高储气库运行过程的环境效益。本章在供需给定条件下天然气管网单周期调度优化研究的基础上，结合多周期供需波动和储气库注采特性，重点开展天然气管网供需平衡优化方法研究。以含储气库天然气管网系统为对象，全面考虑储气库地下气藏和注采井水力特性，以及地上压气站和膨胀机压力调节功能特性，构建耦合储气库注采特性的天然气管网调峰优化模型。面对模型庞大的变量和约束规模，分别提出分级求解和整体求解两种方法对模型进行优化求解，在保障供需平衡的目标下，实现天然气运输和储存环节的经济低碳运行。

第一节 问题描述与模型基础

首先，建立耦合储气库注采特性的天然气管网调峰优化模型。该模型充分考虑了储气库生产运行约束，包括储气库注采状态离散变化特性、地下气藏和注采井水力特性，以及地上设施压力调节功能特性。在经济性目标的基础上，引入储气库压缩机碳排放目标，并考虑了储气库膨胀机压差发电优化目标，以提升系统运行的环境效益。然后，采用基于松弛处理的分级求解和整体求解两种方法进行数学模型的优化求解，以获得最优的管网调度方案和储气库注采方案。最后，利用含储气库天然气管网算例验证所提出的模型和求解方法的有效性。探究了储气库调峰优化对管网供需平衡的影响，对比了分级求解和整体求解两种方法的求解效果,并分析了储气库压缩机碳排放控制和膨胀机压差发电优化所产生的经济和环境效益。

一、问题描述

含储气库天然气管网系统的结构组成如图 4-1-1 所示。该系统主要包括天然气管网和储气库两个模块,两个模块之间通过连接管道进行天然气双向输送。储气库主要由地下设施和地上设施构成。地下设施主要指储层(如气藏)和注采井。气藏是具有一定深度的地下岩石孔隙空间,天然气在其中进行储存。注采井负责天然气在地上设施和地下气藏之间的注采输送。储气库地上设施由地上管道、计量阀、净化器、压缩机、节流阀和膨胀机构成。注气时,地下气藏压力通常较高,天然气一般需通过压缩机增压以实现顺利注入;

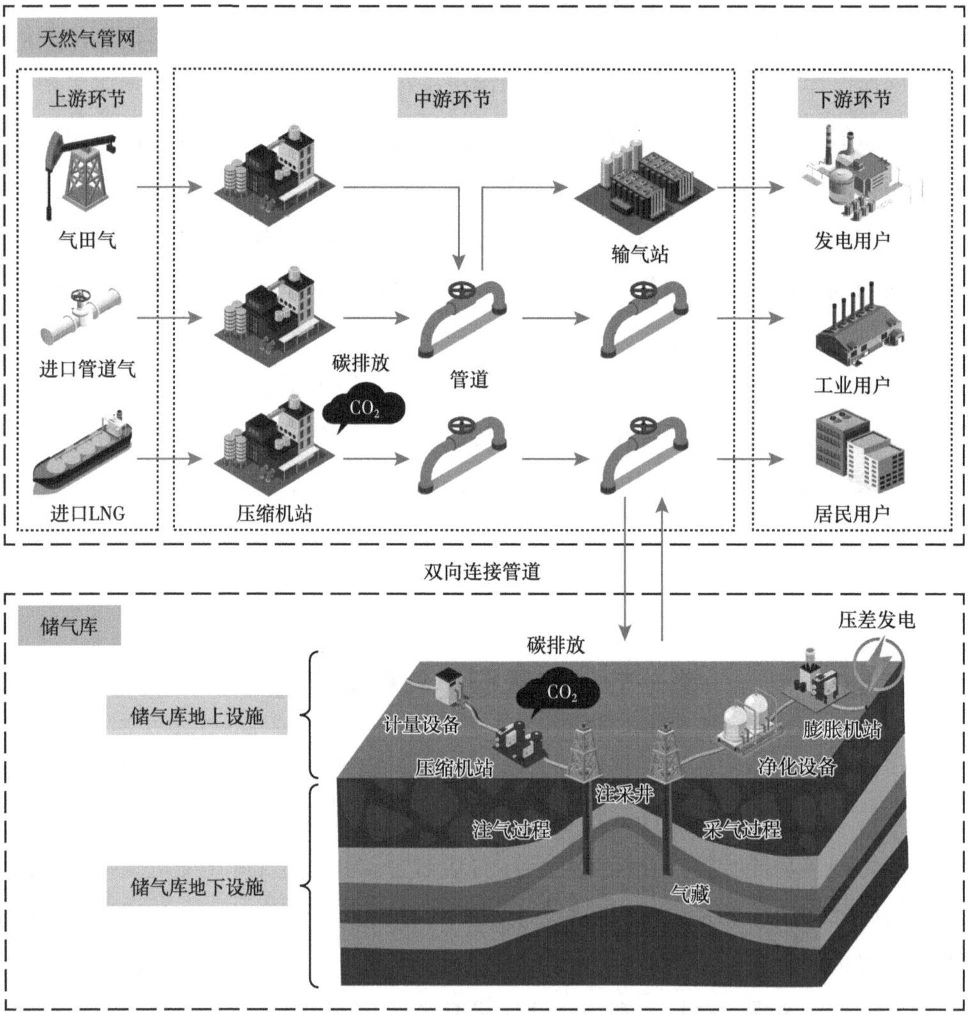

图 4-1-1 含储气库天然气管网系统示意图

相反，采气时，采出天然气压力往往高于天然气管网压力。因此，可以设置膨胀机或节流阀进行降压，以保障天然气顺利进入天然气管网。

随着天然气供需矛盾的加剧，越来越多的企业在管网调度过程中充分融合了储气库调峰控制。利用储气库发挥注采功能，实现天然气的时空转移，极大提高了天然气管网的供应灵活性。因此，随着天然气消费需求的提升，含储气库天然气管网系统的综合调度管理将成为天然气企业的关注重点。虽有研究关注了储气库调峰策略，但对储气库模型进行了简化，一般将储气库建模为具有天然气流入和流出的管网节点，未充分考虑储气库地上地下设施水力和功能特征。

在"双碳"背景下，天然气基础设施的低碳发展已成为了关注的重点。储气库具有注气和采气双向流程。注气过程中，储气库地下压力一般远高于地上管道压力，天然气需通过压缩机增压以实现顺利注入地下[14]。作为储气库的主要能耗设备，压缩机在消耗电能，具有节能减排优化潜力。采气过程中，采出天然气压力往往高于外输管道压力，一般需利用调压设备降压以实现外输。天然气压差发电是一种新兴的绿色低碳能量利用技术，该技术主要采用膨胀机替代传统调压阀进行压能回收并带动发电机发电。储气库的采出高压天然气具有巨大的压能利用潜力，利用膨胀机进行压差发电有助于企业实现绿色电能的自产自用，进一步降低系统的碳排放污染。然而，目前对储气库的优化研究大多聚焦于技术性或经济性目标，较少考虑注采过程中碳排放的优化管理，以及绿色能源技术的深度融合。

因此，基于储气库地下气藏和注采井水力特性，以及压缩机和膨胀机压力调节功能特性，构建符合实际储气库注采工艺特征的优化模型，提出有效的储气库注采模型和管网调度模型耦合求解方法[15]，实现天然气运输和储存过程的设施精细调控和系统经济低碳运行。

二、模型基础

耦合储气库注采特性的天然气管网调峰优化问题的已知参数和决策变量如下。

（一）已知参数

（1）气源和用户数据：各时期气源天然气供应能力和用户天然气需求流量；

（2）管网参数：管网拓扑结构、管道长度、管道直径、管道阻力系数、天然气物性参数、管道压力边界、管道流量边界，以及压气站的压比边界和功率边界；

（3）储气库参数：注采井数量、注采井流量边界、库存边界、气藏渗流系数、井筒流动系数，以及集注站压缩机的压比边界和功率边界，膨胀机的压比边界和发电功率边界等。

（二）决策变量

（1）系统运行成本：确定系统运行过程中的总成本，包括管道运输成本、储气库储存成本、储气库注采成本、碳排放成本和天然气短缺惩罚成本；

（2）管网调度方案：确定各时期气源供应流量、管道流量和管道流向，以及压气站的运行状态、进气压力、排气压力和功率；

（3）储气库注采方案：确定各时期注采流量、储气量、开井数量、单井流量、气藏压力、井底压力、井口压力，以及压缩机的运行状态、进气压力、排气压力和功率，膨胀机的运行状态、进气压力、排气压力和发电功率。

第二节 优化模型

一、目标函数

该模型以含储气库天然气管网系统经济和环境成本最小化为目标，如式（4-2-1）所示。目标函数由五部分构成，分别为管道运输成本、储气库储存成本、储气库注采成本、碳排放成本和天然气短缺惩罚成本。

$$\min f = f_{\text{tran}} + f_{\text{storage}} + f_{\text{injwit}} + f_{\text{carb}} + f_{\text{pena}} \tag{4-2-1}$$

式中 f——总运行成本，元；

f_{tran}——管道运输成本，元；

f_{storage}——储气库储存成本，元；

f_{injwit}——储气库注采成本，元；

f_{carb}——碳排放成本，元；

f_{pena}——缺气罚款成本，元。

管道运输成本是指天然气在管网中流动时占用管网容量资源支付的成本。管道运输成本可表达为单位运输成本系数、管道流量和管道长度之间的乘积，如式（4-2-2）所示。

$$f_{\text{tran}} = \sum_{t \in T} \sum_{(i,j) \in A_p} C_{\text{tran}} q_{ij,t} L_{ij} \tag{4-2-2}$$

式中 C_{tran}——单位运输成本系数，元/（m³·km）；

$q_{ij,t}$——t 时刻管道或压气站边 ij 流量，10⁴m³/d；

L_{ij}——管道长度，km。

储气库储存成本是指天然气储存在储气库中时，占用储气库容量空间而产生的成本。储气库储存成本为单位储气成本系数和储气量的乘积，如式（4-2-3）所示。

$$f_{\text{storage}} = \sum_{t \in T} \sum_{u \in U} C_{\text{storage}} G_{u,t}^{\text{storage}} \tag{4-2-3}$$

式中　C_{storage}——单位储气成本系数，元/m³；

　　　$G_{u,t}^{\text{storage}}$——储气库储气量，10⁸m³。

储气库注采成本是指天然气注入或采出过程中，启用储气库机械设备产生的成本。注采成本可通过单位注气成本系数/单位采气成本系数和注气流量/采气流量的乘积计算得到，如式（4-2-4）所示。

$$f_{\text{injwit}} = \sum_{t\in T}\sum_{u\in U}C_{\text{inj}}q_{u,t}^{\text{inj}} + \sum_{t\in T}\sum_{u\in U}C_{\text{wit}}q_{u,t}^{\text{wit}} \qquad (4-2-4)$$

式中　C_{inj}——单位注气成本系数，元/m³；

　　　C_{wit}——单位采气成本系数，元/m³；

　　　$q_{u,t}^{\text{inj}}$——t 时刻储气库 u 注气流量，10⁴m³/d；

　　　$q_{u,t}^{\text{wit}}$——t 时刻储气库 u 采气流量，10⁴m³/d。

天然气管网中的压气站和储气库中的集注站压缩机是系统主要能耗设备。储气库采气过程中利用膨胀机进行压差发电，可减少传统用电消耗，降低系统碳排放污染。碳排放成本可由单位碳税价格、电能碳排放强度系数和设备功率计算得到。碳排放成本由管网压气站碳排放成本和集注站压缩机碳排放成本减去膨胀机发电抵消的碳排放成本构成，如式（4-2-5）所示。

$$f_{\text{carb}} = \sum_{t\in T}\sum_{(i,j)\in A_{\text{cs}}}C_{\text{car}}e_{\text{car}}W_{ij,t}^{\text{tran}} + \sum_{t\in T}\sum_{u\in U}C_{\text{car}}e_{\text{car}}W_{u,t}^{\text{inj}} - \sum_{t\in T}\sum_{u\in U}C_{\text{car}}e_{\text{car}}W_{u,t}^{\text{wit}} \qquad (4-2-5)$$

式中　C_{car}——单位碳税价格，元/kg；

　　　e_{car}——电能碳排放强度系数，kg/m³；

　　　$W_{ij,t}^{\text{tran}}$——t 时刻压气站 ij 耗电功率，kW；

　　　$W_{u,t}^{\text{inj}}$——t 时刻储气库 u 压缩机耗电功率，kW；

　　　$W_{u,t}^{\text{wit}}$——t 时刻储气库 u 膨胀机发电功率，kW。

为充分满足用户天然气需求，避免出现供应不足的情况，考虑了一个虚拟的天然气短缺惩罚成本[16]。该成本可由惩罚成本系数和用户需求流量与实际输出流量之间的差计算得到，如式（4-2-6）所示。

$$f_{\text{pena}} = \sum_{t\in T}\sum_{i\in N}C_{\text{pena}}\left(d_{i,t}^{\text{need}} - d_{i,t}\right) \qquad (4-2-6)$$

式中　C_{pena}——缺气惩罚成本系数，元/m³；

　　　$d_{i,t}^{\text{need}}$——t 时刻用户 i 需求流量，10⁴m³/d；

　　　$d_{i,t}$——t 时刻用户 i 实际输出流量，10⁴m³/d。

二、约束条件

（一）节点约束

根据质量守恒定律可推导出节点流量平衡方程，即流入节点的流量应等于流出节点的流量，如式（4-2-7）所示。

$$\sum_{i:(j,i)\in A} q_{ji,t} + s_{i,t} + q_{i,t}^{\text{wit}} = \sum_{i:(i,j)\in A} q_{ij,t} + d_{i,t} + q_{i,t}^{\text{inj}}, \quad \forall i \in N, \forall t \in T \quad (4\text{-}2\text{-}7)$$

式中 $s_{i,t}$——气源输入流量，$10^4 \text{m}^3/\text{d}$；

$d_{i,t}$——t 时刻用户 i 实际输出流量，$10^4 \text{m}^3/\text{d}$；

$q_{u,t}^{\text{wit}}$——t 时刻储气库采气输入流量，$10^4 \text{m}^3/\text{d}$；

$q_{u,t}^{\text{inj}}$——t 时刻储气库注气输出流量，$10^4 \text{m}^3/\text{d}$。

节点输入流量应服从气源最小和最大供应流量约束，如式（4-2-8）所示。

$$s_{i,t}^{\min} \leqslant s_{i,t} \leqslant s_{i,t}^{\max}, \quad \forall i \in N, \forall t \in T \quad (4\text{-}2\text{-}8)$$

节点输出流量应服从用户最小和最大需求流量约束，如式（4-2-9）所示。

$$d_{i,t}^{\min} \leqslant d_{i,t} \leqslant d_{i,t}^{\max}, \quad \forall i \in N, \forall t \in T \quad (4\text{-}2\text{-}9)$$

节点压力应服从节点最小和最大压力约束，如式（4-2-10）所示。

$$p_{i,t}^{\min} \leqslant p_{i,t} \leqslant p_{i,t}^{\max}, \quad \forall i \in N, \forall t \in T \quad (4\text{-}2\text{-}10)$$

式中 $p_{i,t}$——t 时刻节点 i 压力，MPa。

（二）管道约束

水力压降如式（4-2-11）至式（4-2-15）所示。

$$R_{ij}^{\text{pipe}} \left(p_{i,t}^2 - p_{j,t}^2 \right) \leqslant q_{ij,t}^2 + \left(1 - \alpha_{ij,t}^{\text{for}}\right) M, \quad \forall (i,j) \in A_p, \forall t \in T \quad (4\text{-}2\text{-}11)$$

$$R_{ij}^{\text{pipe}} \left(p_{i,t}^2 - p_{j,t}^2 \right) \geqslant q_{ij,t}^2 - \left(1 - \alpha_{ij,t}^{\text{for}}\right) M, \quad \forall (i,j) \in A_p, \forall t \in T \quad (4\text{-}2\text{-}12)$$

$$R_{ij}^{\text{pipe}} \left(p_{j,t}^2 - p_{i,t}^2 \right) \leqslant q_{ij,t}^2 + \left(1 - \alpha_{ij,t}^{\text{bac}}\right) M, \quad \forall (i,j) \in A_p, \forall t \in T \quad (4\text{-}2\text{-}13)$$

$$R_{ij}^{\text{pipe}} \left(p_{j,t}^2 - p_{i,t}^2 \right) \geqslant q_{ij,t}^2 - \left(1 - \alpha_{ij,t}^{\text{bac}}\right) M, \quad \forall (i,j) \in A_p, \forall t \in T \quad (4\text{-}2\text{-}14)$$

$$R_{ij}^{\text{pipe}} = 3.629 \frac{D_{ij}}{\rho Z T \lambda_{ij} L_{ij}} \quad (4\text{-}2\text{-}15)$$

式中 $q_{ij,t}$——t 时刻管道或压气站边 ij 流量，$10^4\text{m}^3/\text{d}$；

$p_{i,t}$——t 时刻节点 i 压力，MPa；

$p_{j,t}$——t 时刻节点 j 压力，MPa；

$\alpha_{ij,t}^{\text{for}}$——$t$ 时刻管道 ij 正向流动二元变量；

$\alpha_{ij,t}^{\text{bac}}$——$t$ 时刻管道 ij 逆向流动二元变量；

M——极大值；

R_{ij}^{pipe}——管道流动阻力系数，$(10^4\text{m}^3/\text{d})^2 \cdot \text{MPa}^2$；

D_{ij}——管道直径，m；

λ_{ij}——管道摩阻系数。

管道流向变量需满足流向唯一性约束，如式（4-2-16）所示。

$$\alpha_{ij,t}^{\text{for}} + \alpha_{ij,t}^{\text{bac}} = 1, \quad \forall (i,j) \in A_p, \ \forall t \in T \quad (4\text{-}2\text{-}16)$$

管道流量应满足最小和最大输气能力限制，如式（4-2-17）所示。

$$q_{ij}^{\min} \leqslant q_{ij,t} \leqslant q_{ij}^{\max}, \quad \forall (i,j) \in A_p, \ \forall t \in T \quad (4\text{-}2\text{-}17)$$

利用 Colebrook 公式可精确计算摩阻系数如式（4-2-18）所示。

$$\frac{1}{\sqrt{\lambda_{ij}}} = -2\lg\left(\frac{\tau}{3.7D_{ij}} + \frac{2.51}{Re\sqrt{\lambda_{ij}}}\right), \quad \forall (i,j) \in A_p \quad (4\text{-}2\text{-}18)$$

式中 τ——管壁当量粗糙度，m；

Re——雷诺数。

（三）管网压气站约束

压缩机组和旁通阀的开关状态应服从压气站的开关状态，如式（4-2-19）所示。同一时间内，压缩机组和旁通阀中只可能开启一种设备，如式（4-2-20）所示。

$$\beta_{ij,t}^{\text{group}} + \beta_{ij,t}^{\text{bypass}} = \beta_{ij,t}^{\text{station}}, \quad \forall (i,j) \in A_{\text{cs}}, \ \forall t \in T \quad (4\text{-}2\text{-}19)$$

$$\beta_{ij,t}^{\text{group}} + \beta_{ij,t}^{\text{bypass}} \leqslant 1, \quad \forall (i,j) \in A_{\text{cs}}, \ \forall t \in T \quad (4\text{-}2\text{-}20)$$

式中 $\beta_{ij,t}^{\text{group}}$——$t$ 时刻压气站 ij 压缩机组开关状态二元变量；

$\beta_{ij,t}^{\text{bypass}}$——$t$ 时刻压气站 ij 旁通阀开关状态二元变量；

$\beta_{ij,t}^{\text{station}}$——$t$ 时刻压气站 ij 开关状态二元变量。

当天然气通过旁通阀流动时，压气站上下游节点的压力相等，如式（4-2-21）和式

（4-2-22）所示。

$$p_{j,t} \leqslant p_{i,t} + \left(1 - \beta_{ij,t}^{\text{bypass}}\right)M, \quad \forall (i,j) \in A_{\text{cs}}, \quad \forall t \in T \quad (4\text{-}2\text{-}21)$$

$$p_{j,t} \geqslant p_{i,t} - \left(1 - \beta_{ij,t}^{\text{bypass}}\right)M, \quad \forall (i,j) \in A_{\text{cs}}, \quad \forall t \in T \quad (4\text{-}2\text{-}22)$$

式中　$p_{i,t}$——t 时刻节点 i 压力，MPa；

　　　$p_{j,t}$——t 时刻节点 j 压力，MPa。

当天然气通过压缩机组增压时，上游节点压力与压缩机进气压力关联，下游节点压力与压缩机排气压力关联，如式（4-2-23）至式（4-2-26）所示。

$$p_{i,t} \leqslant p_{ij,t}^{\text{com,s}} + \left(1 - \beta_{ij,t}^{\text{group}}\right)M, \quad \forall (i,j) \in A_{\text{cs}}, \quad \forall t \in T \quad (4\text{-}2\text{-}23)$$

$$p_{i,t} \geqslant p_{ij,t}^{\text{com,s}} - \left(1 - \beta_{ij,t}^{\text{group}}\right)M, \quad \forall (i,j) \in A_{\text{cs}}, \quad \forall t \in T \quad (4\text{-}2\text{-}24)$$

$$p_{j,t} \leqslant p_{ij,t}^{\text{com,d}} + \left(1 - \beta_{ij,t}^{\text{group}}\right)M, \quad \forall (i,j) \in A_{\text{cs}}, \quad \forall t \in T \quad (4\text{-}2\text{-}25)$$

$$p_{j,t} \geqslant p_{ij,t}^{\text{com,d}} - \left(1 - \beta_{ij,t}^{\text{group}}\right)M, \quad \forall (i,j) \in A_{\text{cs}}, \quad \forall t \in T \quad (4\text{-}2\text{-}26)$$

式中　$p_{ij,t}^{\text{com,s}}$——t 时刻压缩机 ij 进气压力，MPa；

　　　$p_{ij,t}^{\text{com,d}}$——t 时刻压缩机 ij 排气压力，MPa。

压缩机进气和排气压力应满足压缩机最大和最小压比约束，如式（4-2-27）和式（4-2-28）所示。

$$p_{ij,t}^{\text{com,d}} \leqslant \Delta \varepsilon^{\max} p_{ij,t}^{\text{com,s}}, \quad \forall (i,j) \in A_{\text{cs}}, \quad \forall t \in T \quad (4\text{-}2\text{-}27)$$

$$p_{ij,t}^{\text{com,d}} \geqslant \Delta \varepsilon^{\min} p_{ij,t}^{\text{com,s}}, \quad \forall (i,j) \in A_{\text{cs}}, \quad \forall t \in T \quad (4\text{-}2\text{-}28)$$

式中　$\Delta \varepsilon^{\min}$——压缩机最小增压压比；

　　　$\Delta \varepsilon^{\max}$——压缩机最大增压压比。

压头表示压缩机为单位质量天然气增压所提供的能量，如式（4-2-29）所示。

$$\Delta H_{ij,t} = \frac{ZRT}{\chi} \left[\left(\frac{p_{ij,t}^{\text{com,d}}}{p_{ij,t}^{\text{com,s}}} \right)^{\chi} - 1 \right], \quad \forall (i,j) \in A_{\text{cs}}, \quad \forall t \in T \quad (4\text{-}2\text{-}29)$$

式中　$\Delta H_{ij,t}$——压缩机压头，kJ/kg；

　　　χ——天然气膨胀指数。

根据压缩机压头，结合压气站流量可计算出管网压气站耗电功率，如式（4-2-30）所示。

$$W_{ij,t}^{\text{tran}} = \frac{\rho q_{ij,t} \Delta H_{ij,t}}{\eta_{ij}}, \quad \forall (i,j) \in A_{\text{cs}}, \quad \forall t \in T \qquad (4\text{-}2\text{-}30)$$

式中 $W_{ij,t}^{\text{tran}}$——t 时刻压气站 ij 耗电功率，kW；

η_{ij}——压缩机效率。

管网压气站耗电功率应满足最小和最大功率约束，如式（4-2-31）所示。

$$W_{ij,t}^{\min} \leqslant W_{ij,t}^{\text{tran}} \leqslant W_{ij,t}^{\max}, \quad \forall (i,j) \in A_{\text{cs}}, \quad \forall t \in T \qquad (4\text{-}2\text{-}31)$$

压缩机通过所谓的特性图来确定设备的可行工作范围，这是一个非线性有界非凸集。该有界非凸集定义了压缩机转速、流量和压头的可行组合，如式（4-2-32）所示。

$$\{\omega_{ij,t}, q_{ij,t}^{\text{cm}}, \Delta H_{ij,t}\} \in \Theta_{ij}, \quad \forall (i,j) \in A_{\text{cs}}, \quad \forall t \in T \qquad (4\text{-}2\text{-}32)$$

式中 $\omega_{ij,t}$——t 时刻压气站 ij 压缩机转速，r/min；

$q_{ij,t}^{\text{cm}}$——t 时刻压气站 ij 单台压缩机流量，$10^4\text{m}^3/\text{d}$；

Θ_{ij}——压缩机非凸可行域。

（四）储气库地下气藏和注采井约束

储气库是天然气管网系统中重要的调峰设施。储气库主要具有两种运行状态，分别是注气和采气。引入两个二进制变量 $\delta_{u,t}^{\text{inj}}$ 和 $\delta_{u,t}^{\text{wit}}$ 表示储气库运行状态，其中，$\delta_{u,t}^{\text{inj}}=1$ 表示储气库处于注气状态，$\delta_{u,t}^{\text{wit}}=1$ 表示储气库处于采气状态。同一时间内储气库只能存在一种运行状态，该约束如式（4-2-33）所示。

$$\delta_{u,t}^{\text{inj}} + \delta_{u,t}^{\text{wit}} = 1, \quad \forall u \in U, \quad \forall t \in T \qquad (4\text{-}2\text{-}33)$$

式中 $\delta_{u,t}^{\text{inj}}$——$t$ 时刻储气库 u 注气状态二元变量；

$\delta_{u,t}^{\text{wit}}$——$t$ 时刻储气库 u 采气状态二元变量。

储气库注气流量和采气流量应满足最小和最大流量约束，如式（4-2-34）和式（4-2-35）所示。

$$q_u^{\text{inj},\min}\delta_{u,t}^{\text{inj}} \leqslant q_{u,t}^{\text{inj}} \leqslant q_u^{\text{inj},\max}\delta_{u,t}^{\text{inj}}, \quad \forall u \in U, \quad \forall t \in T \qquad (4\text{-}2\text{-}34)$$

$$q_u^{\text{wit},\min}\delta_{u,t}^{\text{wit}} \leqslant q_{u,t}^{\text{wit}} \leqslant q_u^{\text{wit},\max}\delta_{u,t}^{\text{wit}}, \quad \forall u \in U, \quad \forall t \in T \qquad (4\text{-}2\text{-}35)$$

在储气库注采过程中，库存将根据注气流量减少，或根据采气流量增加，如式（4-2-36）所示。

$$G_{u,t} = G_{u,t-1} + dur_t \times (q_{u,t}^{\text{inj}} - q_{u,t}^{\text{wit}}), \quad \forall u \in U, \quad \forall t \in T \qquad (4\text{-}2\text{-}36)$$

式中 $G_{u,t}$——储气库库存，$10^8 \mathrm{m}^3$；

dur_t——周期持续时间，d。

储气库库存应满足最小和最大库存约束，如式（4-2-37）所示。

$$G_u^{\min} \leqslant G_{u,t} \leqslant G_u^{\max}, \ \forall u \in U, \ \forall t \in T \tag{4-2-37}$$

垫底气的功能是维持储气库工作压力，不能随意被采出。因此，储气库的实际储气量应等于库存减去垫底气量，如式（4-38）所示。

$$G_{u,t}^{\mathrm{storage}} = G_{u,t} - G_u^{\mathrm{base}}, \ \forall u \in U, \ \forall t \in T \tag{4-2-38}$$

储气库注采气流量较大，通常含有多口注采井。因此，储气库总注气流量/采气流量等于开井数和单井注气流量/单井采气流量的乘积，如式（4-2-39）和式（4-2-40）所示。

$$q_{u,t}^{\mathrm{inj}} = n_{u,t} w_{u,t}^{\mathrm{inj}}, \ \forall u \in U, \ \forall t \in T \tag{4-2-39}$$

$$q_{u,t}^{\mathrm{wit}} = n_{u,t} w_{u,t}^{\mathrm{wit}}, \ \forall u \in U, \ \forall t \in T \tag{4-2-40}$$

式中 $n_{u,t}$——储气库开井数；

$w_{u,t}^{\mathrm{inj}}$——t 时刻储气库 u 单井注气流量，$10^4 \mathrm{m}^3/\mathrm{d}$；

$w_{u,t}^{\mathrm{wit}}$——t 时刻储气库 u 单井采气流量，$10^4 \mathrm{m}^3/\mathrm{d}$。

储气库开井数量应满足最小和最大开井数量约束，如式（4-2-41）所示。

$$n_u^{\min} \leqslant n_{u,t} \leqslant n_u^{\max}, \ \forall u \in U, \ \forall t \in T \tag{4-2-41}$$

单井注气流量或采气流量应满足最小和最大流量约束，如式（4-2-42）和式（4-2-43）所示。

$$w_u^{\mathrm{inj,min}} \delta_{u,t}^{\mathrm{inj}} \leqslant w_{u,t}^{\mathrm{inj}} \leqslant w_u^{\mathrm{inj,max}} \delta_{u,t}^{\mathrm{inj}}, \ \forall u \in U, \ \forall t \in T \tag{4-2-42}$$

$$w_u^{\mathrm{wit,min}} \delta_{u,t}^{\mathrm{wit}} \leqslant w_{u,t}^{\mathrm{wit}} \leqslant w_u^{\mathrm{wit,max}} \delta_{u,t}^{\mathrm{wit}}, \ \forall u \in U, \ \forall t \in T \tag{4-2-43}$$

随着库存的增加或减少，储气库压力将上升或下降。通过物质平衡方程可建立库存和气藏压力间的关系，以确定各时期的气藏压力，如式（4-2-44）所示。

$$\frac{p_{u,t}^{\mathrm{re}}}{Z} = \frac{p_u^{\mathrm{re,max}}}{Z^{\max} G_u^{\max}} G_{u,t}, \ \forall u \in U, \ \forall t \in T \tag{4-2-44}$$

式中 $p_{u,t}^{\mathrm{re}}$——t 时刻储气库 u 气藏压力，MPa；

天然气从井底向地层流动过程中，需以渗流方式克服地层阻力。基于气藏稳定渗流方程，可根据注采井流量，确定井底压力和气藏压力之间的压力变化。考虑到储气库具有注采双向流程，在传统气藏稳定渗流方程中引入储气库注采状态变量 $\delta_{u,t}^{\text{inj}}$ 和 $\delta_{u,t}^{\text{wit}}$，以表示储气库流向变化。改进后的气藏稳定渗流方程如式（4-2-45）至式（4-2-48）所示。

$$\left(p_{u,t}^{\text{wf}}\right)^2 - \left(p_{u,t}^{\text{re}}\right)^2 \leqslant a_u^{\text{re}} w_{u,t}^{\text{inj}} + b_u^{\text{re}} \left(w_{u,t}^{\text{inj}}\right)^2 + \left(1 - \delta_{u,t}^{\text{inj}}\right) M, \ \forall u \in U, \ \forall t \in T \quad (4\text{-}2\text{-}45)$$

$$\left(p_{u,t}^{\text{wf}}\right)^2 - \left(p_{u,t}^{\text{re}}\right)^2 \geqslant a_u^{\text{re}} w_{u,t}^{\text{inj}} + b_u^{\text{re}} \left(w_{u,t}^{\text{inj}}\right)^2 - \left(1 - \delta_{u,t}^{\text{inj}}\right) M, \ \forall u \in U, \ \forall t \in T \quad (4\text{-}2\text{-}46)$$

$$\left(p_{u,t}^{\text{re}}\right)^2 - \left(p_{u,t}^{\text{wf}}\right)^2 \leqslant a_u^{\text{re}} w_{u,t}^{\text{wit}} + b_u^{\text{re}} \left(w_{u,t}^{\text{wit}}\right)^2 + \left(1 - \delta_{u,t}^{\text{wit}}\right) M, \ \forall u \in U, \ \forall t \in T \quad (4\text{-}2\text{-}47)$$

$$\left(p_{u,t}^{\text{re}}\right)^2 - \left(p_{u,t}^{\text{wf}}\right)^2 \geqslant a_u^{\text{re}} w_{u,t}^{\text{wit}} + b_u^{\text{re}} \left(w_{u,t}^{\text{wit}}\right)^2 - \left(1 - \delta_{u,t}^{\text{wit}}\right) M, \ \forall u \in U, \ \forall t \in T \quad (4\text{-}2\text{-}48)$$

式中 $p_{u,t}^{\text{wf}}$——t 时刻储气库 u 井底压力，MPa；

a_u^{re}——气藏层流系数，MPa/（10^4m^3/d）；

b_u^{re}——气藏紊流系数，MPa^2/（10^4m^3/d）^{2}。

天然气从井口向井底流动过程中，需克服注采井摩擦阻力。基于注采井垂直流动方程，可根据注采井流量，确定井口压力和井底压力之间的压力变化。与气藏渗流方程相似，改进后的注采井垂直流动方程如式（4-2-49）至式（4-2-52）所示。

$$\left(p_{u,t}^{\text{wh}}\right)^2 e^{2su} - \left(p_{u,t}^{\text{wf}}\right)^2 \leqslant R_{u,t}^{\text{well}} \left(w_{u,t}^{\text{inj}}\right)^2 + \left(1 - \delta_{u,t}^{\text{inj}}\right) M, \ \forall u \in U, \ \forall t \in T \quad (4\text{-}2\text{-}49)$$

$$\left(p_{u,t}^{\text{wh}}\right)^2 e^{2su} - \left(p_{u,t}^{\text{wf}}\right)^2 \geqslant R_{u,t}^{\text{well}} \left(w_{u,t}^{\text{inj}}\right)^2 - \left(1 - \delta_{u,t}^{\text{inj}}\right) M, \ \forall u \in U, \ \forall t \in T \quad (4\text{-}2\text{-}50)$$

$$\left(p_{u,t}^{\text{wf}}\right)^2 - \left(p_{u,t}^{\text{wh}}\right)^2 e^{2su} \leqslant R_{u,t}^{\text{well}} \left(w_{u,t}^{\text{wit}}\right)^2 + \left(1 - \delta_{u,t}^{\text{wit}}\right) M, \ \forall u \in U, \ \forall t \in T \quad (4\text{-}2\text{-}51)$$

$$\left(p_{u,t}^{\text{wf}}\right)^2 - \left(p_{u,t}^{\text{wh}}\right)^2 e^{2su} \geqslant R_{u,t}^{\text{well}} \left(w_{u,t}^{\text{wit}}\right)^2 - \left(1 - \delta_{u,t}^{\text{wit}}\right) M, \ \forall u \in U, \ \forall t \in T \quad (4\text{-}2\text{-}52)$$

式中 $p_{u,t}^{\text{wh}}$——t 时刻储气库 u 井口压力，MPa；

$R_{u,t}^{\text{well}}$——注采井流动阻力系数，（10^4m^3/d）^{2}·MPa^2。

（五）储气库压缩机和膨胀机约束

储气库压缩机主要用于注气期为天然气增压，以实现天然气从井口向地下的顺利输送。压缩机运行状态变量约束如式（4-2-53）和式（4-2-54）所示。

$$\beta_{u,t}^{\text{group}} + \beta_{u,t}^{\text{bypass}} = \beta_{u,t}^{\text{station}}, \ \forall u \in U, \ \forall t \in T \quad (4\text{-}2\text{-}53)$$

$$\beta_{u,t}^{\text{group}} + \beta_{u,t}^{\text{bypass}} \leqslant 1, \ \forall u \in U, \ \forall t \in T \qquad (4\text{-}2\text{-}54)$$

式中 $\beta_{u,t}^{\text{group}}$——$t$ 时刻储气库 u 压缩机组开关状态二元变量；

$\beta_{u,t}^{\text{bypass}}$——$t$ 时刻储气库 u 旁通阀开关状态二元变量；

$\beta_{u,t}^{\text{station}}$——$t$ 时刻储气库 u 压缩机开关状态二元变量。

注气期，压缩机上游压力为连接管道压力，下游压力为井口压力。当天然气通过压缩机旁通阀流动时，压缩机上下游压力相等，如式（4-2-55）和式（4-2-56）所示。

$$p_{u,t}^{\text{wh}} \leqslant p_{u,t}^{\text{pipe}} + \left(1 - \beta_{u,t}^{\text{bypass}}\right) M, \ \forall u \in U, \ \forall t \in T \qquad (4\text{-}2\text{-}55)$$

$$p_{u,t}^{\text{wh}} \geqslant p_{u,t}^{\text{pipe}} - \left(1 - \beta_{u,t}^{\text{bypass}}\right) M, \ \forall u \in U, \ \forall t \in T \qquad (4\text{-}2\text{-}56)$$

式中 $p_{u,t}^{\text{pipe}}$——t 时刻储气库 u 连接管道压力，MPa；

$p_{u,t}^{\text{wh}}$——t 时刻储气库 u 井口压力，MPa。

当天然气通过压缩机组增压时，上游压力与压缩机进气压力关联，下游压力与压缩机排气压力关联，如式（4-2-57）至式（4-2-60）所示。

$$p_{u,t}^{\text{pipe}} \leqslant p_{u,t}^{\text{com,s}} + \left(1 - \beta_{u,t}^{\text{group}}\right) M, \ \forall u \in U, \ \forall t \in T \qquad (4\text{-}2\text{-}57)$$

$$p_{u,t}^{\text{pipe}} \geqslant p_{u,t}^{\text{com,s}} - \left(1 - \beta_{u,t}^{\text{group}}\right) M, \ \forall u \in U, \ \forall t \in T \qquad (4\text{-}2\text{-}58)$$

$$p_{u,t}^{\text{wh}} \leqslant p_{u,t}^{\text{com,d}} + \left(1 - \beta_{u,t}^{\text{group}}\right) M, \ \forall u \in U, \ \forall t \in T \qquad (4\text{-}2\text{-}59)$$

$$p_{u,t}^{\text{wh}} \geqslant p_{u,t}^{\text{com,d}} - \left(1 - \beta_{u,t}^{\text{group}}\right) M, \ \forall u \in U, \ \forall t \in T \qquad (4\text{-}2\text{-}60)$$

式中 $p_{u,t}^{\text{com,s}}$——t 时刻储气库 u 压缩机进气压力，MPa；

$p_{u,t}^{\text{com,d}}$——t 时刻储气库 u 压缩机排气压力，MPa。

压缩机进气和排气压力应满足压缩机最大和最小压比约束，如式（4-2-61）和式（4-2-62）所示。

$$p_{u,t}^{\text{com,d}} \leqslant \Delta\varepsilon^{\max} p_{u,t}^{\text{com,s}}, \ \forall u \in U, \ \forall t \in T \qquad (4\text{-}2\text{-}61)$$

$$p_{u,t}^{\text{com,d}} \geqslant \Delta\varepsilon^{\min} p_{u,t}^{\text{com,s}}, \ \forall u \in U, \ \forall t \in T \qquad (4\text{-}2\text{-}62)$$

式中 $\Delta\varepsilon^{\min}$——压缩机最小增压压比；

$\Delta\varepsilon^{\max}$——压缩机最大增压压比。

根据压缩机进气和排气压力可计算压缩机压头，如式（4-2-63）所示。

$$\Delta H_{u,t} = \frac{ZRT}{m}\left[\left(\frac{p_{u,t}^{\mathrm{com,d}}}{p_{u,t}^{\mathrm{com,s}}}\right)^x - 1\right], \ \forall u \in U, \ \forall t \in T \qquad (4\text{-}2\text{-}63)$$

式中　$\Delta H_{u,t}$——储气库 u 压缩机压头，kJ/kg。

根据储气库注气流量和压缩机压头可计算压缩机耗电功率，如式（4-2-64）所示。

$$W_{u,t}^{\mathrm{inj}} = \frac{\rho q_{u,t}^{\mathrm{inj}} \Delta H_{u,t}}{\eta_u^{\mathrm{com}}}, \ \forall u \in U, \ \forall t \in T \qquad (4\text{-}2\text{-}64)$$

式中　$W_{u,t}^{\mathrm{inj}}$——t 时刻储气库 u 压缩机耗电功率，kW。

储气库压缩机耗电功率应满足最小和最大功率约束，如式（4-2-65）所示。

$$W_{u,t}^{\mathrm{inj,min}} \leqslant W_{u,t}^{\mathrm{inj}} \leqslant W_{u,t}^{\mathrm{inj,max}}, \ \forall u \in U, \ \forall t \in T \qquad (4\text{-}2\text{-}65)$$

压缩机通过所谓的特性图来确定设备的可行工作范围，这是一个非线性有界非凸集。该有界非凸集定义了压缩机转速、流量和压头的可行组合，如式（4-2-66）所示。

$$\{\omega_{u,t}, q_{u,t}^{\mathrm{cm}}, \Delta H_{u,t}\} \in \Theta_u, \ \forall u \in U, \ \forall t \in T \qquad (4\text{-}2\text{-}66)$$

式中　$\omega_{u,t}$——t 时刻储气库 u 压缩机转速，r/min；

　　　$q_{u,t}^{\mathrm{cm}}$——t 时刻储气库 u 单台压缩机流量，$10^4\mathrm{m}^3/\mathrm{d}$；

　　　Θ_u——压缩机非凸可行域。

储气库膨胀机主要用于采气期，利用井口压力和连接管道压力之间的压力差进行发电，以充分利用天然气自身压力能。膨胀机运行状态变量约束如式（4-2-67）和式（4-2-68）所示。

$$\gamma_{u,t}^{\mathrm{group}} + \gamma_{u,t}^{\mathrm{bypass}} = \gamma_{u,t}^{\mathrm{station}}, \ \forall u \in U, \ \forall t \in T \qquad (4\text{-}2\text{-}67)$$

$$\gamma_{u,t}^{\mathrm{group}} + \gamma_{u,t}^{\mathrm{bypass}} \leqslant 1, \ \forall u \in U, \ \forall t \in T \qquad (4\text{-}2\text{-}68)$$

式中　$\gamma_{u,t}^{\mathrm{group}}$——$t$ 时刻储气库 u 膨胀机组开关状态二元变量；

　　　$\gamma_{u,t}^{\mathrm{bypass}}$——$t$ 时刻储气库 u 旁通阀开关状态二元变量；

　　　$\gamma_{u,t}^{\mathrm{station}}$——$t$ 时刻储气库 u 膨胀机开关状态二元变量。

与注气过程相反，采气期，高压天然气通过井口进入膨胀机降压后，进入连接管道输送至下游用户。因此，膨胀机的上游压力为井口压力，下游压力为连接管道压力。当天然气通过膨胀机旁通阀流动时，膨胀机上下游压力相等，如式（4-2-69）和式（4-2-70）所示。

$$p_{u,t}^{\text{pipe}} \leq p_{u,t}^{\text{wh}} + \left(1 - \gamma_{u,t}^{\text{bypass}}\right)M, \quad \forall u \in U, \quad \forall t \in T \tag{4-2-69}$$

$$p_{u,t}^{\text{pipe}} \geq p_{u,t}^{\text{wh}} - \left(1 - \gamma_{u,t}^{\text{bypass}}\right)M, \quad \forall u \in U, \quad \forall t \in T \tag{4-2-70}$$

当天然气通过膨胀机降压时，上游压力与膨胀机进气压力关联，下游压力与膨胀机排气压力关联，如式（4-2-71）至式（4-2-74）所示。

$$p_{u,t}^{\text{wh}} \leq p_{u,t}^{\exp,s} + \left(1 - \gamma_{u,t}^{\text{group}}\right)M, \quad \forall u \in U, \quad \forall t \in T \tag{4-2-71}$$

$$p_{u,t}^{\text{wh}} \geq p_{u,t}^{\exp,s} - \left(1 - \gamma_{u,t}^{\text{group}}\right)M, \quad \forall u \in U, \quad \forall t \in T \tag{4-2-72}$$

$$p_{u,t}^{\text{pipe}} \leq p_{u,t}^{\exp,d} + \left(1 - \gamma_{u,t}^{\text{group}}\right)M, \quad \forall u \in U, \quad \forall t \in T \tag{4-2-73}$$

$$p_{u,t}^{\text{pipe}} \geq p_{u,t}^{\exp,d} - \left(1 - \gamma_{u,t}^{\text{group}}\right)M, \quad \forall u \in U, \quad \forall t \in T \tag{4-2-74}$$

式中　$p_{u,t}^{\exp,s}$——t 时刻储气库 u 膨胀机进气压力，MPa；

$p_{u,t}^{\exp,d}$——t 时刻储气库 u 膨胀机排气压力，MPa。

膨胀机进气和排气压力应符合最小和最大降压压比限制，如式（4-2-75）和式（4-2-76）所示。

$$p_{u,t}^{\exp,d} \geq \nabla \varepsilon^{\min} p_{u,t}^{\exp,s}, \quad \forall u \in U, \quad \forall t \in T \tag{4-2-75}$$

$$p_{u,t}^{\exp,d} \leq \nabla \varepsilon^{\max} p_{u,t}^{\exp,s}, \quad \forall u \in U, \quad \forall t \in T \tag{4-2-76}$$

式中　$\nabla \varepsilon^{\min}$——膨胀机最小降压压比；

$\nabla \varepsilon^{\max}$——膨胀机最大降压压比。

焓降表示对单位质量天然气膨胀所产生的能量。根据进气和排气压力可计算膨胀机焓降，如式（4-2-77）所示。

$$\nabla H_{u,t} = c_p T \left[1 - \left(\frac{p_{u,t}^{\exp,d}}{p_{u,t}^{\exp,s}}\right)^x \right], \quad \forall u \in U, \quad \forall t \in T \tag{4-2-77}$$

式中　$\nabla H_{u,t}$——膨胀机焓降，kJ/kg；

c_p——气体质量定压热容，kJ/(kg·K)。

在计算出膨胀机焓降之后，结合储气库采气流量便可确定膨胀机发电功率，如式（4-2-78）所示。

$$W_{u,t}^{\text{wit}} = \rho q_{u,t}^{\text{wit}} \nabla H_{u,t} \eta_u^{\exp}, \quad \forall u \in U, \quad \forall t \in T \tag{4-2-78}$$

式中　$W_{u,t}^{\text{wit}}$——膨胀机发电功率，MPa；

$\eta_u^{\exp}$——膨胀机效率，MPa。

储气库膨胀机发电功率应符合设备规格要求，即满足最小和最大功率约束，如式（4-2-79）所示。

$$W_{u,t}^{\text{wit, min}} \leq W_{u,t}^{\text{wit}} \leq W_{u,t}^{\text{wit, max}}, \quad \forall u \in U, \ \forall t \in T \qquad (4\text{-}2\text{-}79)$$

第三节　优化框架与求解方法

一、数学模型分析

构建的耦合储气库注采特性的天然气管网调峰优化模型如式（4-3-1）所示，该模型以管网系统运行经济环境成本最小化为目标，包括管道运输成本、储气库储存成本、储气库注采成本、碳排放成本和缺气惩罚成本。约束条件涉及节点流量和压力约束、管道水力和流向约束、管网压气站约束、储气库地下气藏和注采井约束、储气库压缩机和膨胀机约束。考虑到模型中包含的大量非线性约束和离散变量，该模型属于一个复杂的 MINLP 模型。与上一章的天然气管网调度优化模型相比，该模型增加了储气库地下气藏和注采井水力特性，以及储气库压缩机和膨胀机压力调节功能特性，这使得该模型具有更加复杂的求解难度。因此，本节将采用基于松弛处理的分级求解和整体求解优化框架对该复杂问题进行优化求解。

$$\min f = f_{\text{tran}} + f_{\text{storage}} + f_{\text{injwit}} + f_{\text{carb}} + f_{\text{pena}} \qquad (4\text{-}3\text{-}1)$$

式（4-3-1）约束条件：节点流量和压力约束为式（4-2-7）至式（4-2-10）；管道水力和流向约束为式（4-2-11）至式（4-2-18）；管网压缩机站约束为式（4-2-19）至式（4-2-32）；储气库地下气藏和注采井约束为式（4-2-33）至式（4-2-52）；储气库地上压缩机站和膨胀机站约束为式（4-2-53）至式（4-2-79）。

二、优化框架

耦合储气库注采特性的天然气管网调峰优化框架如图 4-3-1 所示。该优化框架的主要步骤包括：管网拓扑结构描述、数据输入、模型构建、松弛处理和求解以及结果分析。相较于上一章未考虑储气库的管网调度优化模型，储气库的融入为模型新增了大量整数变量和非线性约束，极大提高了模型的松弛处理和求解难度。面对数学模型庞大的变量和约束规模，在线性化和凸松弛的基础上，分别采用分级求解和整体求解两种方法进行模型的耦合求解。根据优化模型的求解结果，生成天然气管网调峰方案和储气库注采方案。

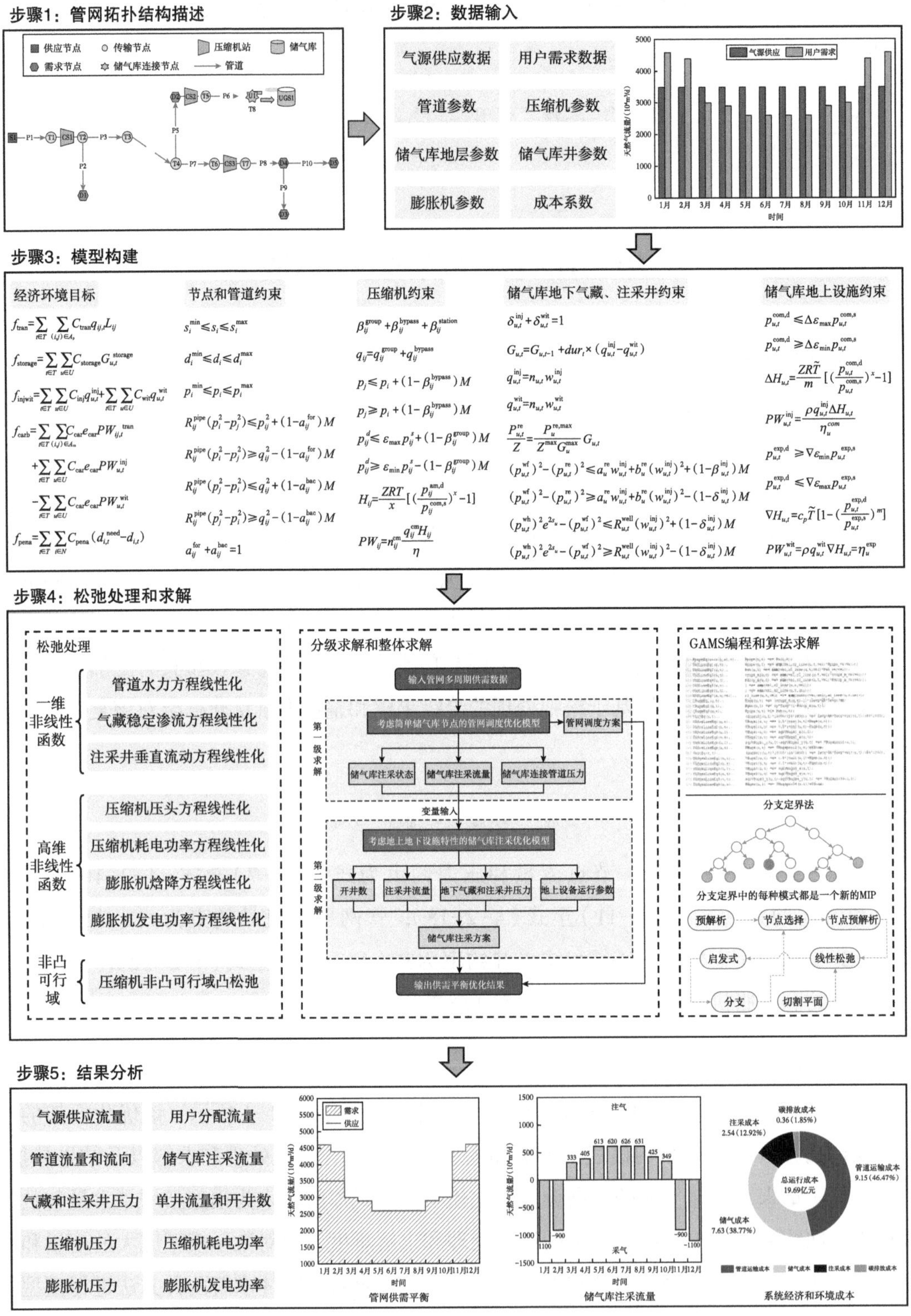

图 4-3-1 天然气管网调峰和碳排放优化框架

三、松弛处理

（一）一维非线性函数线性化处理

与上一章的考虑流量分配的天然气管网调度优化模型相比，本模型新增的一维非线性函数约束主要包括气藏稳定渗流方程和注采井垂直流动方程，此处重点论述这两个一维非线性函数的线性化处理方法。

1. 气藏稳定渗流方程

针对气藏稳定渗流方程，引入新变量替换原始方程中的非线性井底压力平方、气藏压力平方项和单井流量平方项，使原始方程转化为线性方程，如式（4-3-2）至式（4-3-5）所示。同时，产生一组新的需要线性化的一维非线性函数，如式（4-3-6）至式（4-3-9）所示。

$$\psi_{u,t}^{\mathrm{wf}} - \psi_{u,t}^{\mathrm{re}} \leqslant a_u^{\mathrm{re}} w_{u,t}^{\mathrm{inj}} + b_u^{\mathrm{re}} \vartheta_{u,t}^{\mathrm{inj}} + \left(1 - \delta_{u,t}^{\mathrm{inj}}\right) M \quad (4\text{-}3\text{-}2)$$

$$\psi_{u,t}^{\mathrm{wf}} - \psi_{u,t}^{\mathrm{re}} \geqslant a_u^{\mathrm{re}} w_{u,t}^{\mathrm{inj}} + b_u^{\mathrm{re}} \vartheta_{u,t}^{\mathrm{inj}} - \left(1 - \delta_{u,t}^{\mathrm{inj}}\right) M \quad (4\text{-}3\text{-}3)$$

$$\psi_{u,t}^{\mathrm{re}} - \psi_{u,t}^{\mathrm{wf}} \leqslant a_u^{\mathrm{re}} w_{u,t}^{\mathrm{wit}} + b_u^{\mathrm{re}} \vartheta_{u,t}^{\mathrm{wit}} + \left(1 - \delta_{u,t}^{\mathrm{wit}}\right) M \quad (4\text{-}3\text{-}4)$$

$$\psi_{u,t}^{\mathrm{re}} - \psi_{u,t}^{\mathrm{wf}} \geqslant a_u^{\mathrm{re}} w_{u,t}^{\mathrm{wit}} + b_u^{\mathrm{re}} \vartheta_{u,t}^{\mathrm{wit}} - \left(1 - \delta_{u,t}^{\mathrm{wit}}\right) M \quad (4\text{-}3\text{-}5)$$

$$\psi_{u,t}^{\mathrm{wf}} = \left(p_{u,t}^{\mathrm{wf}}\right)^2 \quad (4\text{-}3\text{-}6)$$

$$\psi_{u,t}^{\mathrm{re}} = \left(p_{u,t}^{\mathrm{re}}\right)^2 \quad (4\text{-}3\text{-}7)$$

$$\vartheta_{u,t}^{\mathrm{inj}} = \left(w_{u,t}^{\mathrm{inj}}\right)^2 \quad (4\text{-}3\text{-}8)$$

$$\vartheta_{u,t}^{\mathrm{wit}} = \left(w_{u,t}^{\mathrm{wit}}\right)^2 \quad (4\text{-}3\text{-}9)$$

式中　$\psi_{u,t}^{\mathrm{wf}}$——井底压力平方项，MPa^2；

$\psi_{u,t}^{\mathrm{re}}$——气藏压力平方项，MPa^2；

$\vartheta_{u,t}^{\mathrm{inj}}$——$t$ 时刻储气库 u 单井注气流量平方项，$(10^4\mathrm{m}^3/\mathrm{d})^2$；

$\vartheta_{u,t}^{\mathrm{wit}}$——$t$ 时刻储气库 u 单井采气流量平方项，$(10^4\mathrm{m}^3/\mathrm{d})^2$。

针对变量替换后产生的井底压力平方、气藏压力平方和单井流量平方一维非线性函数，通过构建分段线性函数，并采用凸组合法计算各平方项近似值，实现非线性函数的分段线性近似。最终，线性化处理后的气藏稳定渗流方程如式（4-3-10）至式（4-3-13）所示。

$$\tilde{\psi}_{u,t}^{\mathrm{wf}} - \tilde{\psi}_{u,t}^{\mathrm{re}} \leqslant a_u^{\mathrm{re}} w_{u,t}^{\mathrm{inj}} + b_u^{\mathrm{re}} \tilde{\vartheta}_{u,t}^{\mathrm{inj}} + \left(1 - \delta_{u,t}^{\mathrm{inj}}\right) M \quad (4\text{-}3\text{-}10)$$

$$\tilde{\psi}_{u,t}^{\mathrm{wf}} - \tilde{\psi}_{u,t}^{\mathrm{re}} \geqslant a_u^{\mathrm{re}} w_{u,t}^{\mathrm{inj}} + b_u^{\mathrm{re}} \tilde{g}_{u,t}^{\mathrm{inj}} - \left(1 - \delta_{u,t}^{\mathrm{inj}}\right) M \qquad (4-3-11)$$

$$\tilde{\psi}_{u,t}^{\mathrm{re}} - \tilde{\psi}_{u,t}^{\mathrm{wf}} \leqslant a_u^{\mathrm{re}} w_{u,t}^{\mathrm{wit}} + b_u^{\mathrm{re}} \tilde{g}_{u,t}^{\mathrm{wit}} + \left(1 - \delta_{u,t}^{\mathrm{wit}}\right) M \qquad (4-3-12)$$

$$\tilde{\psi}_{u,t}^{\mathrm{re}} - \tilde{\psi}_{u,t}^{\mathrm{wf}} \geqslant a_u^{\mathrm{re}} w_{u,t}^{\mathrm{wit}} + b_u^{\mathrm{re}} \tilde{g}_{u,t}^{\mathrm{wit}} - \left(1 - \delta_{u,t}^{\mathrm{wit}}\right) M \qquad (4-3-13)$$

式中　　$\tilde{\psi}_{u,t}^{\mathrm{wf}}$ ——井底压力平方项线性化近似值，MPa^2；

$\tilde{\psi}_{u,t}^{\mathrm{re}}$ ——气藏压力平方项线性化近似值，MPa^2；

$\tilde{g}_{u,t}^{\mathrm{inj}}$ ——t 时刻储气库 u 单井注气流量平方项线性化近似值，$(10^4\mathrm{m}^3/\mathrm{d})^2$；

$\tilde{g}_{u,t}^{\mathrm{wit}}$ ——t 时刻储气库 u 单井采气流量平方项线性化近似值，$(10^4\mathrm{m}^3/\mathrm{d})^2$。

2. 注采井垂直流动方程

针对注采井垂直流动方程，引入新变量替换原始方程中的非线性井口压力平方、井底压力平方项和单井流量平方项，使原始方程转化为线性方程，如式（4-3-14）至式（4-3-17）所示。同时，产生一组新的需要线性化的一维非线性函数，如式（4-3-18）至式（4-3-21）所示。

$$\psi_{u,t}^{\mathrm{wh}} \mathrm{e}^{2su} - \psi_{u,t}^{\mathrm{wf}} \leqslant R_{u,t}^{\mathrm{well}} g_{u,t}^{\mathrm{inj}} + \left(1 - \delta_{u,t}^{\mathrm{inj}}\right) M \qquad (4-3-14)$$

$$\psi_{u,t}^{\mathrm{wh}} \mathrm{e}^{2su} - \psi_{u,t}^{\mathrm{wf}} \geqslant R_{u,t}^{\mathrm{well}} g_{u,t}^{\mathrm{inj}} - \left(1 - \delta_{u,t}^{\mathrm{inj}}\right) M \qquad (4-3-15)$$

$$\psi_{u,t}^{\mathrm{wh}} \mathrm{e}^{2su} - \psi_{u,t}^{\mathrm{wf}} \leqslant R_{u,t}^{\mathrm{well}} g_{u,t}^{\mathrm{inj}} + \left(1 - \delta_{u,t}^{\mathrm{wit}}\right) M \qquad (4-3-16)$$

$$\psi_{u,t}^{\mathrm{wh}} \mathrm{e}^{2su} - \psi_{u,t}^{\mathrm{wf}} \geqslant R_{u,t}^{\mathrm{well}} g_{u,t}^{\mathrm{inj}} - \left(1 - \delta_{u,t}^{\mathrm{wit}}\right) M \qquad (4-3-17)$$

$$\psi_{u,t}^{\mathrm{wh}} = \left(p_{u,t}^{\mathrm{wh}}\right)^2 \qquad (4-3-18)$$

$$\psi_{u,t}^{\mathrm{wf}} = \left(p_{u,t}^{\mathrm{wf}}\right)^2 \qquad (4-3-19)$$

$$g_{u,t}^{\mathrm{inj}} = \left(w_{u,t}^{\mathrm{inj}}\right)^2 \qquad (4-3-20)$$

$$g_{u,t}^{\mathrm{wit}} = \left(w_{u,t}^{\mathrm{wit}}\right)^2 \qquad (4-3-21)$$

式中　　$\psi_{u,t}^{\mathrm{wh}}$ ——井口压力平方项，MPa^2；

$\psi_{u,t}^{\mathrm{wf}}$ ——井底压力平方项，MPa^2；

$g_{u,t}^{\mathrm{inj}}$ ——t 时刻储气库 u 单井注气流量平方项，$(10^4\mathrm{m}^3/\mathrm{d})^2$；

$g_{u,t}^{\mathrm{wit}}$ ——t 时刻储气库 u 单井采气流量平方项，$(10^4\mathrm{m}^3/\mathrm{d})^2$。

针对变量替换后产生的井口压力平方、井底压力平方和单井流量平方一维非线性函数，通过构建分段线性函数，并采用凸组合法计算各平方项近似值，实现性函数的分段线性近似。最终，线性化处理后的注采井垂直流动方程如式（4-3-22）至式（4-3-25）所示。

$$\tilde{\psi}_{u,t}^{\mathrm{wh}} \mathrm{e}^{2su} - \tilde{\psi}_{u,t}^{\mathrm{wf}} \leqslant R_{u,t}^{\mathrm{well}} \tilde{\vartheta}_{u,t}^{\mathrm{inj}} + \left(1 - \delta_{u,t}^{\mathrm{inj}}\right) M \qquad (4\text{-}3\text{-}22)$$

$$\tilde{\psi}_{u,t}^{\mathrm{wh}} \mathrm{e}^{2su} - \tilde{\psi}_{u,t}^{\mathrm{wf}} \geqslant R_{u,t}^{\mathrm{well}} \tilde{\vartheta}_{u,t}^{\mathrm{inj}} - \left(1 - \delta_{u,t}^{\mathrm{inj}}\right) M \qquad (4\text{-}3\text{-}23)$$

$$\tilde{\psi}_{u,t}^{\mathrm{wf}} - \tilde{\psi}_{u,t}^{\mathrm{wh}} \mathrm{e}^{2su} \leqslant R_{u,t}^{\mathrm{well}} \tilde{\vartheta}_{u,t}^{\mathrm{inj}} + \left(1 - \delta_{u,t}^{\mathrm{wit}}\right) M \qquad (4\text{-}3\text{-}24)$$

$$\tilde{\psi}_{u,t}^{\mathrm{wf}} - \tilde{\psi}_{u,t}^{\mathrm{wh}} \mathrm{e}^{2su} \geqslant R_{u,t}^{\mathrm{well}} \tilde{\vartheta}_{u,t}^{\mathrm{inj}} - \left(1 - \delta_{u,t}^{\mathrm{wit}}\right) M \qquad (4\text{-}3\text{-}25)$$

式中　$\tilde{\psi}_{u,t}^{\mathrm{wh}}$——井口压力平方项线性化近似值，MPa²；

$\tilde{\psi}_{u,t}^{\mathrm{wf}}$——井底压力平方项线性化近似值，MPa²；

$\tilde{\vartheta}_{u,t}^{\mathrm{inj}}$——$t$ 时刻储气库 u 单井注气流量平方项线性化近似值，$(10^4\mathrm{m}^3/\mathrm{d})^2$；

$\tilde{\vartheta}_{u,t}^{\mathrm{wit}}$——$t$ 时刻储气库 u 单井采气流量平方项线性化近似值，$(10^4\mathrm{m}^3/\mathrm{d})^2$。

（二）高维非线性函数线性化处理

模型由于考虑了储气库采气过程中膨胀机的压力调节，因此，新增了膨胀机焓降方程和膨胀机发电功率方程两个高维非线性函数约束，此处重点论述这两个高维非线性函数的线性化处理方法。

1. 膨胀机焓降方程

针对储气库膨胀机焓降方程，引入新变量替代原始方程中的非线性排气和进气压力除商 χ 次方项，使原始方程转化为线性方程，如式（4-3-26）所示。同时，产生一个新的高维非线性函数，如式（4-3-27）所示。

$$\nabla H_{u,t} = c_p T [1 - \mathrm{i}_{u,t}] \qquad (4\text{-}3\text{-}26)$$

$$\mathrm{i}_{u,t} = \left(\frac{p_{u,t}^{\mathrm{exp,d}}}{p_{u,t}^{\mathrm{exp,s}}}\right)^{\chi} \qquad (4\text{-}3\text{-}27)$$

式中　$\mathrm{i}_{u,t}$——膨胀机排气和进气压力除商 χ 次方项。

针对变量替换后产生的排气和进气压力除商 χ 次方的高维非线性函数，通过构建空间单元平面函数，并采用扩展凸组合法计算除商项近似值，实现高维非线性函数的空间网格线性近似。最终，线性化处理后的膨胀机焓降方程如式（4-3-28）所示。

$$\nabla H_{u,t} = c_p T [1 - \tilde{\mathrm{i}}_{u,t}] \qquad (4\text{-}3\text{-}28)$$

式中　$i_{u,t}$——膨胀机排气和进气压力除商 χ 次方项线性化近似值。

2. 膨胀机发电功率方程

针对储气库膨胀机发电功率方程，引入新变量替代原始方程中的非线性流量和焓降乘积项，使原始方程转化为线性方程，如式（4-3-29）所示。同时，产生一个新的高维非线性函数，如式（4-3-30）所示。

$$W_{u,t}^{\text{wit}} = \rho \zeta_{u,t} \eta_u^{\exp} \qquad (4\text{-}3\text{-}29)$$

$$\zeta_{u,t} = q_{u,t}^{\text{wit}} \nabla H_{u,t} \qquad (4\text{-}3\text{-}30)$$

式中　$\zeta_{u,t}$——t 时刻储气库 u 膨胀机流量和焓降乘积项，kJ·m³/（kg·s）。

针对变量替换后产生的膨胀机流量和焓降乘积的高维非线性函数，通过构建空间单元平面函数，并采用扩展凸组合法计算乘积项近似值，实现高维非线性函数的空间网格线性近似。最终，线性化处理后的膨胀机发电功率方程如式（4-3-31）所示。

$$W_{u,t}^{\text{wit}} = \rho \tilde{\zeta}_{u,t} \eta_u^{\exp} \qquad (4\text{-}3\text{-}31)$$

式中　$\tilde{\zeta}_{u,t}$——膨胀机流量和焓降乘积项线性化近似值，kJ·m³/（kg·s）。

四、分级和整体求解方法

耦合储气库注采特性的天然气管网调峰优化问题的求解需要在决策管网调度方案的过程中考虑储气库注采方案的制定，以实现储气库调峰。因此，整个问题的求解需要实现管网调度优化模型和储气库注采优化模型的有效融合。为此，本节提出分级求解和整体求解两种方法进行模型的优化求解。

（一）分级求解

考虑到耦合储气库注采特性的天然气管网调峰优化模型极高的求解复杂度，分级求解方法的核心思路便是对数学模型进行拆解，通过依次独立求解管网调度优化模型和储气库注采优化模型，并利用两个模型之间的关联变量传递实现模型耦合，最终获得系统最优运行方案，分级求解的具体流程如图4-3-2所示。

第一级求解将储气库简化为一个具有天然气流入和流出的管网节点，结合储气库注采流量边界和储气量边界，形成考虑简单储气库节点的管网调度优化模型。输入管网多周期气源供应和用户需求数据，通过求解数学模型以获得管网调度方案，以及储气库注采状态变量、注采流量变量和连接管道压力变量。将上述储气库变量固定，并作为模型之间关联变量输入下一级模型。

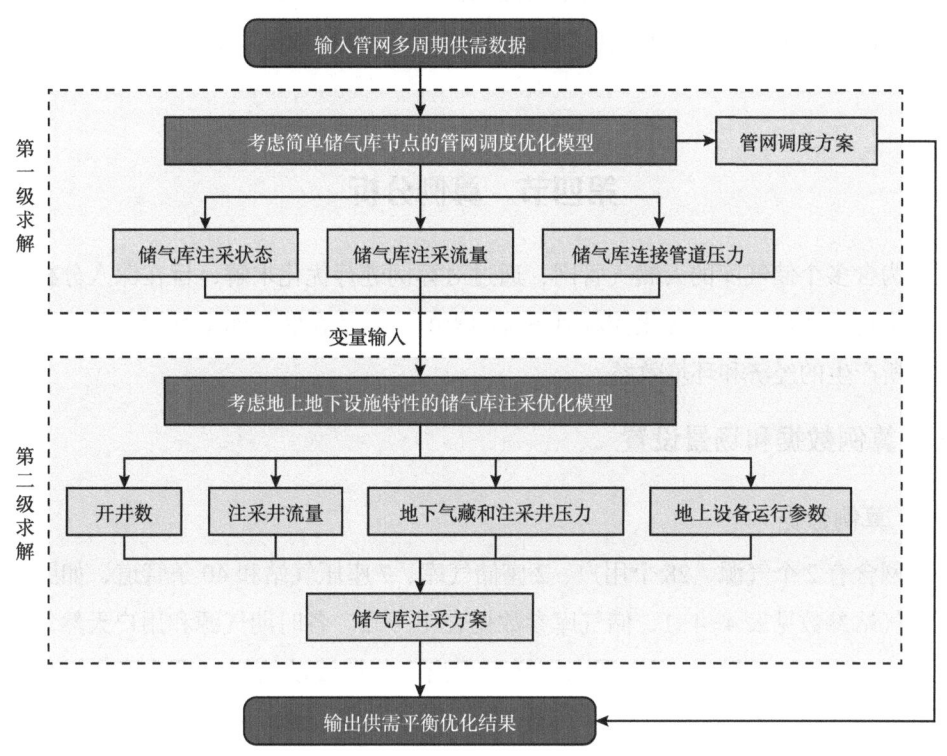

图 4-3-2 分级求解流程框图

第二级求解充分考虑储气库地下气藏和注采井的水力特性，以及压缩机和膨胀机的压力调节功能特性，形成考虑地上地下设施特性的储气库注采优化模型。基于第一级模型所固定的储气库注采状态、注采流量、连接管道压力变量，进行第二级储气库注采优化模型的求解，以决策最优的各时间周期储气库开井数、注采井流量、地下气藏和注采井压力、地上设施运行参数，获得详细的储气库注采方案。

根据第一级求解获得的管网调度方案和第二级求解获得的储气库注采方案，明确系统各项运行成本，形成完整的管网供需平衡优化结果。

（二）整体求解

上述分级求解方法逻辑简明，通过对复杂数学模型进行拆解，有效降低了模型规模和求解难度。然而，分级求解方法含有启发式策略思想，虽然能快速获得各层级数学模型的优化结果，但考虑到数学模型之间的相互影响和内在冲突，无法保证求解所获管网调度方案和储气库注采方案的全局最优性。因此，可以考虑将管网调度优化模型和储气库注采优化模型进行直接耦合，根据管网多周期供需数据，同时考虑管网和储气库的运行成本及约束特性，整体求解管网供需平衡优化结果，实现管网调度方案和储气库注采方案的全局优化。采用整体求解方法可实现问题的全局优化目标，但同时也将提升模型的变量规模和计算成本，从而对求解算法的性能提出更高要求。

第四节 算例分析

算例为含多个储气库的天然气管网，通过对算例进行优化求解，旨在深入分析在储气库注气期进行压缩机碳排放优化控制对系统的影响，以及在储气库采气期开展膨胀机压差发电优化所产生的经济和环境效益。

一、算例数据和场景设置

（一）算例数据

该管网含有 2 个气源、28 个用户、2 座储气库、7 座压气站和 40 条管道，如图 4-4-1 所示。压气站参数见表 4-4-1，储气库参数见表 4-4-2。各时期气源和用户天然气流量数据如图 4-4-2 所示。显然，用户需求同样呈现出季节性波动趋势，夏季用户需求低，冬季用户需求高。

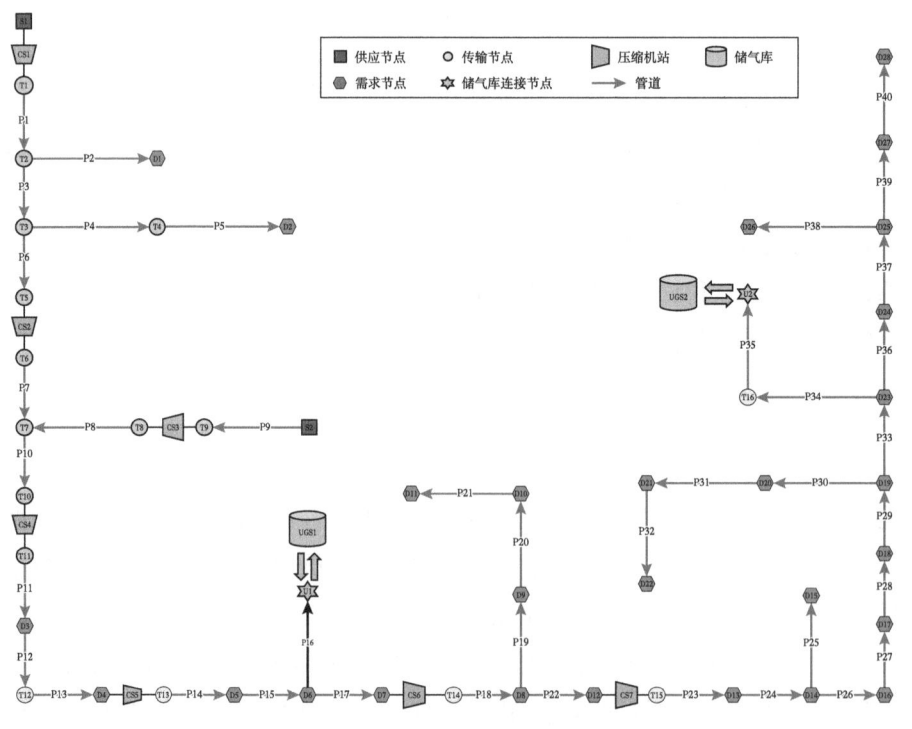

图 4-4-1 天然气管网结构示意图

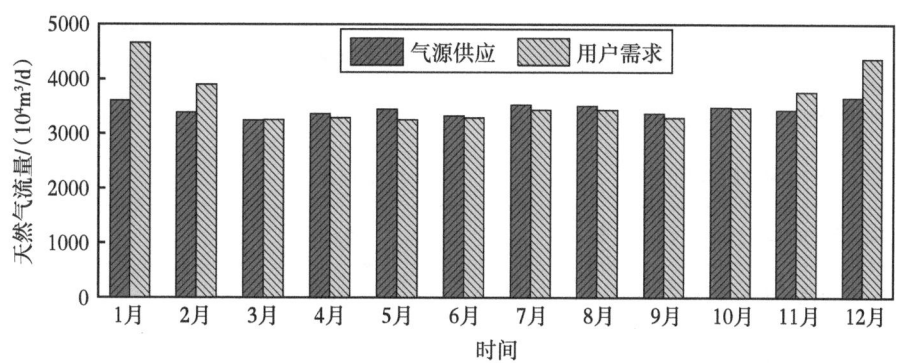

图 4-4-2 天然气供应和需求数据

表 4-4-1 压气站参数

压气站编号	CS 1	CS 2	CS 3	CS 4	CS 5	CS 6	CS 7
最小压比	1.05	1.05	1.05	1.05	1.05	1.05	1.05
最大压比	1.50	1.50	2.00	1.50	1.50	1.50	1.50
最小耗电功率 /kW	0	0	0	0	0	0	0
最大耗电功率 /kW	14 400	14 400	22 500	21 600	22 000	21 600	22 000
电能碳排放强度系数 / kg/(kW·h)	0.997	0.997	0.997	0.997	0.997	0.997	0.997
单位碳税价格 / 元/kg	0.2	0.2	0.2	0.2	0.2	0.2	0.2

表 4-4-2 储气库参数

储气库编号	UGS 1	UGS 2
最小单井流量 /($10^4 m^3/d$)	0	0
最大单井流量 /($10^4 m^3/d$)	35	40
最小开井数	0	0
最大开井数	12	15
最小库存 /$10^8 m^3$	0	0
最大库存 /$10^8 m^3$	4.4	6.5
垫气量 /$10^8 m^3$	0.9	1.5
气藏层流系数 /[MPa/($10^4 m^3/d$)]	0.231 366	0.267 319

续表

储气库编号	UGS 1	UGS 2
气藏紊流系数 /[MPa/(10^4m³/d)]	0.000 000 551	0.000 000 463
注采井阻力系数	5.714×10^{-12}	5.632×10^{-12}
单位储气成本系数 /[元/(m³·年)]	0.636	0.636
单位注气成本系数 /(元/m³)	0.138	0.138
单位采气成本系数 /(元/m³)	0.074	0.074

（二）场景设置

设置3个场景，见表4-4-3。场景1仅考虑储气库注采流量的优化决策，不涉及储气库内部压缩机碳排放优化和膨胀机压差发电优化。场景2表示考虑压气站碳排放优化，但不考虑膨胀机压差发电优化。利用场景1和场景2的对比以分析压缩机碳排放优化对系统的影响。场景3进一步考虑了膨胀机压差发电优化。利用场景2和场景3的对比以分析开展膨胀机压差发电优化所产生的经济和环境效益。三个场景均采用整体求解方法，以保障解的全局最优性。

表4-4-3 场景设置

编号	是否优化压缩机碳排放	是否优化膨胀机压差发电	采气压力调节设施
场景1	否	否	节流阀
场景2	是	否	节流阀
场景3	是	是	膨胀机

二、储气库调峰优化分析

（一）经济性分析

为剖析储气库注气期压缩机碳排放优化对系统运行成本的影响，利用场景1和场景2进行对比。两个场景的储气库压缩机功率和系统碳排放成本如图4-4-3所示。场景1的储气库压缩机碳排放成本为265.5×10^4元，场景2为203.5×10^4元。相较于不考虑储气库压缩机碳排放优化的场景1，优化后的场景2降低了23.35%的压缩机碳排放成本。根据碳排放计算公式，注气期场景2将减少2 650.1 t的二氧化碳排放。由此可见，对储气库压缩机碳排放进行合理优化可有效提高环境效益。

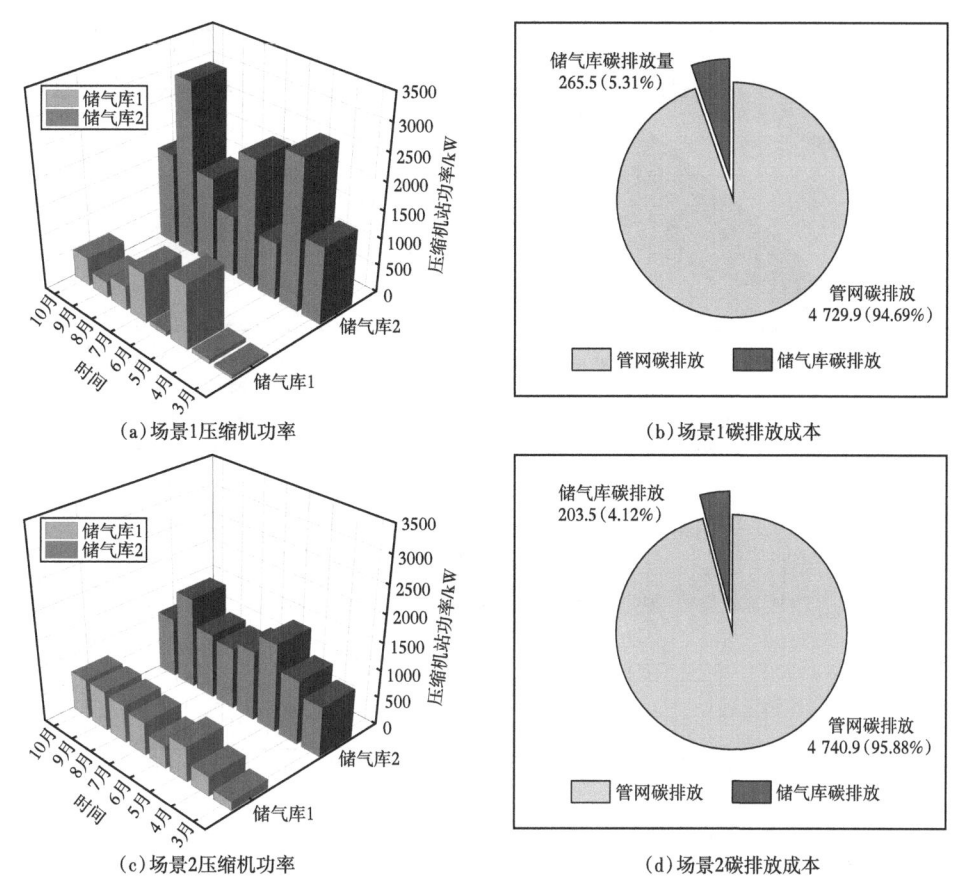

图 4-4-3 储气库压缩机功率和系统碳排放成本

（二）储气库注采方案

对于含多储气库的天然气管网系统，储气库储气量分配是造成场景1和场景2碳排放成本差异的因素之一。场景1和场景2的储气库储气量分配结果如图4-4-4（a）和图4-4-4（b）所示。两个场景下两座储气库的储气总量一致，场景1选择将更多的天然气通过储气库2进行储存，注气末期储气库2的储气量占比为60%。相反，在场景2中储气库1则承担了更多的储气任务，储气量占比为52%。进一步探究造成储气量分配差异的原因。图4-4-4（c）至图4-4-4（f）展示了场景1和场景2下储气库压缩机压力和压头结果。储气库1位于管网上游，它的连接管道压力高于位于管网下游的储气库2，使得进入储气库压缩机的天然气具有更高的压力，从而导致储气库1的压头低于储气库2。压头表示压缩机为单位质量天然气增压所提供的能量。以场景2为例，注气期储气库1的平均压头为38.89 kJ/kg，储气库2的平均压头为99.44 kJ/kg。因此，储气库1的增压能耗低于储气库2，选择将更多天然气储存于储气库1将在注气期减少压缩机碳排放。

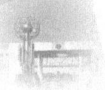

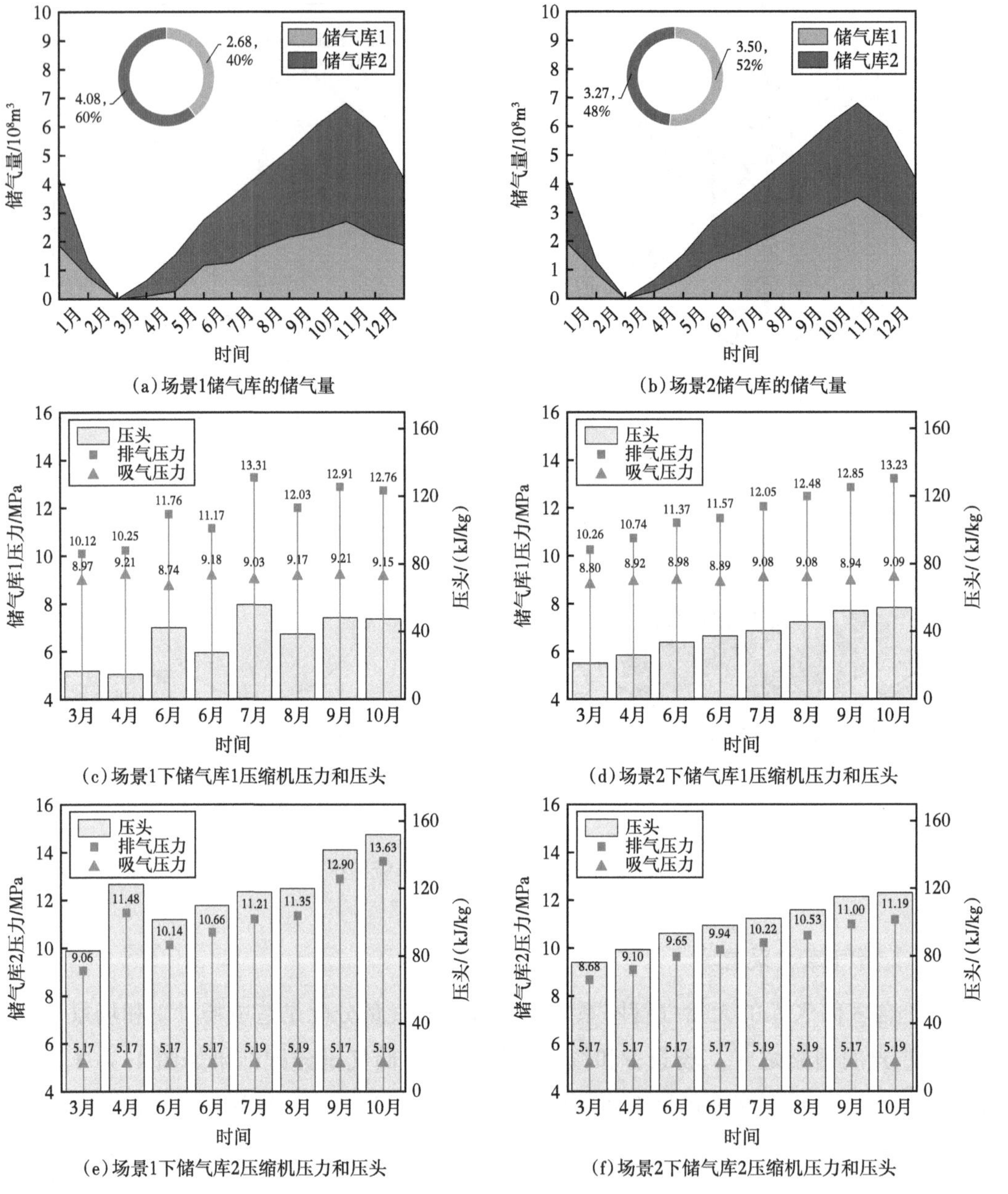

(a)场景1储气库的储气量

(b)场景2储气库的储气量

(c)场景1下储气库1压缩机压力和压头

(d)场景2下储气库1压缩机压力和压头

(e)场景1下储气库2压缩机压力和压头

(f)场景2下储气库2压缩机压力和压头

图 4-4-4　储气库储气量和压缩机压力结果

此外，井口压力控制也将影响储气库压缩机碳排放成本。井口位于储气库压缩机排气端。注气增压过程中，井口压力越低，压缩机压头越低，增压能耗和碳排放越低。井口压力取决于井底压力和单井流量，通过合理决策上述参数，场景 2 中两座储气库的井口压力平均值均低于场景 1，进一步降低了注气期压缩机的碳排放，如图 4-4-4(c)至图 4-4-4(f)所示。因建立的数学模型通过合理决策储气库储气量分配和储气库井口压力，有效降低了储气库压缩机的增压能耗,从而减少了储气库压缩机的碳排放,实现了储气库注气期的优化运行。

三、求解方法对比分析

(一)经济性分析

为研究储气库采气期膨胀机压差发电的经济和环境价值,分别对场景 2 和场景 3 进行求解。场景 2 表示不采用膨胀机的工况场景,采出高压天然气直接通过节流阀降压,然后进入天然气管网。场景 3 则考虑应用膨胀机,并对膨胀机的运行参数进行优化决策。场景 2 和场景 3 的储气库地上设施功率和碳排放成本如图 4-4-5 所示。场景 2 不存在膨胀机发电功率,系统碳排放来源于管网压气站和储气库压缩机,全年碳排放成本总和为 4 944.4 万元。场景 3 应用了膨胀机,采气过程中利用井口和连接管道之间的压力差,产生了大量发

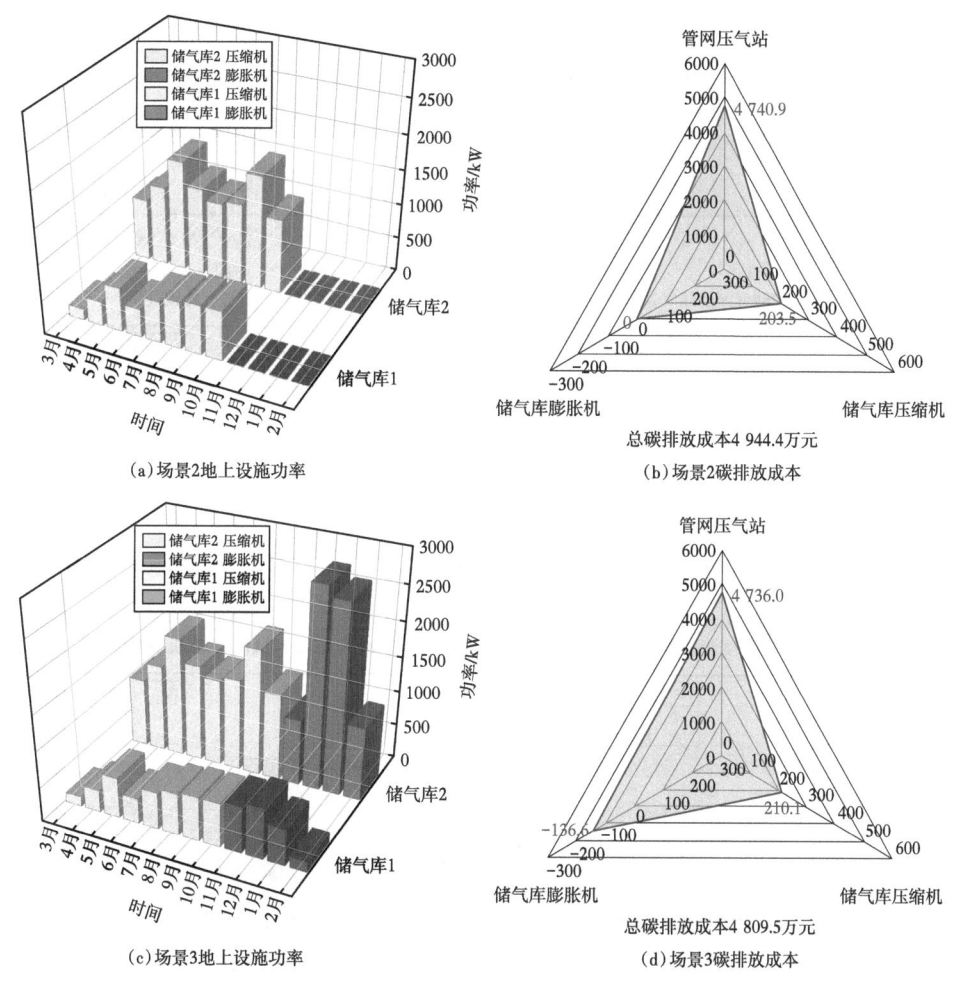

图 4-4-5 储气库地上设施功率和系统碳排放成本

电功率。通过对膨胀机产生的绿色电能进行自产自用,可减少管网系统的传统用电消耗,从而降低碳排放。场景3的全年碳排放成本总和为4 809.5万元,比场景2降低了134.9万元,全年直接减少6 745.3 t的二氧化碳排放,相当于储气库碳排放总量的64.21%。因此,在储气库采气期利用膨胀机进行压差发电可有效避免压能浪费,有力改善环境污染。

(二)储气库注采方案

场景2和场景3的储气库储气量分配和膨胀机压力、焓降结果如图4-4-6所示。场景2没有考虑膨胀机发电,为方便比较,利用节流阀的压力参数进行替代。从图4-4-6(a)和图4-4-6(b)可以看出,与场景2不同的是,场景3更多利用储气库2进行储气。这

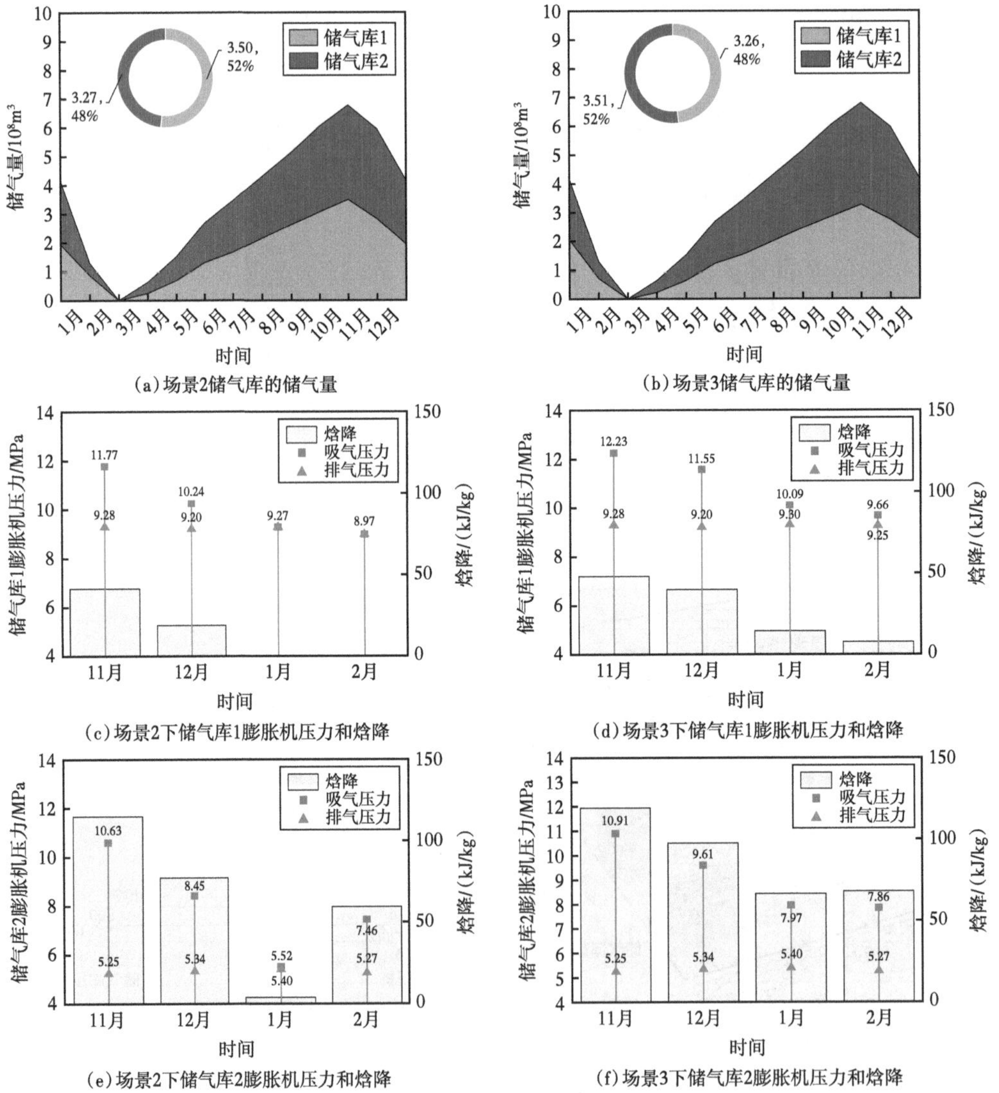

图4-4-6 储气库储气量和膨胀机压力结果

是因为储气库 2 位于管网下游，连接管道压力（即膨胀机排气压力）低于储气库 1，使得膨胀机焓降高于储气库 1。焓降表示对单位质量天然气膨胀所产生的能量。以场景 3 为例，储气库 1 的平均焓降为 27.53 kJ/kg，储气库 2 的平均焓降为 87.89 kJ/kg。因此，优化后的场景 3 将更多的天然气储存于储气库 2 中，使得采气期膨胀机能产生更多的电能。此外，储气库井口压力也将影响膨胀机发电功率。井口压力越高，膨胀机进气压力越高，使得膨胀机焓降越高。从图 4-4-6（c）和图 4-4-6（f）可以看出，经过优化决策，场景 3 采气期的井口压力均高于场景 2，有力提高了膨胀机的焓降和发电功率，从而为系统减少更多的二氧化碳排放。总的来说，本书的优化模型可实现储气库注气和采气双向过程的碳排放全面优化，以保障天然气企业的低碳和可持续发展。

第五章 融合神经网络与机理模型的天然气管网高效运行优化方法

随着天然气管网规模的持续扩大与运行复杂度的显著提升,传统优化方法在求解精度与计算效率间的矛盾日益突出。现有的模型处理手段,诸如简化假设、线性化分段以及凸松弛技术等,虽然能够在某些方面降低模型的复杂程度,然而却不可避免地存在以误差换取求解性能的情况。这一矛盾在大规模复杂管网的情境下表现得更为突出。针对上述挑战,提出一种融合神经网络与机理模型的天然气管网运行优化方法。通过将深度神经网络(DNN)嵌入压缩机性能建模过程,并提出神经网络混合整数线性重构方法,将DNN的隐式特征转化为与MILP兼容的约束形式,既保留神经网络的非线性映射能力,同时降低模型非线性强度。在此基础上,结合凸松弛技术对优化模型进行二次处理,构建混合整数二次约束规划模型(MIQCQP),从而在保证模型求解精度的同时,显著提升求解效率。

第一节 问题描述

在实际运行中,天然气管网运行优化目标一般是在满足用户需求和系统安全约束的前提下,通过调节压缩机等设备的运行参数,实现系统能耗的最小化,从而降低运行成本。具体而言,优化需关注以下几个方面:首先,供气压力和流量满足用户的用气需求,以确保供需平衡和供气可靠性;其次,系统运行必须满足各类设备的物理及操作约束条件,诸如压缩机的运行范围、管道的水力与热力约束等;最后,在满足上述约束的前提下,通过优化压缩机的启停策略及运行参数,实现系统资源利用最大化及能耗最小化。然而,复杂天然气管网的优化问题具有显著的求解难度,管网系统通常具有复杂的拓扑结构,并包含大量的阀门、压缩机等关键设备,增加了模型规模和复杂性。此外,气体在管网中的流动特性呈现出强非线性,导致优化模型具有高度非凸性和求解的不确定性,天然气管网系统及其复杂特性如图5-1-1所示。这些特性使得传统优化方法难以在有限的计算时间内获得高质量的解,亟需更高效的优化方法来应对复杂天然气管网的运行优化需求。

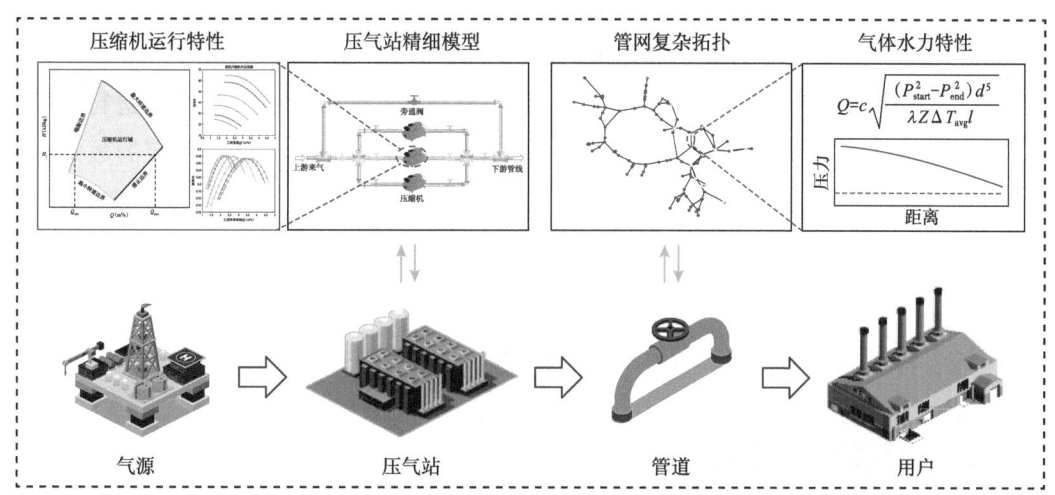

图 5-1-1　天然气管网系统及其特性示意图

第二节　基于深度神经网络的压缩机性能预测模型

为了实现天然气管网系统的高效、可靠运行，压缩机的精确建模与优化至关重要。然而，传统的压缩机多项式代理模型具有较强的非线性特征，且预测压缩机性能时准确性较低。本节旨在提出一种基于深度神经网络的压缩机性能计算模型，利用神经网络强大的非线性表达能力和自适应学习特性，以提高模型的准确性和计算效率。

一、基于深度神经网络的压缩机性能预测建模流程

为突破传统的压缩机多项式代理模型所面临的性能瓶颈，提出运用深度神经网络[17]来预测压缩机的性能参数，如转速、功率以及出口温度等，并将此深度神经网络重构为 MILP 模型，以应用于优化计算。该方法在保留深度神经网络强大表达能力的同时，将其转化为混合整数线性形式。相较于传统建模方法，基于深度神经网络的压缩机性能预测模型（DNN 模型）的复杂度显著降低，同时提升了可解性与求解效率，使其更适用于大规模天然气管网运行优化问题。此外，模型训练参数源自压缩机实际运行数据，因而能够更精准地捕捉压缩机在不同工况下的特性，进而提高预测的可靠性与准确性。

基于深度神经网络的压缩机性能预测建模流程如图 5-2-1 所示。首先，从管网系统及压缩机控制系统的传感器采集数据，数据涵盖压缩机及其相关运行信息，数据可便捷地从 SCADA 系统获取。随后，对采集到的数据展开预处理工作，具体步骤包括特征选取、数据清洗以及数据归一化。在特征选取环节，挑选压缩机转速、功率、进出口压力、

进出口温度以及流量等关键特征。完成关键特征选取后，进行数据清洗，确保数据的可靠性与准确性。接着，对清洗后的数据实施归一化处理，本书采用 Min-Max 归一化方法，将每个特征值映射至 [-1, 1] 区间。之后，将已处理数据输入 DNN 模型进行迭代训练。训练完成后，提取训练好的 DNN 模型的权重与偏置。最后，借助特定的数学表达式，将 DNN 模型中的激活函数、权重和偏置重构为 MILP 模型，以便能够整合到管网运行优化模型之中。

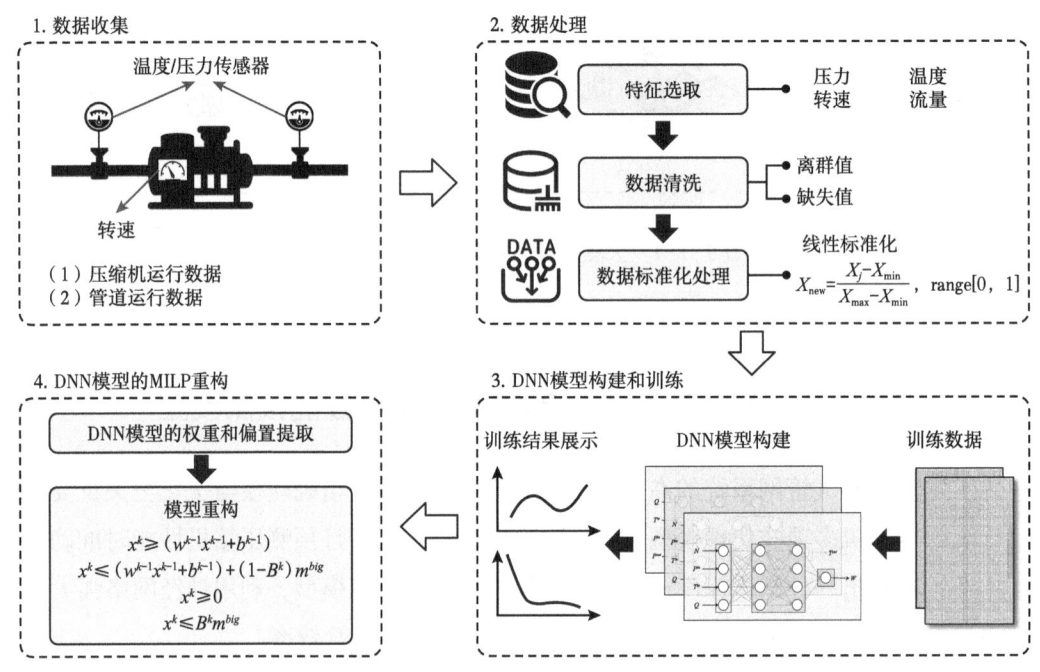

图 5-2-1　基于 DNN 的压缩机性能预测建模流程

二、神经网络模型构建

前馈神经网络是一种简单有效的神经网络结构，由输入层、隐藏层和输出层组成。输入层接收压缩机运行参数如进口压力、出口压力和流量等，并传递到隐藏层。隐藏层通常由多层全连接神经元构成，每层神经元通过权重（w_{ijk}）和偏置（b_{ij}）对输入数据进行仿射变换，经激活函数（如 ReLU 或 Sigmoid）实现非线性特征提取。输出层接收最后一层隐藏层的特征向量，通过线性组合生成最终的性能预测结果。

（一）激活函数选择

在 DNN 中，神经元（或节点）是基本单元，负责接收输入、进行处理并产生输出。每个神经元接收来自前一层的多个输入，这些输入经过加权和加偏置处理。然后，神经元通过激活函数进行非线性变换，将结果传递到下一层或作为最终输出。不同的函数适用于不同的数据和任务。例如，Rectified Linear Unit（ReLU）通常用于隐藏层，而 Sigmoid 适用于二分类任务的输出层。ReLU 激活函数表达式如式（5-2-1）所示。

$$\text{ReLU}(x) = \max(0, x) \quad (5\text{-}2\text{-}1)$$

Sigmoid 激活函数输出范围在 0 到 1 之间，且是一个 S 形曲线，表达式如式（5-2-2）所示。

$$\text{Sigmoid}(x) = \frac{1}{1 + e^{-x}} \quad (5\text{-}2\text{-}2)$$

ReLU 函数在与优化模型整合时，可以保留 MILP 模型的属性，使其易于优化[18]。相比之下，双曲正切函数和 Sigmoid 函数需要计算指数或除法，增加了模型的复杂性。为了保证模型的线性属性和求解效率，本书采用带 ReLU 激活函数的全连接前馈神经网络。这不仅确保了网络的有效学习，还降低了网络的复杂度，有利于 DNN 与优化模型的有效整合。

（二）压缩机性能 DNN 预测模型

为了精确模拟天然气管网中的压缩机性能，提出了三种 DNN 预测模型，分别针对压缩机的转速、能耗及出口温度进行预测，如图 5-2-2 所示。

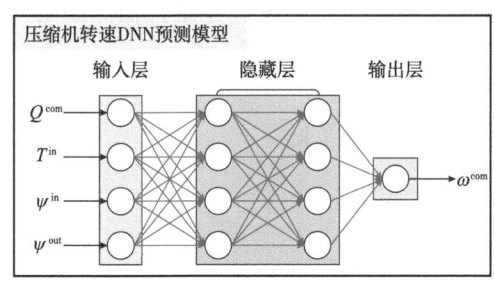
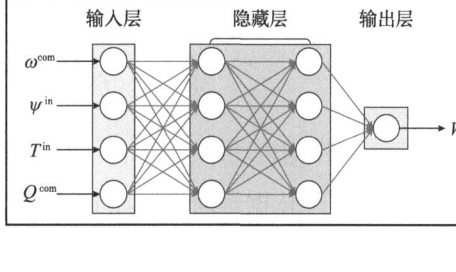
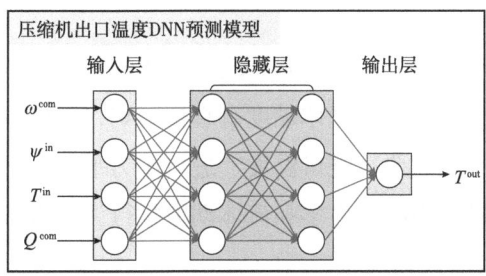

ω^{com}—表示压缩机转速；Q^{com}—表示压缩机流量；ψ^{in}—表示压缩机进口压力的平方；ψ^{out}—表示压缩机出口压力的平方；T^{in}—表示压缩机进口温度；T^{out}—表示压缩机出口温度；〇—神经元。

图 5-2-2　压缩机性能预测网络结构

1. 压缩机转速 DNN 预测模型

根据压缩机特性曲线式可知压缩机转速与压缩机压头和流量相关，而压缩机压头则与进口压力、出口压力和进口温度相关联。因此，压缩机转速 DNN 预测模型的输入特征包括流量、进口温度、进口压力以及出口压力。而为了降低天然气管网运行优化模型的整体复杂度，本书采用辅助变量 $\psi^{in}=p^2$ 替代压力作为模型输入，压缩机转速 DNN 预测模型如式（5-2-3）所示。

$$\omega^{com} = f^{rot,DNN}\left(Q^{com}, T^{in}, \psi^{in}, \psi^{out}\right) \qquad (5-2-3)$$

式中　ω^{com}——压缩机转速，r/min；

　　　Q^{com}——压缩机增压流量，$10^4 m^3/d$；

　　　T^{in}——压缩机进口温度，K；

　　　ψ^{in}——压缩机进口压力的平方，MPa^2；

　　　ψ^{out}——压缩机出口压力的平方，MPa^2；

　　　$f^{rot,DNN}$——压缩机转速 DNN 预测模型函数映射。

2. 压缩机能耗 DNN 预测模型

压缩机能耗通常通过压缩机功率计算式进行计算。而压缩机功率则跟压缩机压头、压缩机效率以及压缩机流量有关，压缩机压头与压缩机转速、流量相关，压缩机效率则与压缩机转速、流量相关，在含热力计算的模型中还应该包含压缩机进口温度。因此，压缩机能耗 DNN 预测模型输入特征包含转速、进口压力平方、进口温度和流量，输出层则为压缩机能耗。压缩机能耗 DNN 预测模型如式（5-2-4）所示。

$$W^{com} = f^{pow,DNN}\left(\omega^{com}, \psi^{in}, T^{in}, Q^{com}\right) \qquad (5-2-4)$$

式中　W_{com}——压缩机功率，kW；

　　　$f^{pow,DNN}$——依据压缩机能耗 DNN 预测模型函数映射。

3. 压缩机出口温度 DNN 预测模型

压缩机的出口温度是天然气管网中一项关键参数，它影响着压缩后气体的物理状态和传输效率。冷却后出口温度的变化对管网内的压缩因子和气体黏度有直接影响，因此精确预测出口温度对于管网的水力计算和安全运行至关重要。进口温度、进口压力平方、出口压力平方以及流量，这些变量共同作用于压缩过程中的热力学和流体动力学行为，直接影响出口温度，如式（5-2-5）所示。

$$T^{out} = f^{temp,DNN}\left(\omega^{com}, \psi^{in}, T^{in}, Q^{com}\right) \qquad (5-2-5)$$

式中 T^{out}——压缩机出口温度，K；

$f^{\text{temp,DNN}}$——依据压缩机出口温度 DNN 预测模型函数映射。

（三）压缩机运行域

压缩机运行域通常以二维图表形式表示，其中纵轴通常表示压缩比或压头，横轴表示流量，如图 5-2-3 所示。压缩机运行域由多个关键边界组成，包括压缩机喘振线、滞止线、最大转速曲线以及最小转速曲线。其中，最大/最小转速曲线，可通过在优化模型设定转速边界，而喘振线和滞止线则需要通过专门的建模进行预测。根据压缩机压头计算式，已知压缩机进口压力、出口压力和进口温度，可以确定压缩机的唯一压头值。

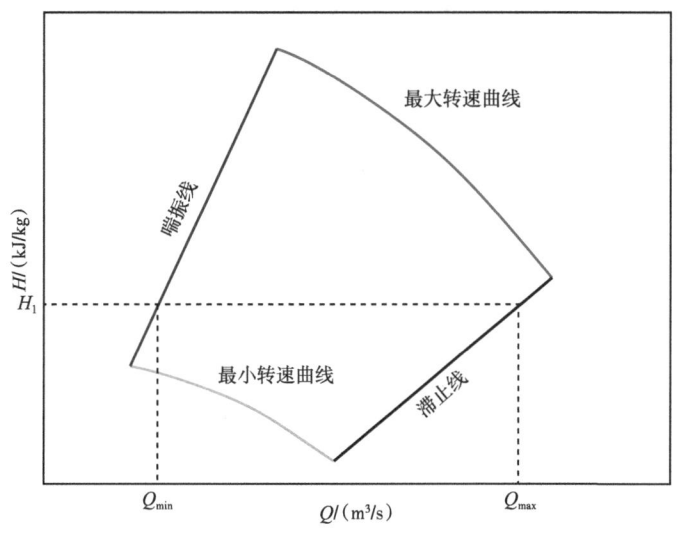

图 5-2-3 压缩机运行域

在此条件下，通过喘振线或滞止线得到对应的最小或最大允许增压流量，即喘振流量 Q^{su} 或滞止流量 Q^{st} [19]。为确保压缩机不陷入喘振或滞止状态，本书构建喘振流量 DNN 预测模型和滞止流量 DNN 预测模型，如式（5-2-6）和式（5-2-7）所示。

$$Q^{\text{su}} = f^{\text{su,DNN}}\left(\psi^{\text{in}}, \psi^{\text{out}}, T^{\text{in}}\right) \qquad (5-2-6)$$

$$Q^{\text{st}} = f^{\text{st,DNN}}\left(\psi^{\text{in}}, \psi^{\text{out}}, T^{\text{in}}\right) \qquad (5-2-7)$$

式中 Q^{su}——压缩机发生喘振时的流量，$10^4 \text{m}^3/\text{d}$；

Q^{st}——压缩机发生滞止时的流量，$10^4 \text{m}^3/\text{d}$；

$f^{\text{su,DNN}}$——依据压缩机喘振流量 DNN 预测模型函数映射；

$f^{\mathrm{st,DNN}}$——依据压缩机滞止流量 DNN 预测模型函数映射。

三、权重与偏置提取

为实现压缩机性能 DNN 预测模型和天然气管网运行优化模型融合，首先需要将已训练好的 DNN 预测模型转换为 MILP 模型。转换的首要步骤是提取 DNN 模型中的权重矩阵和偏置向量，而理解神经网络的计算原理是模型转换的基础。

（一）前馈神经网络计算原理

前馈神经网络的计算过程遵循逐层递进的前向传播机制，每层神经元通过加权线性组合、偏置项叠加及非线性激活函数处理，将特征表示逐层传递至输出层，最终生成预测结果，如图 5-2-4 所示。以本书所构建的转速 DNN 模型为例，其计算过程分为以下几个步骤。

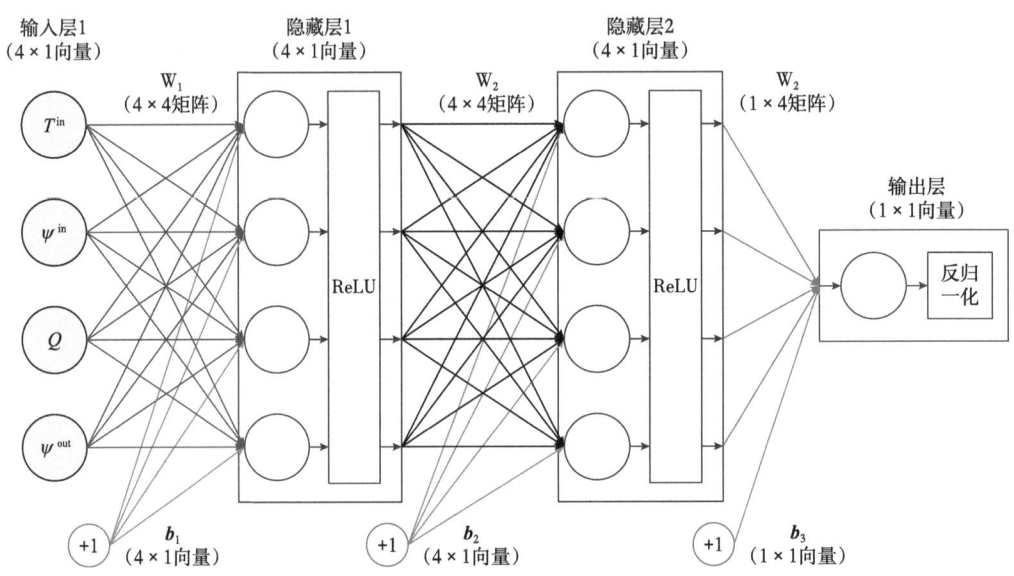

图 5-2-4　神经网络计算过程原理图

1. 输入层计算

输入层接收四个特征数据，分别是进口温度 T^{in}、进口压力平方 ψ^{in}、入口流量 Q^{com} 和出口压力平方 ψ^{out}，这些特征组成一个 $[4 \times 1]$ 的输入向量，如式（5-2-8）所示。

$$\boldsymbol{X}_0 = \begin{bmatrix} T^{\mathrm{in}} & \psi^{\mathrm{in}} & Q^{\mathrm{com}} & \psi^{\mathrm{out}} \end{bmatrix}^{\mathrm{T}} \qquad (5\text{-}2\text{-}8)$$

输入向量 $\boldsymbol{X}_0$ 将作为后续计算的初始数据。

2. 隐藏层 1 计算

输入向量 $\boldsymbol{X}_0$ 通过权重矩阵 $\boldsymbol{W}_1$ 和偏置向量 $\boldsymbol{b}_1$ 的线性变换得到隐藏层 1 的中间结果，

如式（5-2-9）所示。

$$Y_1 = W_1 \cdot X_0 + b_1 \tag{5-2-9}$$

其中 W_1 是 4×4 的权重矩阵，b_1 是 4×1 的偏置向量，Y_1 是隐藏层 1 的线性输出，Y_1 的维度为 4×1。随后，隐藏层 1 对线性输出 Y_1 应用 ReLU 激活函数的非线性变换，得到隐藏层 1 的激活输出 X_1，如式（5-2-10）所示。

$$X_1 = \text{ReLU}(Y_1) \tag{5-2-10}$$

其中，ReLU 函数定义为 $\text{ReLU}(x)=\max(0, x)$，ReLU 的作用是将输入中的负值置为 0，保留正值，从而引入非线性特性。

3. 隐藏层 2 计算

隐藏层 2 的计算与隐藏层 1 类似，其输入为隐藏层 1 的激活输出 X_1，通过权重矩阵 W_2 和偏置向量 b_2 的线性变换得到中间结果，如式（5-2-11）所示。

$$Y_2 = W_2 \cdot X_1 + b_2 \tag{5-2-11}$$

其中 W_2 是 4×4 的权重矩阵，b_2 是 4×1 的偏置向量。随后，隐藏层 2 的线性输出 Z_2 经过 ReLU 激活函数，得到隐藏层 2 的激活输出 X_2，如式（5-2-12）所示。

$$X_2 = \text{ReLU}(Y_2) \tag{5-2-12}$$

4. 输出层计算

在输出层，隐藏层 2 的激活输出 X_2 通过权重矩阵 W_3 和偏置向量 b_3 的线性变换后，得到输出层的线性结果，如式（5-2-13）所示。

$$y = W_3 \cdot X_2 + b_3 \tag{5-2-13}$$

其中 W_3 是 1×4 的权重矩阵，b_3 是 1×1 的偏置向量。最终输出 y 是一个标量。

（二）权重偏置提取

根据神经网络的计算原理，神经网络的核心是通过逐层计算实现输入到输出的非线性映射。网络中的每一层将输入数据经过权重矩阵与偏置向量的线性组合处理后，再通过激活函数引入非线性特性，逐步传递至下一层，最终输出预测结果。在这一过程中，各层的权重矩阵和偏置向量是决定计算结果及模型性能的关键参数。对于 [4, 4] 网络结构的 DNN 模型，共包含输入层、两层隐藏层和输出层，相应地可以提取三组权重矩阵（W_1、W_2、W_3）和偏置向量（b_1、b_2、b_3），这些参数将用于后续的 MILP 模型重构。

四、混合整数非线性重构

根据前文所述 DNN 模型的计算过程，隐藏层的计算不仅包括线性映射，还涉及非线性激活函数 ReLU 的计算。ReLU 函数的非线性特性可能在将神经网络嵌入管网优化模型时显著降低模型的可解性。因此，有必要采用线性化方法，将 ReLU 函数重构为等价的混合整数线性规划（MILP）模型，以保留模型的求解效率并保证优化问题的可行性。通过引入二元变量和辅助约束，可将 ReLU 转换为等价的线性形式。设 y 为 ReLU 输出，B^{ReLU} 为指示变量（$x>0$ 时 $B^{\text{ReLU}}=1$，否则 $B^{\text{ReLU}}=0$），则线性化约束可表示为

$$0 \leqslant y \leqslant x$$

$$y \leqslant M \cdot B^{\text{ReLU}}$$

$$y \geqslant x - M \cdot \left(1 - B^{\text{ReLU}}\right)$$

其中，M 是一个足够大的正数（通常称为"Big-M"），确保在 x 的可能范围内上述约束始终成立。

第三节　优化模型

一、目标函数

融合神经网络与机理模型的天然气管网高效运行优化模型旨在实现两个主要目标：一是将碳排放（C^{carb}）降至最低，二是优化压缩机的能耗（C^{pow}）以达到最低水平。通过综合考虑这两个目标，模型不仅能够提高天然气管网的运行效率，还能够有效减少环境影响，推动可持续能源利用。目标函数如式（5-3-1）所示。

$$\min F_1 = C^{\text{pow}} + C^{\text{carb}} \tag{5-3-1}$$

（一）碳排放优化目标

在碳排放优化目标中，主要考虑两个关键因素：首先是压缩机增压过程中电力消耗所产生的间接碳排放，其次是通过优化管网运行参数来降低管道内的压降损耗，从而减少因压力损失而额外增加的能源消耗和相应碳排放。压缩机能耗碳排放如式（5-3-2）所示，管道压降损耗碳排放成本如式（5-3-3）所示，管网总碳排放成本如式（5-3-4）所示。

$$C^{\text{Ecompressor}} = \sum_{i,j \in A_c} c^{\text{tax}} f^{\text{ce}} W_{ij}^{\text{com}} \tag{5-3-2}$$

$$C^{\text{EPDrop}} = \sum_{i,j \in A_p} c^{\text{Pdrop}} \left(\Delta \psi_{ij}^+ + \Delta \psi_{ij}^- \right) \qquad (5\text{-}3\text{-}3)$$

$$C^{\text{carb}} = C^{\text{Ecompressor}} + C^{\text{EPDrop}} \qquad (5\text{-}3\text{-}4)$$

式中　$C^{\text{Ecompressor}}$——压缩机碳排放成本，元；

　　　c^{tax}——碳排放税，元/t；

　　　f^{ce}——压缩机碳排放系数，t/kW；

　　　C^{EPDrop}——管道压降损耗碳排放成本，元；

　　　c^{Pdrop}——管道压降损耗碳排放转换系数，元/MPa²；

　　　C^{carb}——管网总碳排放成本，元。

（二）能耗优化目标

本书提出的能耗优化目标主要关注压缩机在天然气管网运行过程中的能量消耗。压缩机作为管网中的核心动力设备，其能耗水平直接影响着系统的整体运行效率和经济性。通过优化压缩机组的运行工况和调节策略，可以显著降低系统的总体能耗。能耗优化函数如式（5-3-5）所示。

$$C^{\text{pow}} = \sum_{i,j \in A_{\text{cs}}} c^{\text{price}} W_{ij}^{\text{com}} \qquad (5\text{-}3\text{-}5)$$

式中　C^{pow}——压缩机能耗成本，元；

　　　c^{price}——电价，元/kW。

二、约束条件

融合神经网络与机理模型的天然气管网高效运行优化模型（PHNNGOM）约束条件包括流量平衡约束、管道水力约束、压气站约束和压缩机性能 DNN 预测模型 MILP 重构约束（称为 DNN-MILP 约束）四部分。其中，管道水力约束基于 Weymouth 方程，并采用凸松弛技术处理。压气站约束考虑压缩机流量分配、压气站旁通等。DNN-MILP 约束通过压缩机性能 DNN 预测模型的 MILP 重构式来计算转速和功率。

（一）流量平衡约束

流量平衡约束如式（5-3-6）所示。

$$\sum_{i:(j,i) \in A_p} Q_{ji} + q_i^{\text{up}} = \sum_{j:(i,j) \in A_p} Q_{ij} + q_i^{\text{down}}, \quad \forall (i,j) \in A \qquad (5\text{-}3\text{-}6)$$

式中　Q_{ij}——元件 ij 流量，$10^4 \text{m}^3/\text{d}$；

q_i^{up}——节点 i 上载流量，$10^4\text{m}^3/\text{d}$；

q_i^{down}——节点 i 下载流量，$10^4\text{m}^3/\text{d}$。

（二）管道水力约束

压降方程如式（5-3-7）所示。

$$p_i^2 - p_j^2 = \beta_{ij}^{\text{pipe}} \lambda_{ij} |Q_{ij}| Q_{ij}, \quad \forall (i,j) \in A_{\text{p}} \quad (5\text{-}3\text{-}7)$$

（三）压气站约束

为了表示压气站的状态，引入压气站开关变量 $B_{i,j}^{\text{cs}}$ 表示压气站的整体开关状态，当压气站开启时，天然气可经过压气站增压或直接旁通。压气站增压或旁通不能同时存在。压气站状态约束如式（5-3-8）所示。

$$B_{ij}^{\text{cs}} = B_{ij}^{\text{act}} + B_{ij}^{\text{bp}}, \quad \forall (i,j) \in A_{\text{cs}} \quad (5\text{-}3\text{-}8)$$

式中　B_{ij}^{cs}——压气站 ij 开关变量；

$B_{i,j}^{\text{act}}$——压气站 ij 增压功能激活变量；

$B_{i,j}^{\text{bp}}$——压气站 ij 压缩机旁通阀门开关变量。

压气站流量与压缩机组流量和旁通阀流量间存在流量平衡关系。同时，根据压缩机组和旁通阀的状态变量，将决定其是否存在流量值。如式（5-3-9）至式（5-3-11）所示。

$$Q_{ij} = Q_{ij}^{\text{act}} + Q_{ij}^{\text{bp}}, \quad \forall (i,j) \in A_{\text{cs}} \quad (5\text{-}3\text{-}9)$$

$$B_{ij}^{\text{act}} q_{ij}^{\text{cs,min}} \leq Q_{ij}^{\text{act}} \leq B_{ij}^{\text{act}} q_{ij}^{\text{cs,max}}, \quad \forall (i,j) \in A_{\text{cs}} \quad (5\text{-}3\text{-}10)$$

$$B_{ij}^{\text{bp}} q_{ij}^{\text{cs,min}} \leq Q_{ij}^{\text{bp}} \leq B_{ij}^{\text{bp}} q_{ij}^{\text{cs,max}}, \quad \forall (i,j) \in A_{\text{cs}} \quad (5\text{-}3\text{-}11)$$

式中　Q_{ij}^{act}——压气站 ij 增压的流量，$10^4\text{m}^3/\text{d}$；

Q_{ij}^{bp}——通过压气站 ij 旁通阀门的流量，$10^4\text{m}^3/\text{d}$；

$q_{ij}^{\text{cs,min}}$——压气站 ij 最小处理流量，$10^4\text{m}^3/\text{d}$；

$q_{ij}^{\text{cs,max}}$——压气站 ij 最大处理流量，$10^4\text{m}^3/\text{d}$。

当天然气通过旁通阀流动时，上下游节点的压力相等。通过引入极大值来决定该约束是否成立，如式（5-3-12）和式（5-3-13）所示。

$$\psi_j \leq \psi_i + (1 - B_{ij}^{\text{bp}}) m^{\text{big}}, \quad \forall (i,j) \in A_{\text{cs}} \quad (5\text{-}3\text{-}12)$$

$$\psi_j \geq \psi_i + \left(B_{ij}^{\mathrm{bp}} - 1\right)m^{\mathrm{big}}, \quad \forall (i,j) \in A_{\mathrm{cs}} \tag{5-3-13}$$

当天然气通过压气站进行增压时，压缩机吸气和排气压力应满足压缩机最大和最小压比约束，如式（5-3-14）和式（5-3-15）所示。

$$\psi_j \geq \left(\varepsilon_{ij}^{\min}\right)^2 \psi_i + \left(B_{ij}^{\mathrm{act}} - 1\right)m^{\mathrm{big}}, \quad \forall (i,j) \in A_{\mathrm{cs}} \tag{5-3-14}$$

$$\psi_j \leq \left(\varepsilon_{ij}^{\max}\right)^2 \psi_i + \left(1 - B_{ij}^{\mathrm{act}}\right)m^{\mathrm{big}}, \quad \forall (i,j) \in A_{\mathrm{cs}} \tag{5-3-15}$$

式中　$\varepsilon_{ij}^{\min}$——压缩机最小压比；

$\varepsilon_{ij}^{\max}$——压缩机最大压比。

压气站通常由多台压缩机设备构成，通常压气站并联运行，根据压缩机设备的开机数量，可计算出单台设备的流量，如式（5-3-16）所示。

$$Q_{ij}^{\mathrm{act}} = I_{ij}^{\mathrm{act}} Q_{ij}^{\mathrm{com}} \quad \forall (i,j) \in A_{\mathrm{cs}} \tag{5-3-16}$$

式中　I_{ij}^{act}——压气站激活压缩机数量；

Q_{ij}^{com}——压气站 ij 单台压缩机增压流量，$10^4 \mathrm{m}^3/\mathrm{d}$。

为避免式（5-3-16）带来的非线性挑战。通过引入新的二元变量——压气站配置变量 $B_{c,ij}^{\mathrm{com}}$ 以及压气站配置常数 κ_c 重构压气站内的流量耦合，如式（5-3-17）和式（5-3-18）所示。

$$\kappa_c Q_{ij}^{\mathrm{ac}} - m^{big}\left(1 - B_{c,ij}^{\mathrm{com}}\right) \leq Q_{ij}^{\mathrm{com}} \leq \kappa_c Q_{ij}^{\mathrm{ac}} + m^{big}\left(1 - B_{c,ij}^{\mathrm{com}}\right), \quad \forall (i,j) \in A_{\mathrm{cs}}, \ c = 1,\cdots,k_{i,j} \tag{5-3-17}$$

$$\sum_{c=1}^{n_{i,j}} B_{c,ij}^{\mathrm{com}} + B_{ij}^{\mathrm{by}} = 1, \quad \forall (i,j) \in A_{\mathrm{cs}} \tag{5-3-18}$$

（四）DNN-MILP 约束

压缩机性能 DNN 预测模型需要对压缩机参数进行归一化处理，如式（5-3-19）至式（5-3-22）所示。

$$\tilde{\psi}_i = 2\frac{\psi_i - \psi_i^{\min}}{\psi_i^{\max} - \psi_i^{\min}} - 1 \tag{5-3-19}$$

$$\tilde{Q}_{ij}^{\mathrm{com}} = 2\frac{Q_{ij}^{\mathrm{com}} - q_{ij}^{\mathrm{com},\min}}{q_{ij}^{\mathrm{com},\max} - q_{ij}^{\mathrm{com},\min}} - 1 \tag{5-3-20}$$

$$\tilde{\psi}_j = 2\frac{\psi_j - \psi_j^{\min}}{\psi_j^{\max} - \psi_j^{\min}} - 1 \tag{5-3-21}$$

$$\tilde{T}_i = 2\frac{T_i - t_i^{\min}}{t_i^{\max} - t_i^{\min}} - 1 \qquad (5\text{-}3\text{-}22)$$

式中 $\tilde{\psi}_i$，$\tilde{Q}_{ij}^{\text{com}}$，$\tilde{\psi}_j$，$\tilde{T}_i$——相应参数进行 Min-Max 归一化后的数值。

压缩机转速 DNN-MILP 约束如式（5-3-23）至式（5-3-26）所示。

$$\tilde{\omega}_{ij}^{\text{com}} = f_{ij}^{\text{rot, DNN}}(\tilde{\psi}_i, \tilde{Q}_{ij}^{\text{com}}, \tilde{\psi}_j, \tilde{T}_i) \qquad (5\text{-}3\text{-}23)$$

$$\omega_{ij}^{\text{com}} \geqslant \frac{(\tilde{\omega}_{ij}^{\text{com}}+1)}{2}(\omega_{ij}^{\text{com, max}} - \omega_{ij}^{\text{com, min}}) + \omega_{ij}^{\text{com, min}} - (1 - B_{ij}^{\text{act}})m^{\text{big}} \qquad (5\text{-}3\text{-}24)$$

$$\omega_{ij}^{\text{com}} \leqslant \frac{(\tilde{\omega}_{ij}^{\text{com}}+1)}{2}(\omega_{ij}^{\text{com, max}} - \omega_{ij}^{\text{com, min}}) + \omega_{ij}^{\text{com, min}} + (1 - B_{i,j}^{\text{act}})m^{\text{big}} \qquad (5\text{-}3\text{-}25)$$

$$\omega_{ij}^{\text{com, min}} B_{i,j}^{\text{act}} \leqslant \omega_{ij}^{\text{com}} \leqslant \omega_{ij}^{\text{com, max}} B_{i,j}^{\text{act}} \qquad (5\text{-}3\text{-}26)$$

式中 ω_{ij}^{com}——压气站 ij 压缩机转速，r/min；

$\tilde{\omega}_{ij}^{\text{com}}$——压气站 ij 压缩机转速归一化值；

$\omega_{ij}^{\text{com, max}}$——压气站 ij 压缩机最大转速，r/min；

$\omega_{ij}^{\text{com, min}}$——压气站 ij 压缩机最小转速，r/min；

$f_{ij}^{\text{rot, DNN}}$——压缩机转速 DNN 预测模型的 MILP 映射。

压缩机功率 DNN-MILP 约束如式（5-3-27）至式（5-3-30）所示。

$$\tilde{W}_{ij}^{\text{com}} = f_{ij}^{\text{pow, DNN}}(\tilde{\omega}_{ij}^{\text{com}}, \tilde{\psi}_i, \tilde{T}_i, \tilde{Q}_{ij}^{\text{com}}) \qquad (5\text{-}3\text{-}27)$$

$$W_{ij}^{\text{com}} \geqslant \frac{(\tilde{W}_{ij}^{\text{com}}+1)}{2}(w_{i,j}^{\text{com, max}} - w_{i,j}^{\text{com, min}}) + w_{i,j}^{\text{com, min}} - (1 - B_{i,j}^{\text{act}})m^{\text{big}} \qquad (5\text{-}3\text{-}28)$$

$$W_{ij}^{\text{com}} \leqslant \frac{(\tilde{W}_{ij}^{\text{com}}+1)}{2}(w_{ij}^{\text{com, max}} - w_{ij}^{\text{com, min}}) + w_{ij}^{\text{com, min}} + (1 - B_{ij}^{\text{act}})m^{\text{big}} \qquad (5\text{-}3\text{-}29)$$

$$w_{ij}^{\text{com, min}} B_{ij}^{\text{act}} \leqslant W_{ij}^{\text{com}} \leqslant w_{ij}^{\text{com, max}} B_{ij}^{\text{act}} \qquad (5\text{-}3\text{-}30)$$

式中 W_{ij}^{com}——压气站 ij 压缩机运行功率，kW；

$\tilde{W}_{ij}^{\text{com}}$——压气站 ij 压缩机功率归一化值；

$w_{ij}^{\text{com, max}}$——压气站 ij 压缩机最大运行功率，kW；

$w_{ij}^{\text{com, min}}$——压气站 ij 压缩机最小运行功率，kW；

$f_{ij}^{\text{pow, DNN}}$——压缩机功率 DNN 预测模型的 MILP 映射。

压缩机喘振/滞止 DNN-MILP 约束如式（5-3-31）至式（5-3-36）所示。

$$\tilde{Q}_{ij}^{\mathrm{su}} = f_{ij}^{\mathrm{su, DNN}}\left(\tilde{\psi}_i, \tilde{\psi}_j, T_i\right) \tag{5-3-31}$$

$$Q_{ij}^{\mathrm{su}} \geqslant \frac{\left(\tilde{Q}_{ij}^{\mathrm{su}}+1\right)}{2}\left(q_{ij}^{\mathrm{su, max}} - q_{ij}^{\mathrm{su, min}}\right) + q_{ij}^{\mathrm{su, min}} - \left(1 - B_{ij}^{\mathrm{act}}\right)m^{\mathrm{big}} \tag{5-3-32}$$

$$Q_{ij}^{\mathrm{su}} \geqslant \frac{\left(\tilde{Q}_{ij}^{\mathrm{su}}+1\right)}{2}\left(q_{ij}^{\mathrm{su, max}} - q_{ij}^{\mathrm{su, min}}\right) + q_{ij}^{\mathrm{su, min}} + \left(1 - B_{ij}^{\mathrm{act}}\right)m^{\mathrm{big}} \tag{5-3-33}$$

$$\tilde{Q}_{ij}^{\mathrm{st}} = f_{ij}^{\mathrm{st, DNN}}\left(\tilde{\psi}_i, \tilde{\psi}_j, T_i\right) \tag{5-3-34}$$

$$Q_{ij}^{\mathrm{st}} \geqslant \frac{\left(\tilde{Q}_{i,j}^{\mathrm{st}}+1\right)}{2}\left(q_{ij}^{\mathrm{st, max}} - q_{ij}^{\mathrm{st, min}}\right) + q_{ij}^{\mathrm{st, min}} - \left(1 - B_{ij}^{\mathrm{act}}\right)m^{\mathrm{big}} \tag{5-3-35}$$

$$Q_{ij}^{\mathrm{st}} \leqslant \frac{\left(\tilde{Q}_{ij}^{\mathrm{st}}+1\right)}{2}\left(q_{ij}^{\mathrm{st, max}} - q_{ij}^{\mathrm{st, min}}\right) + q_{ij}^{\mathrm{st, min}} + \left(1 - B_{ij}^{\mathrm{act}}\right)m^{\mathrm{big}} \tag{5-3-36}$$

式中 Q_{ij}^{su}——压气站 ij 压缩机喘振时最大流量，$10^4 \mathrm{m}^3/\mathrm{d}$；

Q_{ij}^{st}——压气站 ij 压缩机滞止时最小流量，$10^4 \mathrm{m}^3/\mathrm{d}$；

$\tilde{Q}_{ij}^{\mathrm{su}}$——压气站 ij 压缩机喘振时最大流量归一化值；

$\tilde{Q}_{ij}^{\mathrm{st}}$——压气站 ij 压缩机滞止时最小流量归一化值；

$q_{ij}^{\mathrm{su, max}}$——压气站 ij 压缩机喘振线上的最大流量，$10^4 \mathrm{m}^3/\mathrm{d}$；

$q_{ij}^{\mathrm{su, min}}$——压气站 ij 压缩机喘振线上的最小流量，$10^4 \mathrm{m}^3/\mathrm{d}$；

$q_{ij}^{\mathrm{st, max}}$——滞止线上的最大流量，$10^4 \mathrm{m}^3/\mathrm{d}$；

$q_{ij}^{\mathrm{st, min}}$——滞止线上的最小流量，$10^4 \mathrm{m}^3/\mathrm{d}$。

单台压缩机增压流量不应超过喘振/滞止流量限制，以使得压缩机处于正常运行状态，如式（5-3-37）所示。

$$Q_{ij}^{\mathrm{su}} - \left(1 - B_{ij}^{\mathrm{act}}\right)m^{\mathrm{big}} \leqslant Q_{ij}^{\mathrm{com}} \leqslant Q_{ij}^{\mathrm{st}} + \left(1 - B_{ij}^{\mathrm{act}}\right)m^{\mathrm{big}} \tag{5-3-37}$$

三、模型处理

所建立模型包含流量平衡约束、管道水力约束、压气站约束和 DNN-MILP 约束，其中仅管道水力约束为非凸非线性约束，因此为提高模型求解效率，有必要对管道水力约束进行处理，以提升模型求解效率。基于此，本书采用凸松弛策略对管道水力约束进行处理，并建立新的融合神经网络与机理模型的天然气管网高效运行优化模型，该模型为混合整数二次约束二次规划模型，为便于表述，下文称该模型为 PHNNGOM。

首先通过引入辅助变量 Q_{ij}^+ 和 Q_{ij}^-，表示天然气在管道内的正向流量和反向流量，用以控制天然气在管道内的流向，以消除约束中的绝对值，如式（5-3-38）所示。

$$Q_{ij} = Q_{ij}^+ - Q_{ij}^- \tag{5-3-38}$$

通过式（5-3-39）与式（5-3-40）控制当 $Q_{ij}^+ > 0$ 时 Q_{ij}^- 为 0，当 $Q_{ij}^- > 0$ 时 Q_{ij}^+ 为 0，从而保证管道内天然气流向唯一。

$$B_{ij}^{\text{pipe}} \leq 1 - Q_{ij}^- / q_{ij}^{\max} \tag{5-3-39}$$

$$B_{ij}^{\text{pipe}} \geq Q_{ij}^+ / q_{ij}^{\max} \tag{5-3-40}$$

为进一步简化方程，分别引入非负变量 ψ_i 和 ψ_j 用于替代方程中的压力二次项 p_i^2 和 p_j^2。同时为保证压降方程为凸约束，通过下式高估管道内的压降，如式（5-3-41）所示。

$$\psi_i - \psi_j \geq \beta_{ij} \lambda_{ij}^C \left[(Q_{ij}^+)^2 - (Q_{ij}^-)^2 \right] \tag{5-3-41}$$

引入 $\Delta\psi_{ij}^+$ 表示管道正向压降，$\Delta\psi_{i,j}^-$ 表示管道反向压降，如式（5-3-42）和式（5-3-43）所示。

$$\Delta\psi_{ij}^+ = \psi_i - \psi_j \tag{5-3-42}$$

$$\Delta\psi_{ij}^- = \psi_j - \psi_i \tag{5-3-43}$$

同时，为得到凸约束，通过高估管道的压降得到凸松弛管道压降约束表示为式（5-3-44）和式（5-3-45）。

$$\Delta\psi_{ij}^+ \geq \beta_{ij} \lambda_{ij}^C (Q_{ij}^+)^2 \tag{5-3-44}$$

$$\Delta\psi_{ij}^- \geq \beta_{ij} \lambda_{ij}^C (Q_{ij}^-)^2 \tag{5-3-45}$$

可行域的放大可能会导致解效率变低，因此可通过进一步增加约束收紧可行域。为此，引入额外的边界约束对管道压降范围进行有效限制，如式（5-3-46）和式（5-3-47）。

$$\Delta\psi_{ij}^+ \leq \beta_{ij} \lambda_{ij}^C Q_{ij}^+ q_{ij}^{\max} \tag{5-3-46}$$

$$\Delta\psi_{ij}^- \leq \beta_{ij} \lambda_{ij}^C Q_{ij}^- q_{ij}^{\max} \tag{5-3-47}$$

最终，通过上述方法成功对管道压降约束进行凸松弛处理。该方法主要通过替代压力二次项并扩大可行域范围实现。

第四节 优化框架及求解算法

一、优化框架

求解框架如图 5-4-1 所示。

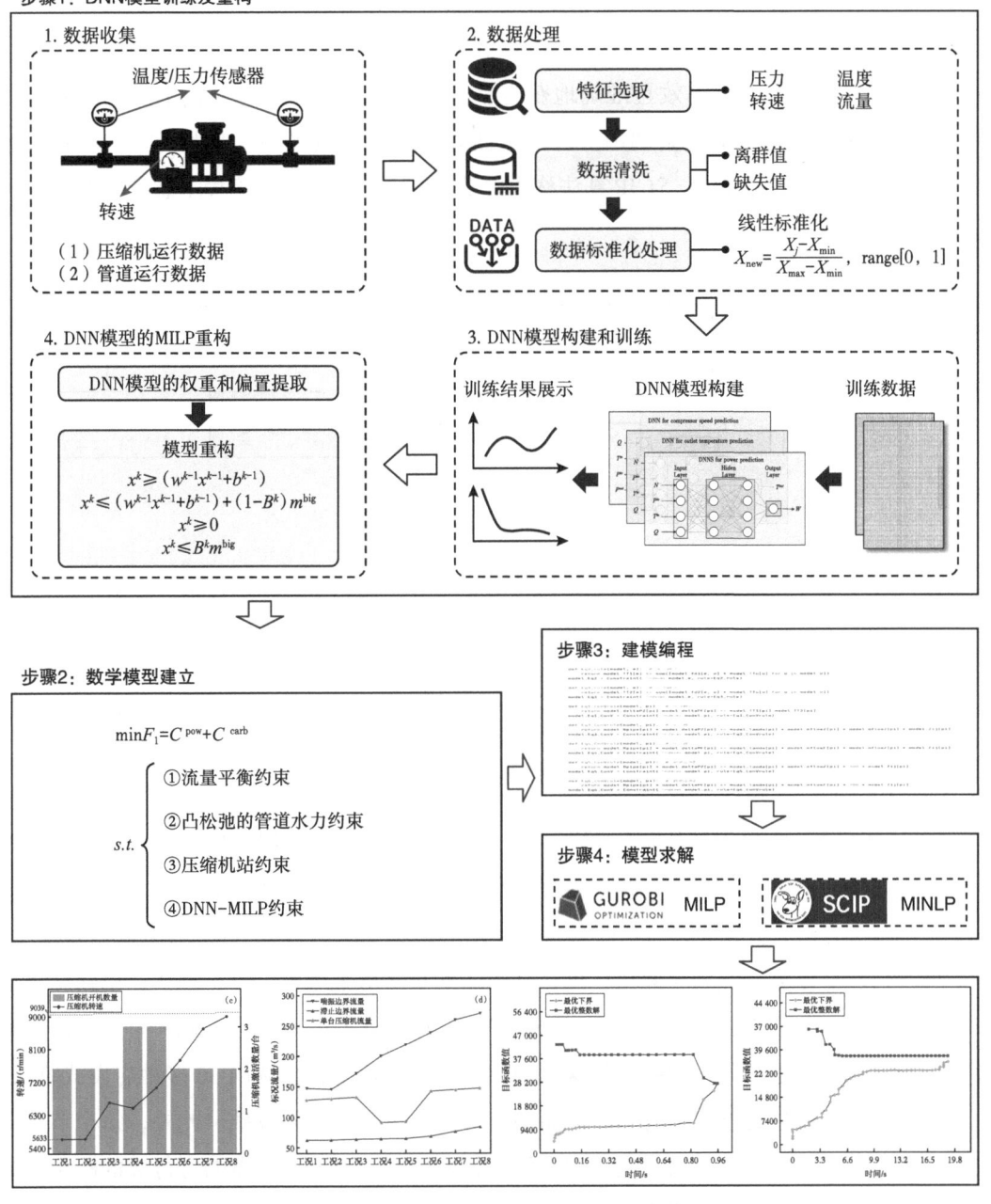

图 5-4-1 融合神经网络与机理模型的天然气管网运行优化求解框架

二、求解算法

(一) SCIP

SCIP 是求解混合整数规划（MIP）和混合整数非线性规划（MINLP）的算法，是一种确定性的通用混合整数非线性全局优化框架。SCIP 在求解大规模混合整数非线性规划时核心思路是采用数学规划和启发式相结合进行求解，整个求解框架仍然是以数学规划中分支切割算法（分支定界算法和割平面算法的结合）为核心框架，但在某些节点部分采用 Primal 启发式，从而能够高效且准确地获得整数可行解，进而加速对偶上界的更新以及结果收敛。此外在每个节点会调用多种割平面算法来生成割平面，收紧模型，逼近该节点可行域的凸包，收紧下界。SCIP 算法称为算法 1，核心部分调用流程示意图如图 5-4-2 所示。

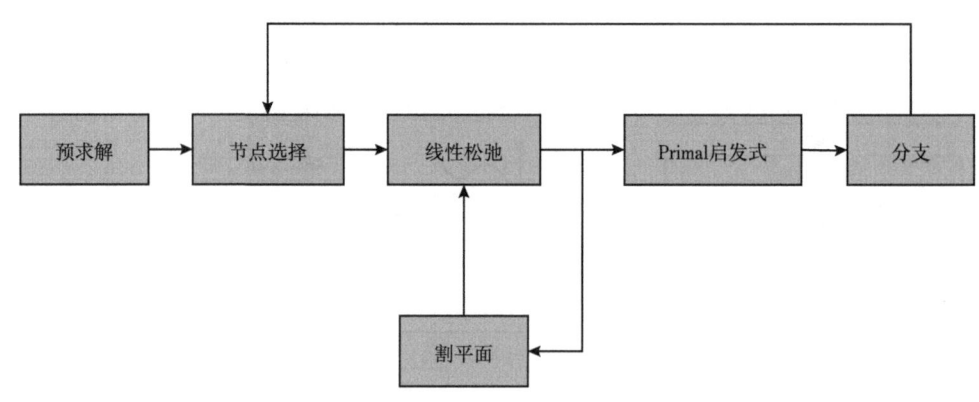

图 5-4-2 SCIP 流程框图

(二) GUROBI 数学启发式算法

GUROBI 是一个强大的优化求解算法，广泛应用于求解线性规划（LP）、混合整数规划（MIP）、二次规划（QP）以及混合整数二次规划（MIQP）等问题。其核心算法主要基于分支切割算法方法，并结合多种数学启发式算法，以提高求解效率。GUROBI 求解算法中，整个算法依然是以数学规划为框架，仅在其中的某些环节采用了启发式算法，以达到更快获得初始可行解、更多或更优质的可行解等各种目的。GUROBI 求解 MIP 的算法框架为分支切割算法，但是在分支切割树的探索中，在每个节点处，会调用 30 多种启发式算法，用于快速获得高质量的整数可行解，进而加速上界的更新与结果收敛。此外，每个节点上也会调用二十多种割平面算法来生成割平面，收紧模型，逼近该节点的可行域的凸包，收紧下界。GUROBI 数学启发式算法称为算法 2，求解流程如图 5-4-3 所示。

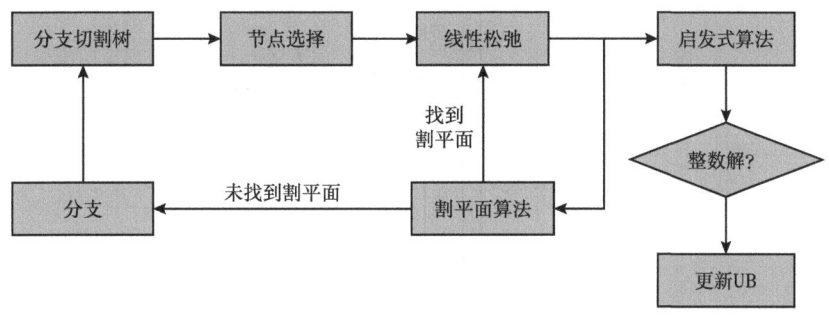

图 5-4-3 GUROBI 数学启发式算法流程框图

第五节 算例分析

一、算例基础数据

为了验证本书所提出模型和方法的有效性，基于四个算例进行研究。算例涵盖不同类型和规模的天然气管网，旨在系统地评估模型在求解精度、效率以及适用性等方面的综合表现。各算例管网结构信息见表 5-5-1，管网结构如图 5-5-1 所示，算例二、算例三、算例四节点需求流量分别如图 5-5-2 至图 5-5-4 所示。

算例一为线性管路系统，包含一座压气站和两条管道，主要目的是通过对比基于深度神经网络的压缩机建模方法与现有机理模型，验证所提出方法在求解效率与精度方面的优越性。算例二基于中国某区域的实际管网，该管网呈枝状结构，旨在通过对比模型在求解精度上的表现，评估其在处理实际复杂管网问题时的有效性和可靠性。算例三和算例四均为环状管网，数据来源于 GasLib 数据库，测试模型及方法在环状管网上的适应性和求解效率。

表 5-5-1 管网结构信息

算例	节点	气源数	需求节点数	管道数	压气站数	类型	算例来源
算例一	4	1	1	2	1	枝状管网	虚构
算例二	45	2	30	37	7	枝状管网	实际工程案例
算例三	40	3	29	39	6	环状管网	GasLib
算例四	135	6	99	141	29	环状管网	

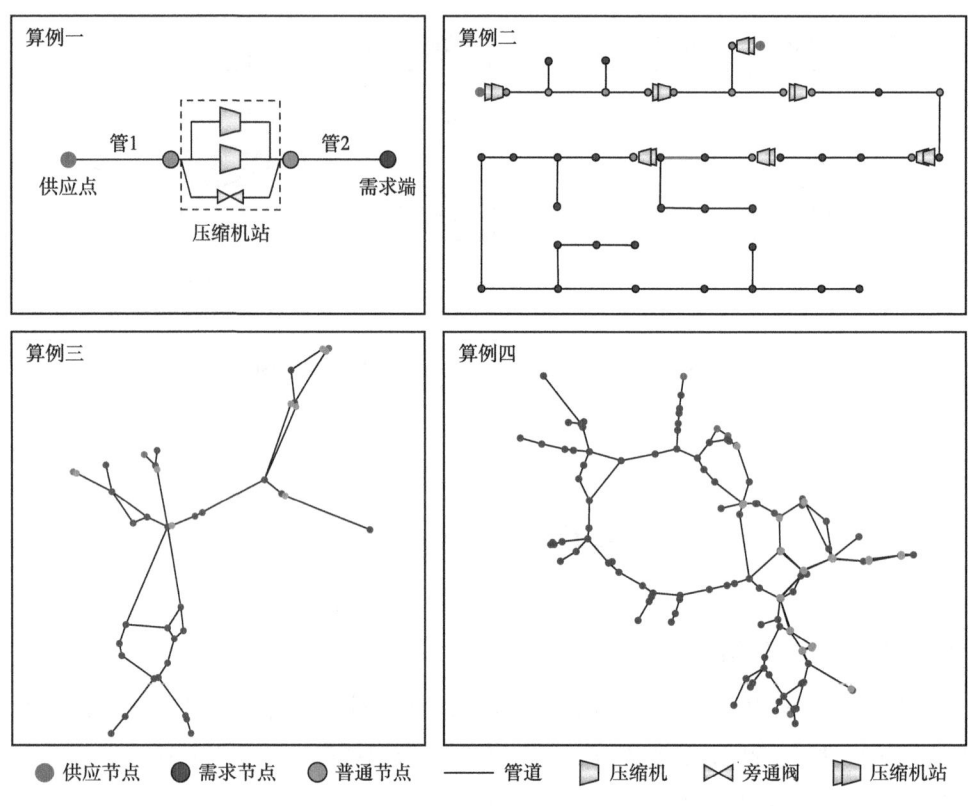

图 5-5-1 管网结构图

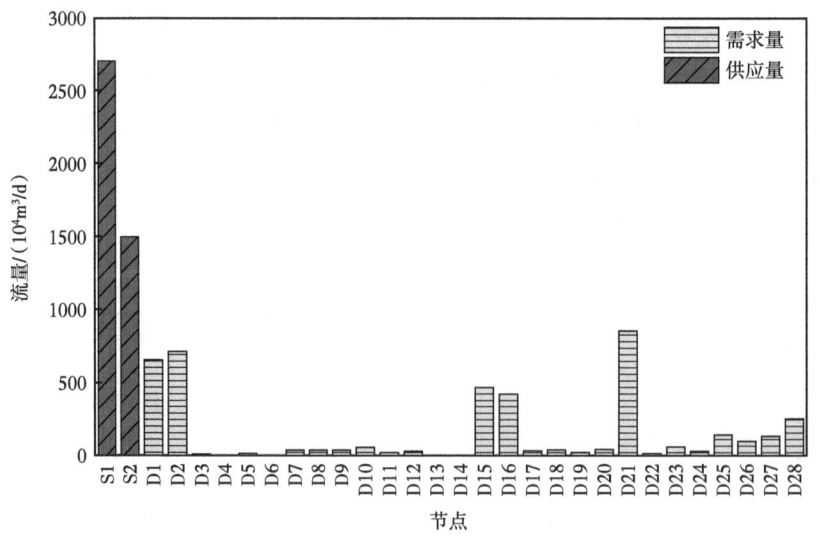

图 5-5-2 算例二节点需求流量

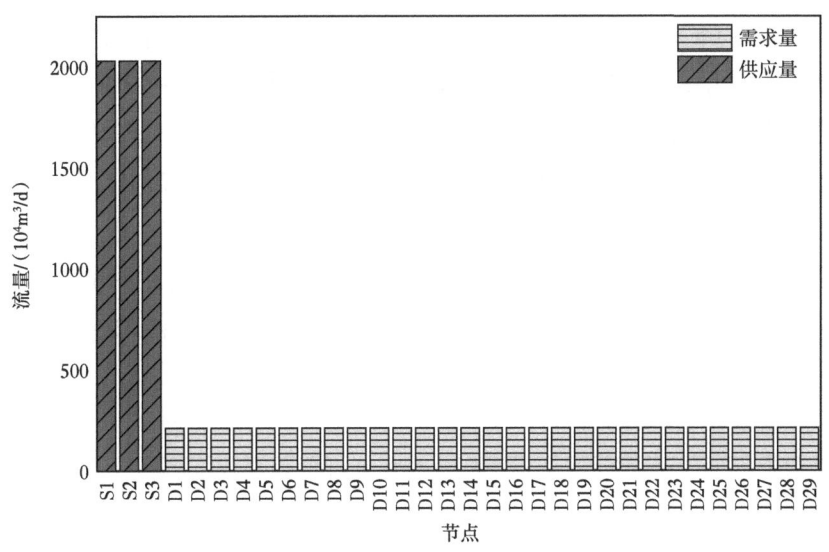

图 5-5-3 算例三节点需求流量

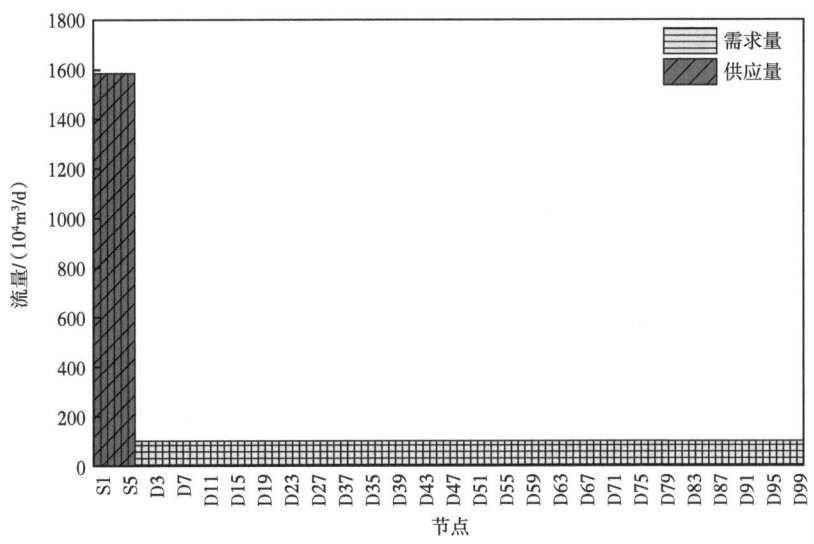

图 5-5-4 算例四节点需求流量

二、压气站运行分析

为分析融合神经网络下的优化结果可靠性。采用算例一对 PHNNGOM 进行测试。供应点 S1 的压力上限为 7 MPa，D1、O1 和 O2 节点最低压力为 3 MPa。在压力边界的基础上，设置流量由（2200~2550）×10^4/d，每 50×10^4/d 一个工况，共 8 组工况。为避免线性化误差干扰结果准确性，统一采用 SCIP 对 PHNNGOM 进行多工况求解，结果如图 5-5-5 所示。由图 5-5-5（a）可知，随着输气量的增加，管道压降损耗也随之增加，导致压气站进站压力降低，出站压力增大，以满足输送要求。根据图 5-5-5（b）工况 3 至工况 8 的 5 个工况，其 S1 和 D1 节点压力均贴合压力边界，可能因为目标函数与压缩机能耗紧密相关，而压缩机能耗与压比正相关。图 5-5-5（c）中工况 1 和工况 2 转速为 5633 r/min，是压缩机的最低转速边界。随着流量增加，压缩机转速不断提升，而工况 3 和工况 4 例外，这是因为工况 3 仅开启了两台压缩机而工况 4 开启了三台压缩机。图 5-5-5（d）表明单台压缩机的增压流量始终在喘振/滞止流量之间，压缩机不会出现喘振/滞止状态。

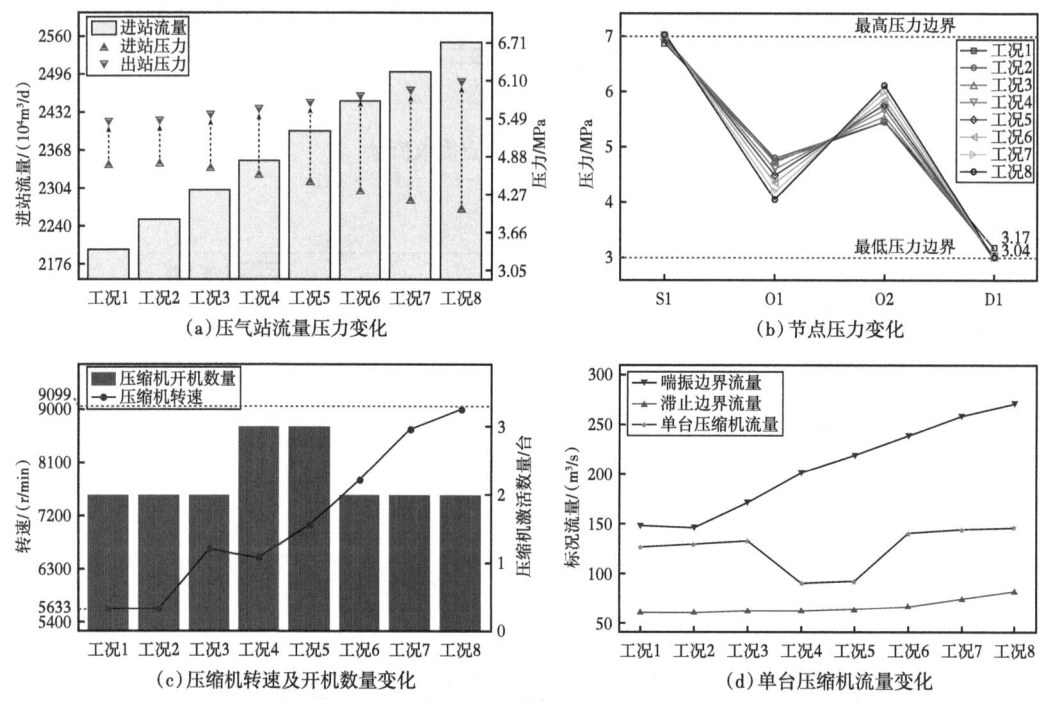

图 5-5-5　算例一优化结果

图 5-5-6 为各工况下压缩机运行的工况点在压缩机运行包络内的变化，由图可知，各工况点流量不断增加即向右方向移动。工况 3 至工况 8 还有向上方移动的趋势。而工况 2 相比于工况 1，均贴着最低转速边界线移动。结合工况 1 和工况 2 二者的终点 D1 压力均高于压力边界 3 MPa 可知，两个工况在正常情况下不满足压缩机的增压要求，即使在最低转速条件下对工况 1 和工况 2 的增压量也有富余。根据优化结果可知所提出的模型能够有效约束压缩机运行边界，并提出可行的优化结果和方案。

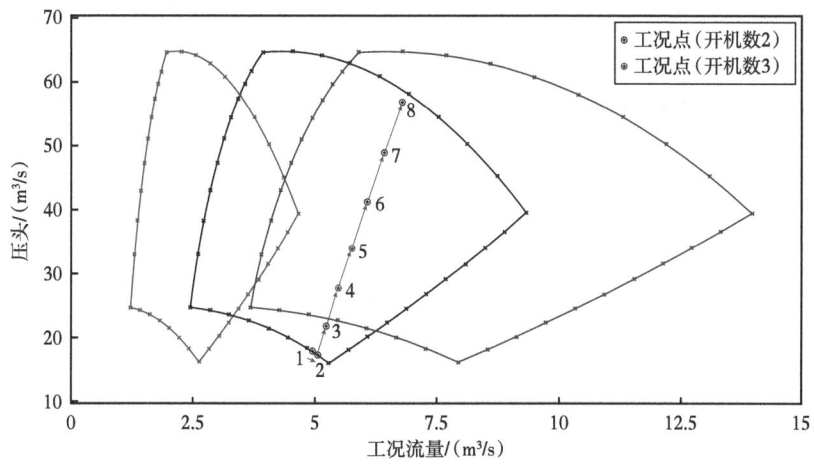

图 5-5-6　各工况下压缩机运行的工况点

三、模型迭代收敛分析

（一）枝状管网（算例二）

枝状管网求解结果如图 5-5-7 所示。结果表明，SCIP 和 GUROBI 算法均呈现出良好的收敛特性。其中，GUROBI 在时间步长为 0.8 s 时达到最优解，最优整数解由初始的 37 000 降至 23 000 左右。SCIP 则表现出更为陡峭的收敛特征，在前 0.5 s 内快速接近最优解区域，但后续收敛速度较慢。两种算法最终获得的目标函数值相近，表明求解质量具有一致性。

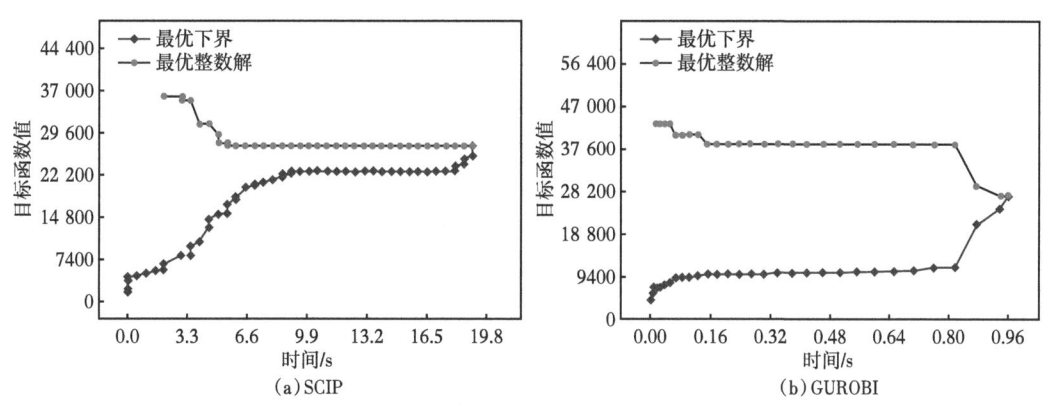

图 5-5-7　枝状管网求解结果

（二）环状管网（算例三）

环状管网（算例三）求解结果如图 5-5-8 所示。对于环状管网算例三，两种算法表现出不同的收敛行为。GUROBI 呈现平滑的单调上升趋势，在 0.8 s 左右实现稳定收敛，最优下界由约 9000 收敛至约 37 000。相比之下，SCIP 在初始阶段出现显著的数值跳变，随后进入缓慢上升阶段，收敛时间延长至约 8s，最终目标函数值达到 38 000 左右。这一现象表明环状拓扑结构对 SCIP 的收敛性能产生了明显影响。

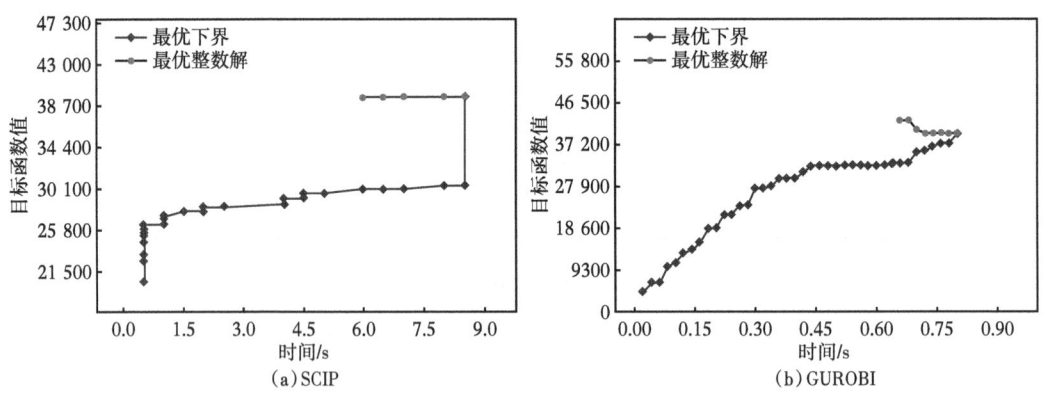

图 5-5-8　环状管网（算例三）迭代收敛结果

（三）环状管网（算例四）

环状管网（算例四）求解结果如图 5-5-9 所示。在更大规模的算例四中，两种算法展现出明显的性能差异。GUROBI 保持了平滑的收敛特性，在约 9.68 s 完成求解过程，最优下界从 2000 收敛至 24 000。SCIP 则表现出快速上升后趋于平缓的特征，但其收敛时间显著延长至 75.1 s，最终目标函数值接近 23 000。结果表明，在大规模问题中，模型基于两种算法能够获得全局最优解，且 GUROBI 在计算效率方面具有显著优势，求解速度约为 SCIP 的 10 倍。

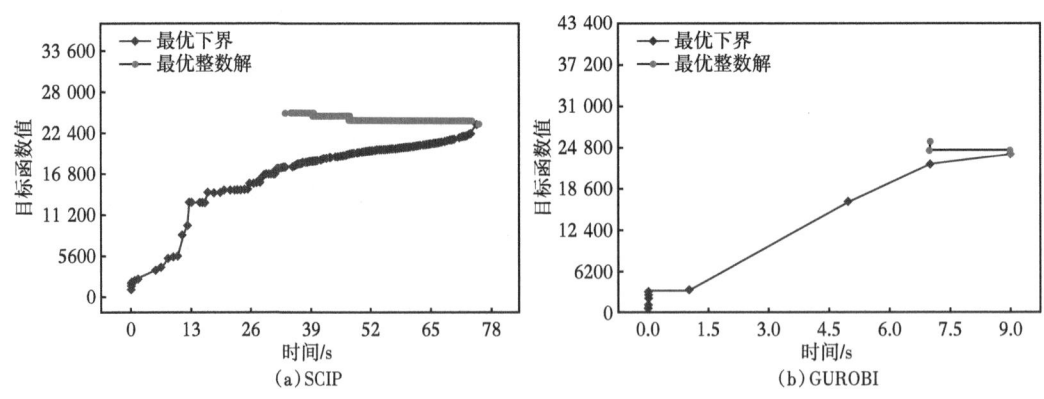

图 5-5-9　环状管网（算例四）迭代收敛结果

四、模型求解效率对比分析

为验证所提出模型的求解性能,分别采用两种算法对不同规模和拓扑结构的管网进行数值测试。测试算例包括枝状管网算例二、环状管网算例三和环状管网算例四,求解结果见表 5-5-2。

表 5-5-2 两种算法下求解性能对比

算例	管网	算法	求解时间 /s	最优解	迭代收敛误差	解状态
算例二	CQDS	SCIP	19.22	27 400.2	0.001	全局最优
		GUROBI	1.13	27 400.2	0.001	全局最优
算例三	GasLib40	SCIP	8.5	39 645.78	0.001	全局最优
		GUROBI	0.82	39 645.78	0.001	全局最优
算例四	GasLib135	SCIP	75.1	23 742.68	0.001	全局最优
		GUROBI	9.68	23 742.68	0.001	全局最优

（一）算例规模和拓扑结构的影响

数值结果表明,管网规模和拓扑结构对求解时间有显著影响。对于 GUROBI 算法,枝状管网算例二的求解时间为 1.13 s,而具有相似规模但拓扑更复杂的环状管网算例三为 0.82 s。当管网规模扩大到 135 节点时,求解时间增至 9.68 s,呈现出与规模相关的非线性增长特征,但仍保持在可接受范围内。

（二）算法性能对比

在所有测试算例中,GUROBI 算法均表现出显著的性能优势。以算例四为例,GUROBI 算法的求解时间为 9.68 s,而 SCIP 算法需要 75.1 s,相差近 8 倍。这种性能差异在其他算例中同样明显,算例二和算例三中 SCIP 算法的求解时间分别是 GUROBI 算法的 17 倍和 10 倍。然而值得注意的是,尽管求解时间存在差异,两种算法最终都能收敛到相同的最优解,充分验证了模型的鲁棒性。

（三）解的质量分析

所有算例求解状态均为全局最优解,迭代收敛误差控制在 0.001 以内。特别是在 GasLib40 和 GasLib135 这样的复杂环状管网中,两种算法都达到了 0.001 的迭代收敛误差,表明所得解的质量极高。对于同一算例,不同算法获得相同的目标函数值,进一步印证了模型的可靠性。

(四) 模型求解性能分析

相较第一章第五节基于压缩机多项式代理模型的 SModel-3 在 SCIP 算法下的求解性能，本节融合神经网络与机理模型的天然气管网高效运行优化模型 (PHNNGOM) 更快，其中在枝状管网 (算例二) 算例中求解速度快 5.82 倍，在环状管网 (算例三) 算例中求解速度快 43.4 倍，在环状管网 (算例四) 下求解速度快 47.9 倍。此外 SModel-3 在环状管网 (算例四) 下超出求解时间 3600s，迭代收敛误差为 1.39，仅得到局部最优解。PHNNGOM 则在 75.1 s 收敛到全局最优解，充分证明了其高效性与稳定性。

表 5-5-3　两种模型求解性能对比

算例	管网	模型	求解时间 /s	迭代收敛误差	解状态
算例二	CQDS	SModel-3	111.90	0.001	全局最优
		PHNNGOM	19.22	0.001	全局最优
算例三	GasLib40	SModel-3	373.27	0.001	全局最优
		PHNNGOM	8.5	0.001	全局最优
算例四	GasLib135	SModel-3	3600	1.39	局部最优
		PHNNGOM	75.1	0.001	全局最优

第六章　耦合高精度物理特性的天然气管网高效运行优化方法

传统天然气管网运行优化建模通常对压缩因子、摩阻系数等关键参数采用简化处理，并假设系统为等温流动，以此降低模型求解复杂度，确保求解效率及全局收敛性。然而在大规模复杂管网系统中，简化假设可能导致显著的累积误差。针对这一挑战，本章在融合神经网络与机理模型的天然气管网高效运行优化模型基础上，进一步耦合高精度物理特性，引入 BWRS 状态方程、Colebrook-White 方程及热力学方程，实现压缩因子、摩阻系数和温度的精确计算。针对耦合高精度物理特性带来的强非凸非线性特性，提出一种新的交替迭代求解框架，将复杂模型分解为若干子模型，通过各子模型的目标导向迭代优化，有效解决求解过程中的非凸非线性难题，提高模型整体求解精度与效率。

第一节　问题描述

天然气管网系统通常由管道、压缩机、阀门等多种设备组成，形成复杂的网络拓扑结构。在该系统中，天然气流动过程涉及压力、流量、温度等多物理量耦合变化，同时受到压缩因子、摩阻系数等参数的影响。传统天然气管网运行优化研究主要采用简化建模方法，对关键物理参数如压缩因子采用常数假设或简化经验公式，对摩阻系数使用固定值或简化计算方法，并假设系统为等温流动。简化处理降低了计算复杂度，提高了模型求解效率和收敛性，但同时也带来显著缺陷。在大规模管网系统中，各参数简化引起的误差会沿着流动路径累积放大，导致优化结果与实际运行状态产生较大偏差。特别是在压力、流量或温度变化显著的工况下，误差更为突出。由于模型与实际物理过程存在差异，基于简化模型得到的优化方案在实际应用中可能不具备可行性，需要运行人员进行大量调整，降低了优化结果的实用价值。

针对上述问题，本章面临的核心挑战是如何在保证模型求解效率和全局收敛特性的同时，提高物理模型的精确性。引入精确的压缩因子、摩阻系数及热力学计算方程会显著增加模型的非线性程度和非凸性，传统优化方法难以在合理时间内找到满足工程需求的高质量解。此外，复杂物理模型的引入也对计算资源提出了更高要求，如何在有限的计算条件下实现模型的高效求解是本研究需要解决的关键问题。为应对这些挑战，本章提出一种新的交替迭代求解框架。基于融合神经网络与机理模型的天然气管网高效运行优化模型，进一步引入高精度物理特性；通过 BWRS 状态方程、Colebrook-White 方程及热力学方程，实现压缩因子、摩阻系数和温度的精确计算，提高模型的物理保真度，如图 6-1-1 所示。采用模型分解策略，将包含高精度物理特性的复杂非凸非线性模型分解为若干相对独立的子模型；设计目标导向的交替迭代优化算法，通过子模型间的信息交互与迭代更新，实现整体模型的高效求解。

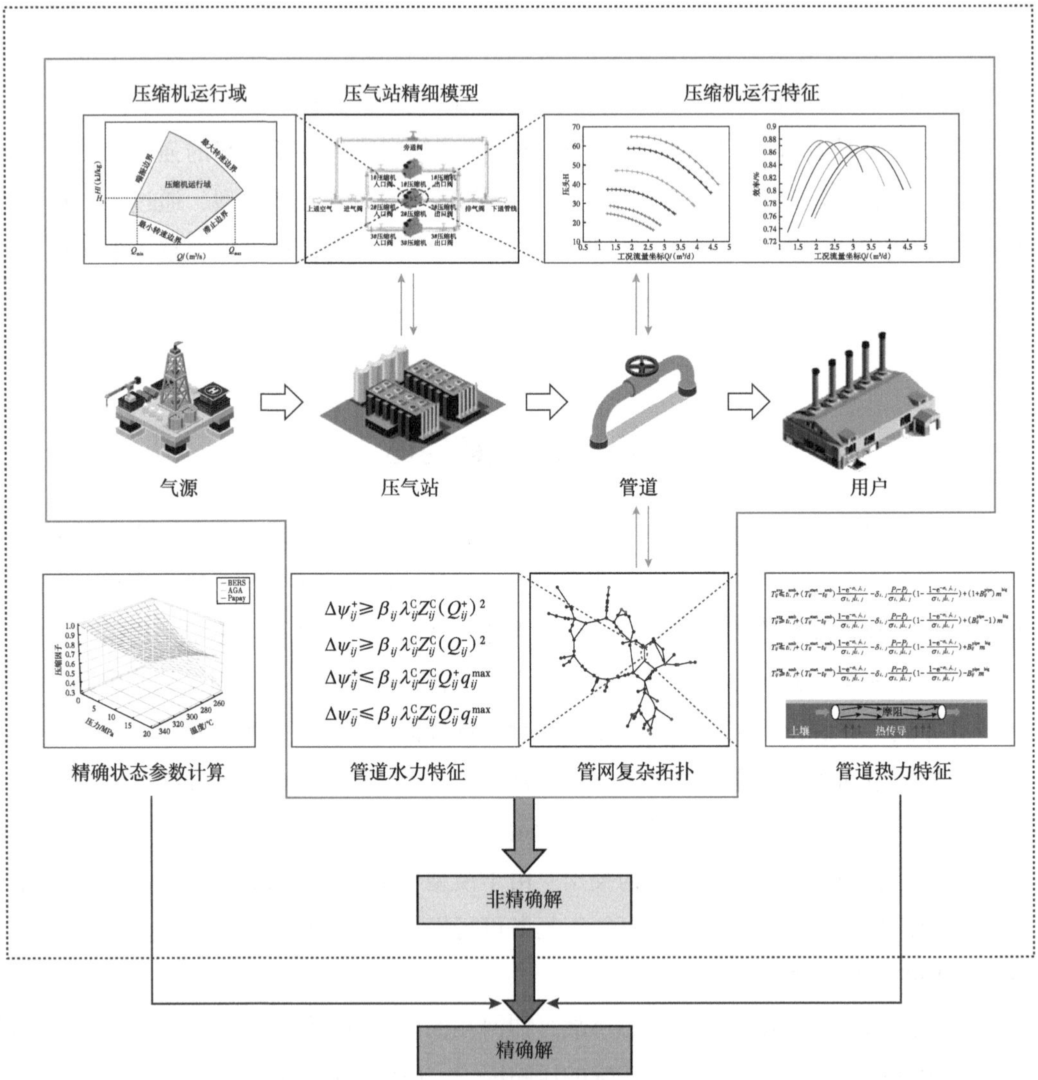

图 6-1-1　耦合高精度物理特性的天然气管网运行优化问题描述

第二节 优化模型

耦合高精度物理特性的天然气管网高效运行优化模型以 PHNNGOM 为基础，在此之上进行了关键拓展。引入 Colebrook-White 公式计算管道摩阻系数，以精准地描述天然气在管道内流动时的阻力特性，充分考虑管道粗糙度、管径以及流体雷诺数等因素对摩阻的影响。利用 BWRS 方程计算压缩因子，考虑气体组成、温度和压力等条件，使压缩因子的计算结果更贴合实际工况。同时，引入热力学方程计算管道温降及压缩机出口温度，考虑环境温度、管道散热等因素。从而使得模型能够更准确地反映天然气管网运行过程中的物理现象。

一、目标函数

耦合高精度物理特性的天然气管网高效运行优化模型以碳排放与压缩机能耗最低为目标函数，如式（6-2-1）所示。

$$\min F_1 = C^{\mathrm{pow}} + C^{\mathrm{carb}} \tag{6-2-1}$$

二、约束条件

耦合高精度物理特性的天然气管网高效运行优化模型（简称 CHPPC-PHNNGOM）的约束条件包含节点流量平衡约束、管道水力约束、压气站约束、DNN-MILP 约束、管道热力约束以及节点热力约束。流量平衡约束方程如式（5-3-6）所示。管道水力约束在式（5-3-7）基础上考虑摩阻系数与压缩因子计算，摩阻系数采用 Colebrook-White 公式进行计算，压缩因子采用准确的 BWRS 方程进行计算。压气站约束如式（5-3-8）至式（5-3-18）所示。DNN-MILP 约束在原有基础上加入压缩机出口温度 DNN-MILP 相关约束。管道热力约束采用天然气管道温降方程计算管道内天然气热力变化。节点热力约束确保各管道中的天然气在汇集到某一节点混合后天然气温度满足热平衡条件。

（一）流量平衡约束

流量平衡约束方程如式（5-3-6）所示。

（二）管道水力约束

考虑压缩因子和摩阻系数精确计算的稳态流动压降方程如式（6-2-2）所示。

$$p_i^2 - p_j^2 = \beta_{ij}^{\mathrm{pipe,c}} Z_{ij}^{\mathrm{BWRS}} \lambda_{ij}^{\mathrm{C\text{-}W}} Q_{ij} |Q_{ij}| \tag{6-2-2}$$

其中

$$\beta_{ij}^{\mathrm{pipe,c}} = \frac{\rho^{\mathrm{rel}} T_{ij}^{\mathrm{avg}} L_{ij}}{c_0^2 D_{ij}^5} \tag{6-2-3}$$

式中　p_i——节点 i 压力，MPa；

　　　$B_{ij}^{\text{pipe,c}}$——管道 ij 阻力系数常数项，MPa；

　　　$\lambda_{ij}^{\text{C-W}}$——管道 ij 摩阻系数，基于 Colebrook-White 公式计算；

　　　Z_{ij}^{BWRS}——管道 ij 内天然气压缩因子，基于 BWRS 方程计算；

　　　T_{ij}^{avg}——管道 ij 内天然气平均温度，K；

　　　ρ^{rel}——天然气相对密度；

　　　L_{ij}——管道长度，m；

　　　D_{ij}——管道直径，m。

由于 Colebrook-White 公式具有较宽的适应性，因此在本书中采用 Colebrook-White 公式计算水力摩阻系数，如式（6-2-4）所示。

$$\frac{1}{\sqrt{\lambda_{ij}}} = -2\lg\left[\frac{k_{ij}}{3.71 D_{ij}} + \frac{2.51}{Re_{ij}\sqrt{\lambda_{ij}}}\right] \quad (6\text{-}2\text{-}4)$$

式中　Re_{ij}——雷诺数；

　　　k_{ij}——管内壁绝对粗糙度，m；

　　　v——运动黏度，m²/s。

在管道压缩因子计算中，本书采用公认的适用范围广、计算精度高的 BWRS 方程，其表达式如式（6-2-5）所示。

$$p = \rho RT + \left(B_0 RT - A_0 - \frac{C_0}{T^2} + \frac{D_0}{T^3} - \frac{E_0}{T^4}\right) + \left(bRT - a - \frac{d}{T}\right)\rho^3 \\ + \alpha\left(a + \frac{d}{T}\right)\rho^6 + \frac{c\rho^3}{T^2}\left(1 + \gamma\rho^2\right)\exp\left(-\gamma\rho^2\right) \quad (6\text{-}2\text{-}5)$$

式中　R——气体常数，J/(mol·K)；

　　　p——压力，kPa；

　　　ρ——天然气密度，kg/m³；

　　　T——温度，K。

对于双向管道，可通过引入管道流向 0-1 变量，用于表示管道流向。同时，为简化管道压降方程表达，通过 $\Psi = p^2$ 替换压降的平方，如式（6-2-6）至式（6-2-9）所示。

$$\psi_i - \psi_j \geq \beta_{ij} Z_{ij}^{\text{BWRS}} \lambda_{ij}^{\text{C-W}} Q_{ij}^2 + m^{\text{big}}\left(B_{ij}^{\text{pipe}} - 1\right) \quad (6\text{-}2\text{-}6)$$

$$\psi_i - \psi_j \leq \beta_{ij} Z_{ij}^{\text{BWRS}} \lambda_{ij}^{\text{C-W}} Q_{ij}^2 + m^{\text{big}}\left(1 - B_{ij}^{\text{pipe}}\right) \quad (6\text{-}2\text{-}7)$$

$$\psi_j - \psi_i \geqslant \beta_{ij} Z_{ij}^{\text{BWRS}} \lambda_{ij}^{\text{C-W}} Q_{ij}^2 - m^{\text{big}} B_{ij}^{\text{pipe}} \qquad (6\text{-}2\text{-}8)$$

$$\psi_j - \psi_i \leqslant \beta_{ij} Z_{ij}^{\text{BWRS}} \lambda_{i,j}^{\text{C-W}} Q_{ij}^2 + m^{\text{big}} B_{ij}^{\text{pipe}} \qquad (6\text{-}2\text{-}9)$$

式中 B_{ij}^{pipe}——管道 ij 流向变量，1 表示天然气由 i 点流向 j 点，0 反之；

m^{big}——一个足够大的数；

管道流向应与管道流量正负值耦合，当流量为正时，则正向流动，B_{ij}^{pipe} 为 1；当流量为负时则反向流动，B_{ij}^{pipe} 为 0，如式（6-2-10）和式（6-2-11）。

$$B_{ij}^{\text{pipe}} \geqslant Q_{ij} / q_{ij}^{\max} \qquad (6\text{-}2\text{-}10)$$

$$B_{ij}^{\text{pipe}} \leqslant 1 + Q_{ij} / q_{ij}^{\max} \qquad (6\text{-}2\text{-}11)$$

式中 $q_{ij}^{\max}$——元件 ij 最大输送流量，$10^4 \text{m}^3/\text{d}$。

（三）压气站约束

压气站负荷分配约束如式（5-3-8）至式（5-3-18）所示。

（四）DNN-MILP 约束

压缩机转速 DNN-MILP 约束如式（5-3-23）至式（5-3-26）所示，压缩机功率 DNN-MILP 约束如式（5-3-27）至式（5-3-30）所示，压缩机喘振/滞止流量 DNN-MILP 约束如式（5-3-31）至式（5-3-36）所示。压缩机出口温度 DNN-MILP 约束如式（6-2-12）至式（6-2-15）所示。

$$\tilde{T}_{ij}^{\text{out}} = f_{ij}^{\text{temp, DNN}} \left(\tilde{\omega}_{ij}^{\text{com}}, \tilde{\psi}_i, \tilde{T}_{ij}^{\text{in}}, \tilde{Q}_{ij}^{\text{com}} \right) \qquad (6\text{-}2\text{-}12)$$

$$T_{ij}^{\text{out}} \geqslant \frac{\left(\tilde{T}_{ij}^{\text{out}} + 1 \right)}{2} \left(T_{ij}^{\text{com, max}} - T_{ij}^{\text{com, min}} \right) + T_{ij}^{\text{com, min}} - \left(1 - B_{ij}^{\text{act}} \right) m^{\text{big}} \qquad (6\text{-}2\text{-}13)$$

$$T_{ij}^{\text{out}} \leqslant \frac{\left(\tilde{T}_j^{\text{out}} + 1 \right)}{2} \left(T_{ij}^{\text{com, max}} - T_{ij}^{\text{com, min}} \right) + T_{ij}^{\text{com, min}} + \left(1 - B_{ij}^{\text{act}} \right) m^{\text{big}} \qquad (6\text{-}2\text{-}14)$$

$$T_{ij}^{\text{com, min}} B_{ij}^{\text{act}} \leqslant T_j \leqslant T_{ij}^{\text{com, max}} B_{ij}^{\text{act}} \qquad (6\text{-}2\text{-}15)$$

式中 $T_{ij}^{\text{com, max}}$——压缩机 ij 最大排气温度，K；

$T_{ij}^{\text{com, min}}$——压缩机 ij 最小排气温度，K；

$\tilde{T}_{ij}^{\text{out}}$——归一化压缩机排气温度，K；

T_{ij}^{out}——压缩机 ij 实际排气温度，K。

（五）管道热力约束

管道温降方程考虑焦耳—汤姆逊效应引起的温度下降。焦耳—汤姆逊效应系数 δ_{ij} 对节流过程中产生的温度变化有很大影响。管道温降方程计算公式如式（6-2-16）至式（6-2-20）。

$$T_{ij}^{\text{end}} \leqslant T_{ij}^{\text{amb}} + (T_{ij}^{\text{start}} - T_{ij}^{\text{amb}})e^{-\sigma_{ij}L_{ij}} - \delta_{ij}\frac{p_i - p_j}{\sigma_{ij}L_{ij}}\left(1 - e^{-\sigma_{ij}L_{ij}}\right) + \left(1 - B_{ij}^{\text{pipe}}\right)m^{\text{big}} \quad (6\text{-}2\text{-}16)$$

$$T_{ij}^{\text{end}} \geqslant T_{ij}^{\text{amb}} + \left(T_{ij}^{\text{start}} - T_{ij}^{\text{amb}}\right)e^{-\sigma_{ij}L_{ij}} - \delta_{ij}\frac{p_i - p_j}{\sigma_{ij}L_{ij}}\left(1 - e^{-\sigma_{ij}L_{ij}}\right) + \left(B_{ij}^{\text{pipe}} - 1\right)m^{\text{big}} \quad (6\text{-}2\text{-}17)$$

$$T_{ij}^{\text{end}} \leqslant T_{ij}^{\text{amb}} + \left(T_{ij}^{\text{start}} - T_{ij}^{\text{amb}}\right)e^{-\sigma_{ij}L_{ij}} - \delta_{ij}\frac{p_j - p_i}{\sigma_{ij}L_{ij}}\left(1 - e^{-\sigma_{ij}L_{ij}}\right) + B_{ij}^{\text{pipe}}m^{\text{big}} \quad (6\text{-}2\text{-}18)$$

$$T_{ij}^{\text{end}} \geqslant T_{ij}^{\text{amb}} + \left(T_{ij}^{\text{start}} - T_{ij}^{\text{amb}}\right)e^{-\sigma_{ij}L_{ij}} - \delta_{ij}\frac{p_j - p_i}{\sigma_{ij}L_{ij}}\left(1 - e^{-\sigma_{ij}L_{ij}}\right) - B_{ij}^{\text{pipe}}m^{\text{big}} \quad (6\text{-}2\text{-}19)$$

$$\sigma_{ij} = \frac{k_{ij}^{\text{tran}}\pi D_{i,j}}{\rho Q_{ij} c_p} \quad (6\text{-}2\text{-}20)$$

式中　T_{ij}^{end}——管道 ij 末端温度，K；

　　　T_{ij}^{start}——管道 ij 起点温度，K；

　　　T_{ij}^{amb}——管道埋深所处环境温度，K；

　　　δ_{ij}——焦耳—汤姆逊效应系数，K/MPa；

　　　k_{ij}^{tran}——管道 ij 的总传热系数，W/（m²·K）；

　　　c_p——气体质量定压热容，J/（kg·K）；

　　　ρ——天然气密度，kg/m³。

天然气管道内压缩因子通常通过管道平均温度进行计算。管道平均温度计算如式（6-2-21）至式（6-2-24）所示。

$$T_{ij}^{\text{avg}} \leqslant T_{ij}^{\text{amb}} + \left(T_{ij}^{\text{start}} - T_{ij}^{\text{amb}}\right)\frac{1 - e^{-\sigma_{ij}L_{ij}}}{\sigma_{ij}L_{ij}} - \delta_{ij}\frac{p_i - p_j}{\sigma_{ij}L_{ij}}\left(1 - \frac{1 - e^{-\sigma_{ij}L_{ij}}}{\sigma_{ij}L_{ij}}\right) + \left(1 - B_{ij}^{\text{pipe}}\right)m^{\text{big}} \quad (6\text{-}2\text{-}21)$$

$$T_{ij}^{\text{avg}} \geqslant T_{ij}^{\text{amb}} + \left(T_{ij}^{\text{start}} - T_{ij}^{\text{amb}}\right)\frac{1 - e^{-\sigma_{ij}L_{ij}}}{\sigma_{ij}L_{ij}} - \delta_{ij}\frac{p_i - p_j}{\sigma_{ij}L_{ij}}\left(1 - \frac{1 - e^{-\sigma_{ij}L_{ij}}}{\sigma_{ij}L_{ij}}\right) + \left(B_{ij}^{\text{pipe}} - 1\right)m^{\text{big}} \quad (6\text{-}2\text{-}22)$$

$$T_{i,j}^{avg} \leqslant T_{ij}^{amb} + \left(T_{ij}^{start} - T_{ij}^{amb}\right)\frac{1-\mathrm{e}^{-\sigma_{ij}L_{ij}}}{\sigma_{ij}L_{ij}} - \delta_{ij}\frac{p_j - p_i}{\sigma_{ij}L_{ij}}\left(1 - \frac{1-\mathrm{e}^{-\sigma_{ij}L_{ij}}}{\sigma_{ij}L_{ij}}\right) + B_{ij}^{pipe}m^{big} \quad （6-2-23）$$

$$T_{ij}^{avg} \geqslant T_{ij}^{amb} + \left(T_{ij}^{start} - T_{ij}^{amb}\right)\frac{1-\mathrm{e}^{-\sigma_{ij}L_{ij}}}{\sigma_{ij}L_{ij}} - \delta_{ij}\frac{p_j - p_i}{\sigma_{ij}L_{ij}}\left(1 - \frac{1-\mathrm{e}^{-\sigma_{ij}L_{ij}}}{\sigma_{ij}L_{ij}}\right) - B_{ij}^{pipe}m^{big} \quad （6-2-24）$$

（六）节点热力约束

节点热力约束是确保各管道中的天然气在汇集到某一节点时，所混合后的天然气温度满足热平衡条件的一种约束[20-21]。这种约束的依据是热力学中的热平衡原理。具体来说，天然气在管道中流动时，各管道的天然气具有不同的温度和流量，当这些气体在某一节点汇集时，其混合后的温度需要满足式（6-2-25）。

$$T_i^{node} = \frac{\sum_{i:(j,i)\in A} T_{ji}^{end} Q_{ji} B_{ji}^{pipe} + \sum_{j:(i,j)\in A} T_{ij}^{end} Q_{ij}\left(1 - B_{ij}^{pipe}\right)}{\sum_{i:(j,i)\in A} Q_{ji} B_{ji}^{pipe} + \sum_{j:(i,j)\in A} Q_{ij}\left(1 - B_{ij}^{pipe}\right)}, \quad \forall i \in V - V_s \quad （6-2-25）$$

式中 T_{ij}^{node}——节点 i 天然气混气后的温度，K；

T_{ij}^{end}——管道 ij 末端温度，K。

对于供应节点，除计算汇集到节点处的天然气混合温度外，还需要将从该节点上载的天然气温度纳入共同混合的计算中，以确保整体温度符合热平衡要求，如式（6-2-26）。

$$T_i^{node} = \frac{\left(\sum_{i:(j,i)\in A} T_{ji}^{end} Q_{ji} B_{ji}^{pipe}\right) + \left[\sum_{j:(i,j)\in A} T_{ij}^{end} Q_{ij}\left(1 - B_{ij}^{pipe}\right)\right] + T_i^{source} q_i^{up}}{\sum_{i:(j,i)\in A} Q_{ji} B_{ji}^{pipe} + \sum_{j:(i,j)\in A} Q_{ij}\left(1 - B_{ij}^{pipe}\right) + q_i^{up}}, \quad \forall i \in V_s \quad （6-2-26）$$

式中 T_{ij}^{source}——供应节点上载天然气的温度，K。

考虑双向管道流动的情况，在双向流动的场景中，管道起点的天然气温度应等于节点处混合后的天然气温度。该温度同时作为管道天然气流动的起始温度，为后续的流动提供热力学基础。温度耦合约束如式（6-2-27）至式（6-2-30）所示。

$$T_{ij}^{start} \leqslant T_i^{node} + \left(1 - B_{ij}^{pipe}\right)m^{big} \quad （6-2-27）$$

$$T_{ij}^{start} \geqslant T_i^{node} + \left(B_{ij}^{pipe} - 1\right)m^{big} \quad （6-2-28）$$

$$T_{ij}^{start} \leqslant T_j^{node} + B_{ij}^{pipe} m^{big} \quad （6-2-29）$$

$$T_{ij}^{start} \geqslant T_j^{node} - B_{ij}^{pipe} m^{big} \quad （6-2-30）$$

第三节　交替迭代求解框架

耦合高精度物理特性的天然气管网高效运行优化模型包含水力约束、热力约束等非凸非线性约束，并且涉及大量离散变量，属于典型的混合整数非线性规划模型（MINLP）。尽管现有的求解算法在一定程度上能够处理这类问题，但在面对管道摩擦系数计算方程、BWRS 状态方程以及管道温降方程，由于涉及复杂的指数和对数运算，显著增加了计算的复杂性，并容易导致求解算法在收敛到全局最优解时遇到困难。因此，提出一种交替迭代求解框架，将整体模型拆分为多个子模型，每个子模型针对特定目标进行求解，以提高整体求解效率与准确性。

一、算法框架设计

所建立模型涉及大量的连续变量和离散变量，模型为 MINLP 模型。为了提高求解效率，采用管道压降方程凸松弛以及压缩机性能 DNN 预测模型 MILP 重构。降低的模型的复杂度，保证模型精度的同时提高了模型的求解效率。然而摩阻系数计算式、压缩因子计算式以及温降计算式具有极强非凸非线性特征，直接求解仍十分困难。因此，为实现有效求解，本书将模型解耦为四个子模型即管网流量配置子模型、热力校准子模型、状态参数计算子模型和能耗与碳排放优化子模型。通过在模型之间进行交替迭代赋值，大大降低各子模型复杂度，以加快模型整体求解效率。交替迭代求解框架详细流程如图 6-3-1 所示。

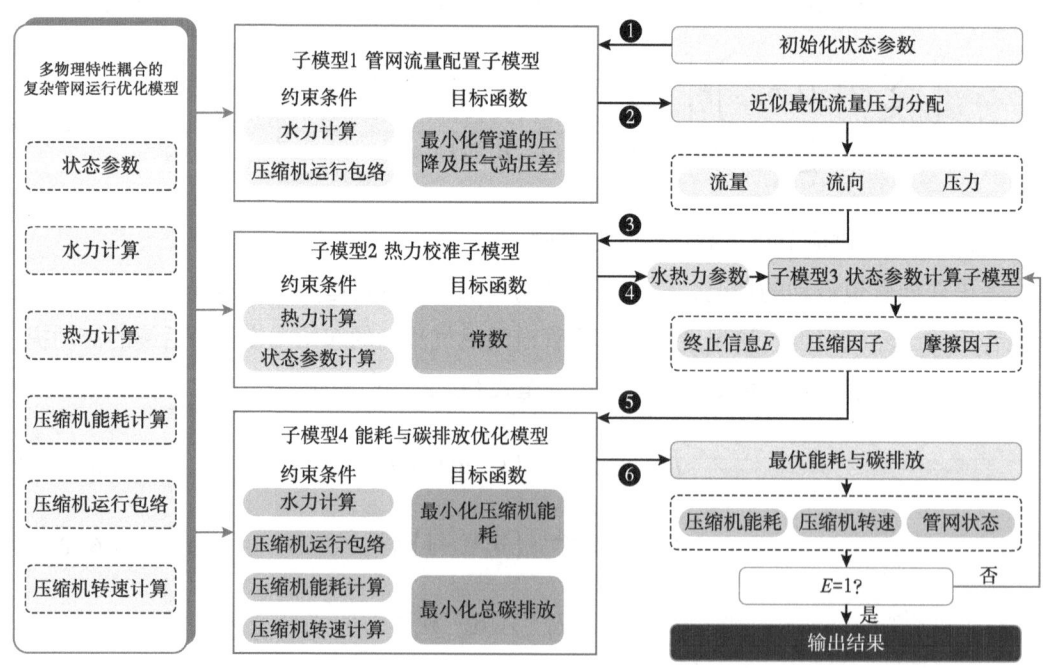

图 6-3-1　模型分解迭代求解

（1）参数初始化。初始化压缩因子 $Z_{ij,0}$、摩擦因子 $\lambda_{ij,0}$ 及管道平均温度参数 $T_{ij,0}^{\text{avg}}$。此步骤确保后续计算中所需参数的初始值合理，便于迭代计算的开始。

（2）管网流量配置子模型求解。通过赋值压缩因子及管道平均温度，求解管网流量配置子模型。获得近似最优的初始各节点压力平方 $\Psi_{ij,0}$、管道平均压力 $\Psi_{ij,0}^{\text{avg}}$、管道流量 $Q_{ij,0}$ 及管道流向 $T_{ij,0}^{\text{pipe}}$ 参数。

（3）利用已计算得出的节点压力 $\sqrt{\psi_{i,k-1}}$、管道平均压力 $\sqrt{\psi_{ij,k-1}^{\text{avg}}}$、管道流量 $Q_{ij,k-1}$ 及管道流向 $B_{ij,k-1}^{\text{pipe}}$ 参数，赋值并求解热力校准子模型。通过求解，获取各节点温度 $T_{i,k-1}^{\text{node}}$ 以及管道平均温度 $T_{ij,k-1}^{\text{avg}}$。

（4）根据上一次迭代的管道平均压力 $p_{ij,k-1}^{\text{avg}}$ 及第三步所得管道平均温度 $T_{ij,k-1}^{\text{avg}}$，计算最新压缩因子 $Z_{ij,k}$ 及摩阻系数 $\lambda_{ij,k}$。

（5）多点采样法计算管道平均温度误差 $CG1$ 及压缩因子误差 $CG2$。$CG1 < \varepsilon_1$ 和 $CG2 < \varepsilon_2$ 时 $E=1$，否则 $E=0$。

（6）依据更新后的压缩因子 $Z_{ij,k}$、摩阻系数 $\lambda_{ij,k}$ 及温度参数，求解能耗及碳排放优化模型并得出最优能耗和碳排放的结果，压缩机能耗、压缩机转速、节点压力 $p_{i,k}$、管道平均压力 $p_{ij,k}^{\text{avg}}$、管道流量 $Q_{ij,k}$ 及管道流向 $B_{ij,k}^{\text{pipe}}$。如果 $E=1$，则输出结果。否则将结果输入步骤（3），继续迭代。

二、管网流量配置子模型

管网流量配置子模型旨在快速求解最优初始解，以加速后续整体模型的求解。通过赋值初始化压缩因子 $Z_{ij,0}$、摩擦因子 $\lambda_{ij,0}$ 及管道平均温度参数 $T_{ij,0}^{\text{avg}}$，并忽略压气站功率及转速等性能参数优化，能够有效降低模型复杂度。该模型以最小化管道的压降及压气站压差为目标函数来实现管道流量的近似最优初始配置。目标函数表示如式（6-3-1）所示。

$$\min F^{\text{sub1}} = \sum_{i:(j,i)\in A_{\text{p}}} \Delta \psi_{ij} + \sum_{i:(j,i)\in A_{\text{cs}}} \left(\psi_j - \psi_i \right) \qquad (6-3-1)$$

管网流量配置子模型约束条件包含节点流量平衡约束式（5-3-6），管道水力约束式（6-2-6）至式（6-2-11），压气站约束式（5-3-8）至式（5-3-18），压缩机喘振滞止流量 DNN-MILP 约束式（5-3-31）至式（5-3-36）。管网流量配置子模型中摩擦系数、压缩因子以及温度均设为常数值。管网流量配置子模型以管道压降和压气站压差最小化为目标，以初步确定管道和压缩机的流量分配，并得到管网各管道和节点的压力、流量等参数。然而，由于采用了等温假设和其他简化处理，该模型仅能获得具有较高可行性的流量分配方案，而非全局最优解。

三、热力校准子模型

热力校准子模型的构建旨在精确校核管网在已确定输送条件下的温度分布。热力校准子模型引入更加准确的热力学约束和能量守恒方程,校正管道和压缩机的温降、摩擦损耗及压缩过程中的热力变化,并为天然气物性参数的计算提供基本温度条件。通过管网流量配置子模型和能耗与碳排放优化子模型得出管道流量和节点压力的情况下,管网的热力学状态可以通过唯一的解进行描述。因此,热力校准子模型的目标函数以 0 为目标值,如式(6-3-2)所示。该目标函数确保模型通过不断调整管网热力学状态参数,使其满足所有热力学方程和约束条件。

$$\min F^{\text{sub2}} = 0 \quad (6\text{-}3\text{-}2)$$

热力校准子模型约束条件包含了压缩机出口温度 DNN-MILP 约束式(6-2-12)至式(6-2-15)、管道热力约束式(6-2-16)至式(6-2-24)、节点热力约束式(6-2-25)至式(6-2-30)。在热力校准子模型需通过更新相关温度参数来校正管道摩擦系数和压缩因子。然而,直接对参数进行全局更新可能导致解的振荡和不收敛现象。为应对该挑战,本书采用多点采样更新法。通过对管网中关键点的温度进行采样,结合全局与局部的误差评估,对不同区域的热力学参数进行局部更新。该方法能够避免对整个管网的参数进行全局调整,降低解不稳定的风险,确保局部区域收敛稳定。

对于每个采样点,计算其校准温度 T_i^{cal} 和估计温度 T_i^{est} 之间的误差,如式(6-3-3)所示。

$$\epsilon_i = \frac{T_i^{\text{est}} - T_i^{\text{cal}}}{T_i^{\text{cal}}} \quad (6\text{-}3\text{-}3)$$

式中 ϵ_i ——采样点相对误差。

根据采样点的误差大小为每个采样点分配权重。误差较大的采样点应赋予较高的权重,以引导参数更新更专注于温差较大的区域。权重可以按照误差比例分配,如式(6-3-4)所示。

$$w_i = \frac{|\epsilon_i|}{\sum_{i=1}^{n}|\epsilon_i|} \quad (6\text{-}3\text{-}4)$$

式中 w_1——采样点权重;
n——采样点总数。

根据采样点的误差和权重,对每个采样点附近区域的热力学参数进行局部更新。更新式采用基于渐进更新的策略,如式(6-3-5)所示。

$$\theta_i^{\text{new}} = \theta_i^{\text{old}} + \phi w_i \epsilon_i \tag{6-3-5}$$

式中　θ_i^{new}——采样点更新后的参数；

　　　θ_i^{old}——前一次迭代中的参数；

　　　ϕ——调节因子，用于控制参数调整的幅度。

上述过程需要迭代多次进行，在每次迭代中，重新计算采样点的误差并更新热力学参数。迭代过程收敛条件设置如式（6-3-6）。

$$E = \sum_{i=1}^{N} w_i |\epsilon_i| < \epsilon_{\text{threshold}} \tag{6-3-6}$$

式中　$\epsilon_{\text{threshold}}$——收敛终止误差；

　　　E——多点采样误差。

四、状态参数计算子模型

状态参数计算子模型旨在通过 BWRS 状态方程和 Colebrook-White 方程，基于已求解得出的水热力参数，进一步计算摩擦系数和压缩因子。在整个框架中，摩擦系数和压缩因子都作为外层参数进行更新，进入能耗与碳排放优化子模型以及热力校准子模型参与优化求解。

五、能耗与碳排放优化子模型

能耗与碳排放优化子模型基于状态参数计算子模型计算得到的摩阻系数和压缩因子作为参数，结合压缩机的性能参数与实际工况，优化能耗和碳排放。能耗与碳排放优化子模型能够精细调节压缩机的运行状态，并确保在满足水力和热力约束的前提下，实现整体管网的高效、低碳运行。

$$\min F^{\text{sub3}} = C^{\text{pow}} + C^{\text{carb}} \tag{6-3-7}$$

能耗与碳排放优化模型均包含节点流量平衡约束式（5-3-6），管道水力约束式（6-2-6）至式（6-2-11），压气站约束式（5-3-8）至式（5-3-18），压缩机喘振/滞止流量 DNN-MILP 约束式（5-3-31）至式（5-3-36）。此外，能耗与碳排放优化模型考虑压气站转速和功率 DNN-MILP 约束如式（5-3-23）至式（5-3-30）所示。

第四节　算例分析

一、算例基础数据及场景设置

为验证本书提出的模型及求解框架的有效性，选取三类典型拓扑结构的天然气管网开展数值实验。分别使用包含 45 节点枝状管网（算例一）、135 节点环状管网（算例二）

和 582 节点环状管网（算例三）的测试算例，算例结构信息见表 6-4-1，算例拓扑结构如图 6-4-1 所示。

表 6-4-1 算例信息

算例	节点数	气源数	需求节点数	管道数	压气站数	类型	算例来源
算例一	45	2	30	37	7	枝状管网	实际工程案例
算例二	135	6	99	141	29	环状管网	GasLib
算例三	582	31	129	278	5	环状管网	GasLib

算例一基于我国某区域天然气管网实际工程案例，构建包含 45 节点的枝状拓扑结构测试系统。该系统配置双气源节点、30 个需求节点及 7 座压气站，共含 37 条管段，可有效表征典型支线管网的运行特征。算例二采用 GasLib 提供的 135 节点标准算例。该环状拓扑管网包含 6 个气源节点、99 个需求节点及 29 座压气站，通过 141 条管段形成多环网络结构，适用于验证模型在复杂环网中的适应性。算例三同样来源于 GasLib 提供的 582 个节点的大规模复杂环状管网，该管网共配置 31 个气源节点、129 个需求节点及 5 座压气站，通过 278 条长输管道以及 269 条短管形成多级压力系统。该算例旨在验证所提方法在大规模管网系统中的计算稳定性和工程实用性。

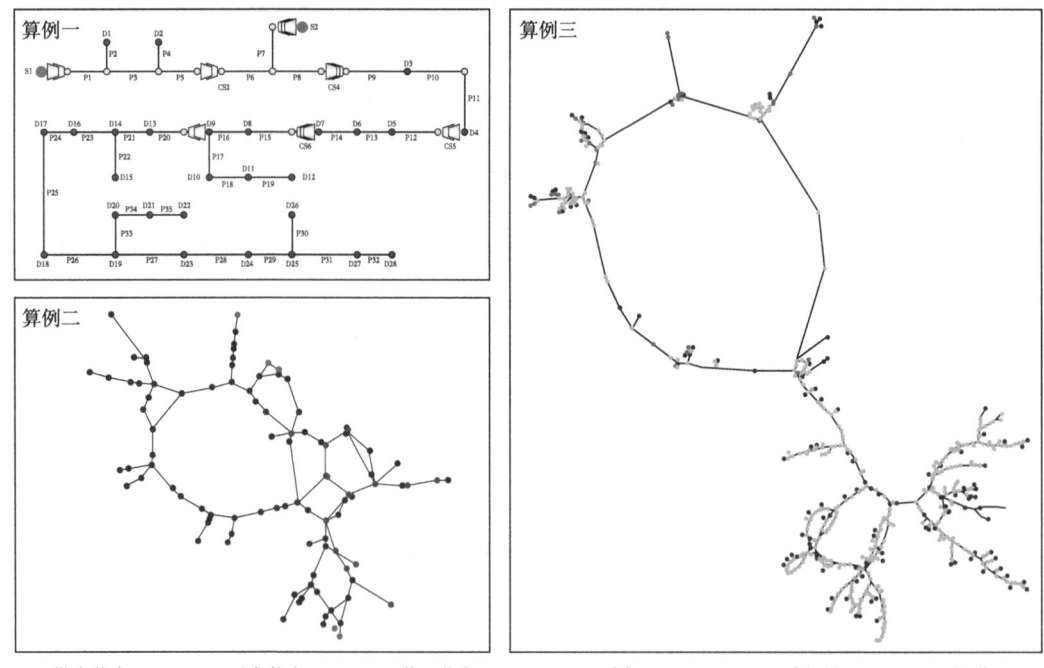

图 6-4-1 算例管网结构拓扑图

从优化结果准确性、迭代收敛特性以及模型求解性能等方面进行场景设置。场景1旨在验证所提模型在实际工程中的准确性与可靠性，测试算例为算例一（45节点枝状管网），并结合仿真软件PIPESIM建立算例一的仿真模型，以验证水热力优化结果的准确性。场景2为迭代收敛特性分析，旨在分析所提模型在不同规模和类型天然气管网中的迭代收敛特性，测试算例包括算例一、算例二和算例三，重点关注迭代次数、收敛时间以及目标函数变化趋势等关键指标。场景3旨在对比CHPPC-PHNNGOM、PHNNGOM和General Model的求解性能，测试算例为算例一、算例二和算例三，重点关注求解时间和目标函数精度（表6-4-2）。

表6-4-2 场景设置

场景编号	测试算例	测试目标	关键指标
场景1	算例一	验证实际工程应用准确性	与实际数据偏差、预测误差
场景2	算例一、算例二、算例三	分析迭代收敛特性	迭代次数、收敛时间、目标函数变化
场景3	算例一、算例二、算例三	对比模型求解性能	求解时间、目标函数精度

二、优化结果准确性分析

对耦合高精度物理特性的天然气管网高效运行优化模型（称为CHPPC-PHNNGOM）进行求解，经6次迭代后获得全局最优解768438.91，总计算耗时12.51s，如图6-4-2所示。其中，第0次迭代即管网流量配置子模型求解时间为0.52s，低于平均迭代时间，这表明不考虑压缩机详细的特性参数求解有助于提升求解效率。同时，根据目标函数的变化趋势可以发现，模型算法收敛特性较好。

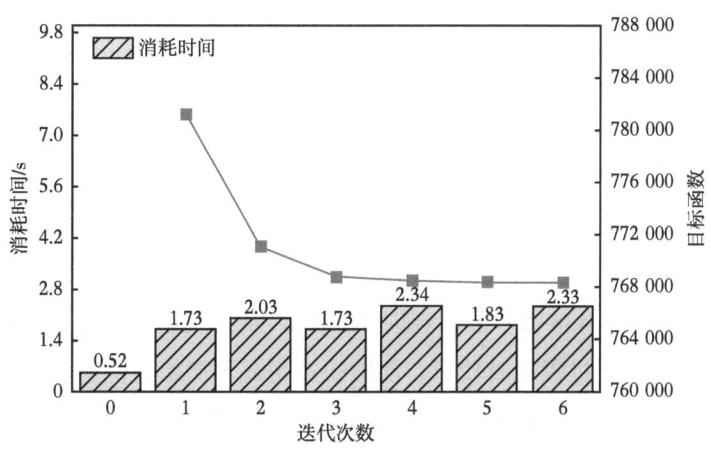

图6-4-2 算例一交替迭代求解迭代收敛图

为验证 CHPPC-PHNNGOM 的物理精度，基于算例二管网拓扑参数，采用 PIPESIM 2021 构建仿真模型，如图 6-4-3 所示，设置环境温度为 20℃，采用 Moody 摩擦系数公式计算管段压降，根据算例数据设定初始供应节点压力、温度，并依据优化结果设定压气站出口压力。通过稳态仿真获取压力和温度数据，与优化模型计算结果进行对比验证。如图 6-4-4 所示，对比 CHPPC-PHNNGOM 优化结果与 PIPESIM 结果，管网压力绝对误差均小于 0.1MPa，其中最大相对误差在节点 d19 处，为 1.24%；温度最大绝对误差为 1.11℃（节点 d14 处）。因此，CHPPC-PHNNGOM 能够准确表征天然气管网水力和热力耦合特性。

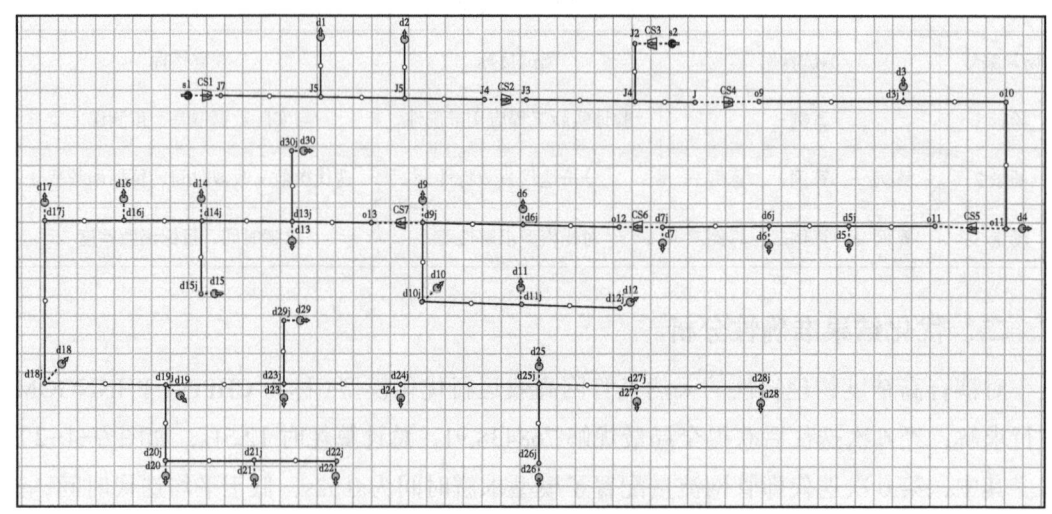

图 6-4-3 算例一仿真模型

三、迭代收敛分析

采用交替迭代求解策略进行求解，迭代收敛如图 6-4-5 所示，其中第 0 次迭代（初始迭代）是基于流量配置子模型快速生成近似最优解，为后续优化提供初始值；$k \geq 1$ 次迭代以 $k-1$ 次迭代解作为初始解，并通过约束松弛策略加速收敛。外部迭代过程中，目标函数值随迭代次数增加逐步趋近稳定，表明算法框架具备良好的收敛性。

（1）在算例一迭代收敛过程中，初始迭代（$k=0$），消耗时间为 0.52s；经过 6 次迭代后，目标函数稳定至 768 438.91，总计耗时 12.51 s。从各次迭代过程消耗时间看，初始迭代即流量配置子模型求解过程耗时较短，能够快速生成了初始最优解。

（2）在算例二迭代收敛过程中，初始迭代（$k=0$），消耗时间为 9.55 s，表明 135 节点的环状管网极大地增加了求解复杂性，这可能是由于环状管网流量配置更加多样；第一次迭代求解时间为 4.04 s，随后迭代消耗时间平均为 1.45 s，共经过 5 次迭代后，目标函数稳定至 95 506.54，总计耗时 19.41 s。

（3）在算例三迭代收敛过程中，初始迭代耗时 31.71 s；经过 9 次迭代后目标函数值稳定至 58 934.67，耗时 106.16 s。消耗时间随节点规模线性增长，表明较规模环状网中，模型需更多次迭代以平衡全局优化与局部约束。

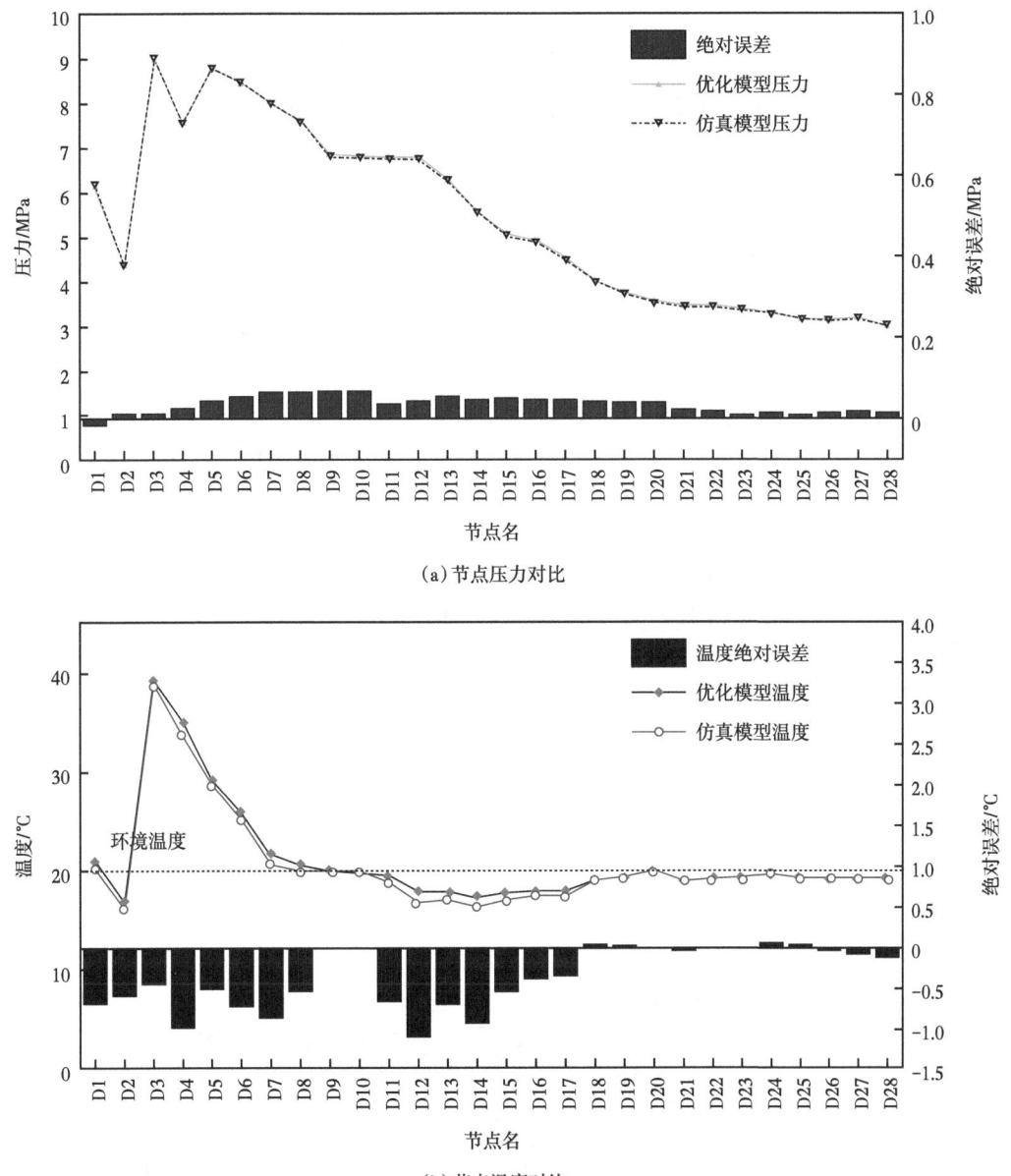

图 6-4-4 CHPPC-PHNNGOM 与仿真模型对比

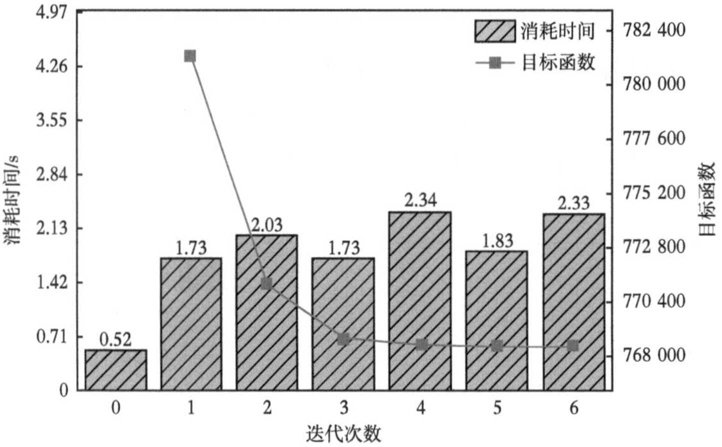

图 6-4-5 各算例迭代收敛图

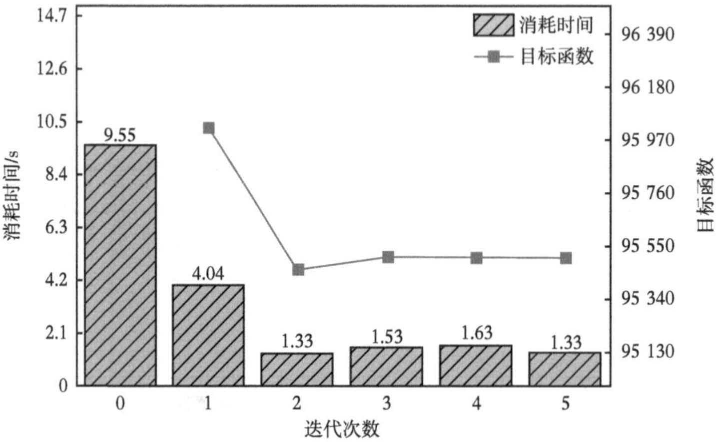

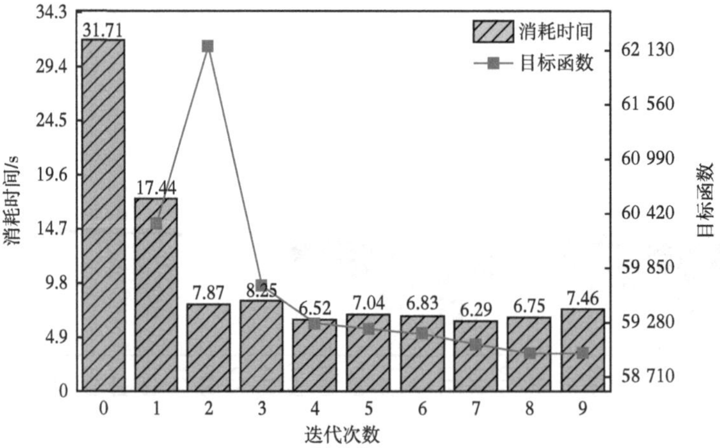

四、模型求解性能对比分析

为对比 CHPPC-PHNNGOM 求解性能，分别与第一章所建立的 General-Model 和第五章所建立的 PHNNGOM 进行对比。迭代收敛误差设置为 0.001，时间限制为 3600 s。结果见表 6-4-3。General-Model 主要聚焦于水力和压缩机特性，未考虑热力、压缩因子和摩阻系数，使得其计算更加简化，在一些应用场景中表现出更好的计算效率，但其模型的准确性受到了一定限制。CHPPC-PHNNGOM 综合考虑了水力、热力、压缩因子、摩阻系数以及压缩机特性的准确计算，更全面地反映真实系统的物理特性，尽管在计算上更加复杂，但在模型准确性和适用性上具备明显优势。在算例一中，General-Model 和 CHPPC-PHNNGOM 的求解时间分别为 344.81 s 和 12.51 s，CHPPC-PHNNGOM 的求解效率优于 General-Model。PHNNGOM 在算例一中求解时间仅为 1.73 s，显著低于其他两个模型。在算例二和算例三中，General-Model 均未在有效求解时间内找到最优解。PHNNGOM 的求解时间分别为 9.68 s 和 34.57 s，明显优于其他模型。CHPPC-PHNNGOM 则因此内外部同时迭代的原因消耗了更多时间。但是在模型精度上 CHPPC-PHNNGOM 在算例一中经验证的最大误差小于 2%。

表 6-4-3 求解结果对比

模型	水力	热力	压缩因子	摩阻系数	压缩机特性	算例	求解时间/s	最优解
General-Model	√	×	AGA	×	√	算例一	344.81	780861.02
						算例二	3600	31365.57
						算例三	3600	Not Found
PHNNGOM	√	×	×	×	√	算例一	1.73	781 279.03
						算例二	9.68	96 025.99
						算例三	34.57	60 051.50
CHPPC-PHNNGOM	√	√	BWRS	√	√	算例一	12.51	768 438.91
						算例二	19.41	95 506.54
						算例三	106.16	58 934.67

综上所述，采用交替迭代求解框架的 CHPPC-PHNNGOM 相比于传统 General-Model 有明显的求解效率提升，且求解精度优于 General-Model。尽管 CHPPC-PHNNGOM 相比于 PHNNGOM 求解效率有下降。但 CHPPC-PHNNGOM 涵盖了更全面的物理因素，能够更准确反映管网运行特征。在实际应用过程中，可以根据天然气管网结构、规模、物理精度要求以及应用场景（季节性运行规划、日指定、在线运行等）对各种模型进行进一步评估后选择。

第七章 天然气管网输气能力拥塞定位与扩容优化方法

在公平开放天然气市场体系下，随着托运商管输申请的自由化和多样化发展，可能存在当前管网输气能力无法满足的管输工况，导致管网出现拥塞风险。为应对管网输气能力不足造成的拥塞问题，有必要开展管网拥塞定位和扩容优化研究，以识别导致管网无法正常输送的瓶颈区域，提升管网输气能力和设施利用效率。管网扩容优化研究一般主要是在假定管网未来输送流量需求变化的前提下进行，虽然能够为特定需求场景下的管网扩容提供理论支持，但却忽略了对管网拥塞根本原因及其解决方案的深入探究，可能导致优化方案未能全面考虑管网运行的潜在问题，从而影响扩容方案的实际可行性和长期效益。本章考虑管网输气能力不足的异常工况，重点开展天然气管网拥塞定位和扩容优化方法研究。基于管道流动特性和压气站增压特性，结合拥塞松弛变量约束、管道扩建和新建约束、压气站扩建约束，构建管网拥塞定位模型和扩容优化模型，提出协同拥塞定位的天然气管网扩容优化两阶段求解方法实现模型的有效耦合和快速求解。

第一节 概 念

一、天然气管网拥塞问题概述

（一）天然气管网拥塞现象

天然气管网拥塞通常表现为管网输送能力达到或超过其设计能力，使得部分用户无法得到足够的天然气供应。在严重的情况下，拥塞可能导致天然气短缺，进而影响能源市场的平衡和价格稳定。此外，拥塞还可能对管道运营商的运营效率和成本产生影响，增加其运营难度和成本负担。

（二）天然气管网拥塞原因分析

随着天然气市场的快速发展和用户对清洁能源需求的不断提升，天然气管网的建设速度未能及时跟上需求的增长步伐。这不仅体现在管网总体规模的不足上，更反映在管网布局的合理性上，部分区域管网密度偏低，难以有效覆盖和满足当地用户的天然气需求。其次，管网结构的不合理也是导致拥塞现象的重要原因。一方面，部分管道的直径偏小、压力等级偏低，限制了管网的输送能力[22]；另一方面，管网缺乏足够的灵活性和适应性，难以根据用户需求的变化进行及时调整。这种结构上的缺陷，使得管网在面临高峰时段或突发需求时，容易出现输送能力不足的情况。再者，用户需求的不匹配也是加剧管网拥塞的一个重要因素。部分用户未能合理规划自身的用气需求，导致在特定时段内管网需求激增，进而造成管网输送能力的紧张。此外，一些托运人在预定了管容后未能完全使用，也导致了管网能力在合同层面上的浪费和拥塞。此外，合同与调度问题也是导致管网拥塞的一个重要原因。部分托运人未能根据实际需求合理安排管容预定，导致管网能力在合同层面上被过度占用。而调度策略的不合理，则可能使得管网在面临需求变化时无法及时做出调整，进而加剧了拥塞现象。

二、天然气管网扩容优化问题概述

在天然气管网的持续运行过程中，确保天然气资源的稳定、不间断供应是维系能源安全与经济发展的基石。然而，在实际操作中，管网系统需应对复杂多变的管输工况，这些工况往往受到天气变化、用户需求波动、设备老化及地理条件等多重因素的影响。由于技术和物理条件的局限性，天然气管网在某些特定工况下可能无法满足既定的输送要求，进而引发管网拥塞现象，这不仅会降低管网运行效率，还可能对能源市场的稳定供应构成威胁。为了有效应对这一挑战，确保天然气管网能够顺利完成管输任务，对管网进行科学合理的扩容设计显得尤为重要。管网扩容是一个系统工程，涵盖了管道的新建、扩建（如增设副管以增强输送能力）以及压气站的扩建或升级等多种措施[23]。这些扩容措施旨在提升管网的总体输气能力，以更好地适应不断增长的天然气需求。然而，天然气管网的结构复杂性给扩容设计带来了极大的挑战。管网中的管道、压气站等元件相互关联，形成一个错综复杂的网络。因此，理论上前述扩容措施可以在管网的任何位置实施，这为优化研究提供了广阔的空间，但同时也带来了如何确定最优扩容位置、如何平衡扩容成本与效益等难题。目前，针对天然气管网拥塞定位和扩容优化的研究还存在一些不足。特别是，在采用优化模型进行管网拥塞定位时，其数学原理尚不够明确，难以准确反映管网拥塞的实际情况。同时，缺乏一个能够将管网拥塞定位与管网扩容紧密结合起来的耦合优化框架，导致在实际操作中难以制定出既经济又有效的扩容方案。因此，建立基于拥塞变量和扩容变量求解的管网拥塞定位和扩容优化模型成为当前研究的关键问题之一。该模型应能够准确识别管网中的拥塞区域，并揭示拥塞松弛变量与管网元件扩容变量之间的关联机理。在此基础上，模型应能够综合考虑多种因素，如扩容成本、输送效率、用户需求等，以制定出在输气能力无法匹配管输需求条件下，既准确又经济的最优扩容方案。这不仅有助于缓解管网拥塞问题，提升管网运行效率，还能为能源市场的稳定发展提供有力支持。

图 7-1-1 展示了天然气管网拥塞定位和扩容优化过程。在拥塞定位研究阶段，输入的是一个管网无法满足的管输工况，通过拥塞定位模型的求解，识别出造成管网无法正常输送的拥塞区域。例如拥塞区域 A 出现在管道位置，表示该段管道输气容量无法达到管输工况的天然气流量要求，是造成管网拥塞的原因之一。拥塞区域 B 出现在压气站位置，表示该压气站的增压能力无法达到管输工况的天然气压力要求，是造成管网拥塞的另一个原因。基于拥塞定位结果进一步开展管网扩容优化研究，为解决两个拥塞区域存在而造成的管网无法满足管输工况的问题，可考虑采用管道新建、管道扩建或压气站扩建等方式进行管网扩容。针对这些潜在的管网扩容方案，考虑不同方案的设施建设成本，通过管网扩容优化模型的求解，以决策出最具经济性的扩容优化方案，最终实现天然气管网输气能力的提升，达到管输工况重新顺利输送的目标。

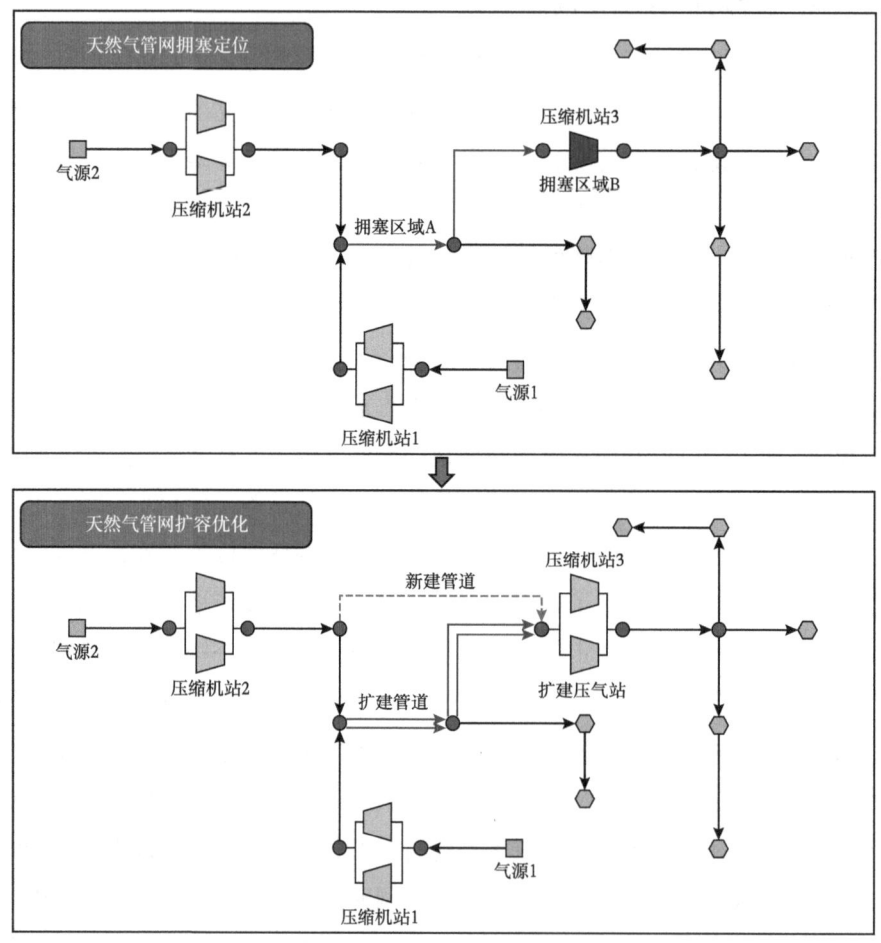

图 7-1-1 天然气管网拥塞定位和扩容优化示意图

第二节 管网拥塞定位模型

一、目标函数

天然气管网拥塞的主要原因在于管网水力约束的违背，即管网在指定流量下的压降超过了物理限制。要想在不改变管网结构的前提下解决管网拥塞问题，可考虑降低管网流量或提升管道起点压力。管网拥塞定模型的构建便是基于该思想开展的。通过在原始管网调度模型中添加流量松弛变量，降低管道输送流量，从而使得约束条件重新得到满足。然而，若不对松弛变量进行适当限制，它们可能出现在任何元件的约束之中，包括那些并非真正拥塞点的位置。因此，管网拥塞定位模型的优化目标是最小化这些松弛变量的值，从而精确地识别并定位管网中的真正拥塞点。管网拥塞定位模型目标函数如式（7-2-1）所示。

$$\min f_{\text{congest}} = \sum_{(i,j) \in A} \sigma_{ij}^{\text{cgs}} \tag{7-2-1}$$

式中　f_{congest}——拥塞定位模型目标函数；
　　　σ_{ij}^{cgs}——元件 ij 拥塞松弛变量。

二、节点约束

根据质量守恒定律，在任意节点处，流入节点的流量应等于流出节点的流量。流入节点的流量包括上游边流量 q_{ji} 和气源输入流量 s_i，流出节点流量包括下游边流量 q_{ij} 和用户输出流量 d_i。节点流量平衡约束如式（7-2-2）所示。

$$\sum_{i:(j,i) \in A} q_{ji} + s_i = \sum_{i:(i,j) \in A} q_{ij} + d_i, \quad \forall i \in N \tag{7-2-2}$$

式中　q_{ij}——管道或压气站边 ij 流量，$10^4 \text{ m}^3/\text{d}$；
　　　s_i——气源 i 输入流量，$10^4 \text{ m}^3/\text{d}$；
　　　d_i——用户 i 流出流量，$10^4 \text{ m}^3/\text{d}$。

节点输入流量应满足气源供应能力限制，如式（7-2-3）所示。

$$s_i^{\min} \leqslant s_i \leqslant s_i^{\max}, \quad \forall i \in N \tag{7-2-3}$$

节点输出流量应满足用户需求限制，如式（7-2-4）所示。

$$d_i^{\min} \leqslant d_i \leqslant d_i^{\max}, \quad \forall i \in N \tag{7-2-4}$$

为保证管网系统安全运行，节点压力应不超过最大允许压力。同时，节点压力还应满足用户处的最小合同压力。节点压力约束如式（7-2-5）所示。

$$p_i^{\min} \leqslant p_i \leqslant p_i^{\max}, \ \forall i \in N \tag{7-2-5}$$

式中 p_i——节点 i 压力，MPa。

三、拥塞松弛和定位约束

通过添加拥塞松弛变量，降低管道流量从而使得管道水力约束重新得到满足，降低压气站流量使得压气站增压条件约束重新得到满足。通过拥塞松弛变量降低后的管道和压气站流量称为有效流量，管道和压气站流量松弛约束分别如式（7-2-6）所示。

$$q_{ij}^{\text{usable}} = q_{ij} - \sigma_{ij}^{\text{cgs}}, \ \forall (i,j) \in A \tag{7-2-6}$$

式中 q_{ij}——管道或压气站边 ij 流量，10^4 m³/d；

q_{ij}^{usable}——管道或压气站边 ij 松弛后有效流量，10^4 m³/d。

拥塞松弛变量为一个非负的连续变量，同时拥塞松弛变量应满足最大边界限制，如式（7-2-7）所示。

$$0 \leqslant \sigma_{ij}^{\text{cgs}} \leqslant \sigma_{ij}^{\text{cgs,max}}, \ \forall (i,j) \in A \tag{7-2-7}$$

通过判断拥塞松弛变量的值可以确定拥塞位置，通过拥塞定位二元变量 B_{ij}^{loc} 表示，取值为 1 表示管网设施发生拥塞，取值为 0 表示管网设施未发生拥塞，拥塞定位变量和拥塞松弛变量的耦合关系如式（7-2-8）所示。

$$0 \leqslant B_{ij}^{\text{loc}} \leqslant \sigma_{ij}^{\text{cgs}} M, \ \forall (i,j) \in A \tag{7-2-8}$$

式中 B_{ij}^{loc}——元件 ij 拥塞定位变量。

四、管道约束

基于拥塞松弛变量，使用有效流量进行水力压降计算，如式（7-2-9）至式（7-2-13）所示。

$$R_{ij}^{\text{pipe}} \left(p_i^2 - p_j^2 \right) \leqslant \left(q_{ij}^{\text{usable}} \right)^2 + \left(1 - \alpha_{ij}^{\text{for}} \right) M, \ \forall (i,j) \in A_p \tag{7-2-9}$$

$$R_{ij}^{\text{pipe}} (p_i^2 - p_j^2) \geqslant \left(q_{ij}^{\text{usable}} \right)^2 - \left(1 - \alpha_{ij}^{\text{for}} \right) M, \ \forall (i,j) \in A_p \tag{7-2-10}$$

$$R_{ij}^{\text{pipe}} \left(p_j^2 - p_i^2 \right) \leqslant \left(q_{ij}^{\text{usable}} \right)^2 + \left(1 - \alpha_{ij}^{\text{bac}} \right) M, \ \forall (i,j) \in A_p \tag{7-2-11}$$

$$R_{ij}^{\text{pipe}} \left(p_j^2 - p_i^2 \right) \geqslant \left(q_{ij}^{\text{usable}} \right)^2 - \left(1 - \alpha_{ij}^{\text{bac}} \right) M, \ \forall (i,j) \in A_p \tag{7-2-12}$$

$$R_{ij}^{\text{pipe}} = 3.629 \frac{D_{ij}}{\rho Z T \lambda_{ij} L_{ij}} \qquad (7\text{-}2\text{-}13)$$

式中 p_i——节点 i 压力，MPa；

p_j——节点 j 压力，MPa；

R_{ij}^{pipe}——管道流动阻力系数，$[10^4 \text{m}^3/(\text{d} \cdot \text{MPa})]^2$；

D_{ij}——管道直径，m；

λ_{ij}——管道摩阻系数；

L_{ij}——管道长度，m；

α_{ij}^{for}——管道 ij 正向流动二元变量；

α_{ij}^{bac}——管道 ij 逆向流动二元变量；

M——极大值。

管道流向变量需满足流向唯一性约束，如式（7-2-14）所示。

$$\alpha_{ij}^{\text{for}} + \alpha_{ij}^{\text{bac}} = 1, \ \forall (i,j) \in A_{\text{p}} \qquad (7\text{-}2\text{-}14)$$

管道有效流量应满足最小和最大输气能力限制，如式（7-2-15）所示。

$$q_{ij}^{\min} \leqslant q_{ij}^{\text{usable}} \leqslant q_{ij}^{\max}, \ \forall (i,j) \in A_{\text{p}} \qquad (7\text{-}2\text{-}15)$$

五、压气站约束

压缩机组和旁通阀的开关状态应服从压气站的开关状态，如式（7-2-16）所示。同一时间内，压缩机组和旁通阀中只可能开启一种设备，如式（7-2-17）所示。

$$\beta_{ij}^{\text{group}} + \beta_{ij}^{\text{bypass}} = \beta_{ij}^{\text{station}}, \ \forall (i,j) \in A_{\text{cs}} \qquad (7\text{-}2\text{-}16)$$

$$\beta_{ij}^{\text{group}} + \beta_{ij}^{\text{bypass}} \leqslant 1, \ \forall (i,j) \in A_{\text{cs}} \qquad (7\text{-}2\text{-}17)$$

式中 $\beta_{ij}^{\text{group}}$——压气站 ij 压缩机组开关状态二元变量；

$\beta_{ij}^{\text{bypass}}$——压气站 ij 旁通阀开关状态二元变量；

$\beta_{ij}^{\text{station}}$——压气站 ij 整体开关状态二元变量。

压气站有效流量与压缩机组流量和旁通阀流量间存在流量平衡关系，如式（7-2-18）所示。同时，根据压缩机组和旁通阀的状态变量，将决定其是否存在流量值，如式（7-2-19）至式（7-2-20）所示。

$$q_{ij}^{\text{usable}} = q_{ij}^{\text{group}} + q_{ij}^{\text{bypass}}, \ \forall (i,j) \in A_{\text{cs}} \qquad (7\text{-}2\text{-}18)$$

$$\beta_{ij}^{\text{group}} q_{ij}^{\text{group,min}} \leqslant q_{ij}^{\text{group}} \leqslant \beta_{ij}^{\text{group}} q_{ij}^{\text{group,max}}, \ \forall (i,j) \in A_{\text{cs}} \quad (7\text{-}2\text{-}19)$$

$$\beta_{ij}^{\text{bypass}} q_{ij}^{\text{bypass,min}} \leqslant q_{ij}^{\text{bypass}} \leqslant \beta_{ij}^{\text{bypass}} q_{ij}^{\text{bypass,max}}, \ \forall (i,j) \in A_{\text{cs}} \quad (7\text{-}2\text{-}20)$$

式中 q_{ij}^{usable}——管道或压气站边 ij 松弛后有效流量，$10^4\,\text{m}^3/\text{d}$；

q_{ij}^{group}——压气站 ij 压缩机组流量，$10^4\,\text{m}^3/\text{d}$；

q_{ij}^{bypass}——压气站 ij 旁通阀流量，$10^4\,\text{m}^3/\text{d}$。

当天然气通过旁通阀流动时，压气站上下游节点的压力相等，如式（7-2-21）和式（7-2-22）所示。

$$p_j \leqslant p_i + \left(1 - \beta_{ij}^{\text{bypass}}\right) M, \ \forall (i,j) \in A_{\text{cs}} \quad (7\text{-}2\text{-}21)$$

$$p_j \geqslant p_i - \left(1 - \beta_{ij}^{\text{bypass}}\right) M, \ \forall (i,j) \in A_{\text{cs}} \quad (7\text{-}2\text{-}22)$$

式中 p_i——节点 i 压力，MPa；

p_j——节点 j 压力，MPa。

当天然气通过压缩机组增压时，上游节点压力与压缩机进气压力关联，下游节点压力与压缩机排气压力关联，如式（7-2-23）至式（7-2-26）所示。

$$p_i \leqslant p_{ij}^{\text{com,s}} + \left(1 - \beta_{ij}^{\text{group}}\right) M, \ \forall (i,j) \in A_{\text{cs}} \quad (7\text{-}2\text{-}23)$$

$$p_i \geqslant p_{ij}^{\text{com,s}} - \left(1 - \beta_{ij}^{\text{group}}\right) M, \ \forall (i,j) \in A_{\text{cs}} \quad (7\text{-}2\text{-}24)$$

$$p_j \leqslant p_{ij}^{\text{com,d}} + \left(1 - \beta_{ij}^{\text{group}}\right) M, \ \forall (i,j) \in A_{\text{cs}} \quad (7\text{-}2\text{-}25)$$

$$p_j \geqslant p_{ij}^{\text{com,d}} - \left(1 - \beta_{ij}^{\text{group}}\right) M, \ \forall (i,j) \in A_{\text{cs}} \quad (7\text{-}2\text{-}26)$$

式中 $p_{ij}^{\text{com,s}}$——压缩机 ij 进气压力，MPa；

$p_{ij}^{\text{com,d}}$——压缩机 ij 排气压力，MPa。

压缩机进气和排气压力应满足压缩机最大和最小增压压比约束，如式（7-2-27）和式（7-2-28）所示。

$$p_{ij,t}^{\text{com,d}} \leqslant \Delta \varepsilon^{\max} p_{ij,t}^{\text{com,s}}, \forall (i,j) \in A_{\text{cs}}, \forall t \in T \quad (7\text{-}2\text{-}27)$$

$$p_{ij,t}^{\text{com,d}} \geqslant \Delta \varepsilon^{\min} p_{ij,t}^{\text{com,s}}, \forall (i,j) \in A_{\text{cs}}, \forall t \in T \quad (7\text{-}2\text{-}28)$$

式中 $\Delta\varepsilon^{\min}$——压缩机最小增压压比；

$\Delta\varepsilon^{\max}$——压缩机最大增压压比。

压气站通常由多台压缩机设备构成，根据压缩机设备的开机数量，可计算出单台设备的流量，如式（7-2-29）所示。

$$q_{ij}^{\text{group}} = n_{ij}^{\text{cm}} q_{ij}^{\text{cm}}, \quad \forall (i,j) \in A_{\text{cs}} \tag{7-2-29}$$

式中 n_{ij}^{cm}——压气站 ij 压缩机开机数量；

q_{ij}^{cm}——压气站 ij 单台压缩机流量，$10^4 \text{m}^3/\text{d}$。

压缩机开机数应满足压气站设备配置约束，如式（7-2-30）所示。

$$n_{ij}^{\text{cm, min}} \leqslant n_{ij}^{\text{cm}} \leqslant n_{ij}^{\text{cm, max}}, \quad \forall (i,j) \in A_{\text{cs}} \tag{7-2-30}$$

压头表示压缩机为单位质量天然气所提供的能量，由压缩机的进气和排气压力决定，如式（7-2-31）所示。

$$H_{ij} = \frac{ZTR}{\chi}\left[\left(\frac{p_{ij}^{\text{com, d}}}{p_{ij}^{\text{com, s}}}\right)^{\chi} - 1\right], \quad \forall (i,j) \in A_{\text{cs}} \tag{7-2-31}$$

式中 H_{ij}——压气站 ij 压缩机压头，kJ/kg；

R——气体常数，J/（mol·K）；

χ——天然气膨胀指数。

压缩机通过所谓的特性图来确定设备的可行工作范围，这是一个非线性有界非凸集。其定义了压缩机转速、流量和压头的可行组合，如式（7-2-32）所示。

$$(\omega_{ij}, q_{ij}^{\text{cm}}, H_{ij}) \in \Theta_{ij}, \quad \forall (i,j) \in A_{\text{cs}} \tag{7-2-32}$$

式中 ω_{ij}——压缩机转速，r/min；

Θ_{ij}——压缩机工作可行域。

第三节　管网扩容优化模型

一、目标函数

管网扩容优化模型以最小化总建设成本为目标函数，总建设成本由以下几个部分组成：管道扩建成本、管道新建成本和压气站扩建成本，如式（7-3-1）所示。

$$\min f_{\text{dilate}} = f_{\text{expand}} + f_{\text{new}} + f_{\text{cs}} \quad (7-3-1)$$

式中 f_{dilate}——管网扩容优化模型目标函数，元；

f_{expand}——管道扩建成本，元；

f_{new}——管道新建成本，元；

f_{cs}——压气站扩建成本，元。

管道扩建是指在已建成管道位置平行新建一条副管。管道扩建成本由管道建设成本与管道采购成本构成，如式（7-3-2）所示。管道建设成本主要指管道施工过程产生的成本，管道采购成本主要指从供应商采购管道材料成本。

$$f_{\text{expand}} = \sum_{ij \in A_p^{\text{old}}} B_{ij}^{\text{extend}} L_{ij} \left(C_{ij}^{\text{constr}} + C_{ij}^{\text{type}} \right) \quad (7-3-2)$$

式中 B_{ij}^{extend}——管道 ij 扩建二元变量；

L_{ij}——管道长度，km；

C_{ij}^{constr}——管道建设成本系数，元/km；

C_{ij}^{type}——管道采购成本系数，元/km。

管道新建是增加管网输气容量的另一种有效方式。与管道扩建不同的是，管道新建是在两个尚未建设管道的节点之间铺设一条全新的管道。管道新建成本同样由管道建设成本与管道采购成本构成，如式（7-3-3）所示。不同之处在于，管道新建需要从管道规格集合中重新选择适当的规格尺寸，以满足特定的输气需求。

$$f_{\text{new}} = \sum_{ij \in A_p^{\text{new}}} B_{ij,y}^{\text{new}} L_{ij} \left(C_{ij,y}^{\text{constr}} + C_{ij,y}^{\text{type}} \right) \quad (7-3-3)$$

式中 $B_{ij,y}^{\text{new}}$——管道新建二元变量。

压气站扩建也是增加管网输气总量的一种方式，压气站扩建成本如式（7-3-4）所示。

$$f_{\text{cs}} = \sum_{ij \in A_{\text{cs}}} B_{ij}^{\text{cs,extend}} n_{ij}^{\text{extend}} C_{ij}^{\text{cs}} \quad (7-3-4)$$

式中 $B_{ij}^{\text{cs,extend}}$——压气站 ij 扩建二元变量；

n_{ij}^{extend}——压气站 ij 扩建压缩机设备数量；

C_{ij}^{cs}——压气站扩建成本系数，元。

二、节点约束

根据质量守恒定律，在任意节点处，流入节点的流量应等于流出节点的流量。流入节点的流量包括上游边流量 q_{ji} 和气源输入流量 s_i，流出节点流量包括下游边流量 q_{ij} 和用户

输出流量 d_i。节点流量平衡约束如式（7-3-5）所示。

$$\sum_{i:(j,i)\in A} q_{ji} + s_i = \sum_{i:(i,j)\in A} q_{ij} + d_i, \quad \forall i \in N \tag{7-3-5}$$

式中　q_{ij}——管道或压气站边 ij 流量，$10^4 \mathrm{m^3/d}$；

　　　s_i——气源 i 输入流量，$10^4 \mathrm{m^3/d}$；

　　　d_i——用户 i 流出流量，$10^4 \mathrm{m^3/d}$。

节点输入流量应满足气源供应能力限制，如式（7-3-6）所示。

$$s_i^{\min} \leqslant s_i \leqslant s_i^{\max}, \quad \forall i \in N \tag{7-3-6}$$

节点输出流量应满足用户需求限制，如式（7-3-7）所示。

$$d_i^{\min} \leqslant d_i \leqslant d_i^{\max}, \quad \forall i \in N \tag{7-3-7}$$

为保证管网系统安全运行，节点压力应不超过最大允许压力。同时，节点压力还应满足用户处的最小合同压力。节点压力约束如式（7-3-8）所示。

$$p_i^{\min} \leqslant p_i \leqslant p_i^{\max}, \quad \forall i \in N \tag{7-3-8}$$

式中　p_i——节点压力，MPa。

三、管道新建和扩建约束

管网扩容优化模型通过管道存在状态二元变量 B_{ij}^{exist} 反映管道当前的存在状态。对于已建立且运营中的天然气管道，管道存在状态变量设定为 1，表示管道已经建成且投入使用，如式（7-3-9）所示。对于尚未建造的天然气管道，即那些处于规划阶段或考虑中的管道，其管道存在状态变量则被允许取值小于或等于 1，如式（7-3-10）所示。在规划新建管道时，若决定将其建造，则管道存在状态变量取值为 1。相反，若未考虑规划新建管道，则其状态变量取值为 0。

$$B_{ij}^{\mathrm{exist}} = 1, \quad \forall (i,j) \in A_{\mathrm{p}}^{\mathrm{old}} \tag{7-3-9}$$

$$B_{ij}^{\mathrm{exist}} \leqslant 1, \quad \forall (i,j) \in A_{\mathrm{p}}^{\mathrm{new}} \tag{7-3-10}$$

式中　B_{ij}^{exist}——管道 ij 存在状态二元变量。

在天然气管网规划与分析中，管道流向的定义是至关重要的，因为它直接影响到管网的设计以及运营策略。对于未建成的管道，可能存在正向或逆向流动状态。因此，本模型通过引入流向二元变量以表示管道可能出现的流向状态。管道流向约束如式（7-3-11）所示。

$$\alpha_{ij}^{\text{for}} + \alpha_{ij}^{\text{bac}} \leqslant B_{ij}^{\text{exist}}, \quad \forall (i,j) \in A_{\text{p}} \qquad (7\text{-}3\text{-}11)$$

式中 α_{ij}^{for}——管道 ij 正向流动二元变量；

α_{ij}^{bac}——管道 ij 逆向流动二元变量。

管道扩建通常指在已建成的管道位置平行新建一条副管道。这种做法主要用于增加输送能力。管道扩建只发生在已建天然气管道集合中，通过管道扩建变量 B_{ij}^{extend} 表示。管道扩建约束如式（7-3-12）和式（7-3-13）所示。

$$B_{ij}^{\text{extend}} \leqslant 1, \quad \forall (i,j) \in A_{\text{p}}^{\text{old}} \qquad (7\text{-}3\text{-}12)$$

$$B_{ij}^{\text{extend}} = 0, \quad \forall (i,j) \in A_{\text{p}}^{\text{new}} \qquad (7\text{-}3\text{-}13)$$

管道扩建主管与副管会分配管道流量。因此设置节点间管道水力计算流量（q_{ij}^{flow}），用于管道水力压降计算。管道水力计算流量约束如式（7-3-14）至式（7-3-17）所示。

$$q_{ij}^{\text{flow}} \leqslant \alpha^{\text{ratio}} q_{ij} + \left(1 - B_{ij}^{\text{extend}}\right) M, \quad \forall (i,j) \in A_{\text{p}} \qquad (7\text{-}3\text{-}14)$$

$$q_{ij}^{\text{flow}} \geqslant \left(1 - \alpha^{\text{ratio}}\right) q_{ij} - \left(1 - B_{ij}^{\text{extend}}\right) M, \quad \forall (i,j) \in A_{\text{p}} \qquad (7\text{-}3\text{-}15)$$

$$q_{ij}^{\text{flow}} \leqslant q_{ij} + B_{ij}^{\text{extend}} M, \quad \forall (i,j) \in A_{\text{p}} \qquad (7\text{-}3\text{-}16)$$

$$q_{ij}^{\text{flow}} \geqslant q_{ij} - B_{ij}^{\text{extend}} M, \quad \forall (i,j) \in A_{\text{p}} \qquad (7\text{-}3\text{-}17)$$

式中 q_{ij}^{flow}——管道水力计算流量，$10^4 \text{m}^3/\text{d}$。

α^{ratio}——流量分配比例。

水力压降，如式（7-3-18）至式（7-3-22）所示。

$$R_{ij}^{\text{pipe}}\left(p_i^2 - p_j^2\right) \leqslant \left(q_{ij}^{\text{flow}}\right)^2 + \left(1 - \alpha_{ij}^{\text{for}}\right) M, \quad \forall (i,j) \in A_{\text{p}} \qquad (7\text{-}3\text{-}18)$$

$$R_{ij}^{\text{pipe}}\left(p_i^2 - p_j^2\right) \leqslant \left(q_{ij}^{\text{flow}}\right)^2 + \left(1 - \alpha_{ij}^{\text{for}}\right) M, \quad \forall (i,j) \in A_{\text{p}} \qquad (7\text{-}3\text{-}19)$$

$$R_{ij}^{\text{pipe}}\left(p_j^2 - p_i^2\right) \leqslant \left(q_{ij}^{\text{flow}}\right)^2 + \left(1 - \alpha_{ij}^{\text{bac}}\right) M, \quad \forall (i,j) \in A_{\text{p}} \qquad (7\text{-}3\text{-}20)$$

$$R_{ij}^{\text{pipe}}\left(p_j^2 - p_i^2\right) \geqslant \left(q_{ij}^{\text{flow}}\right)^2 - \left(1 - \alpha_{ij}^{\text{bac}}\right) M, \quad \forall (i,j) \in A_{\text{p}} \qquad (7\text{-}3\text{-}21)$$

$$R_{ij}^{\text{pipe}} = 3.629 \frac{D_{ij}}{\rho Z T \lambda_{ij} L_{ij}} \tag{7-3-22}$$

式中　p_i——节点 i 压力，MPa；

　　　p_j——节点 j 压力，MPa；

　　　R_{ij}^{pipe}——管道流动阻力系数，$[10^4 \text{m}^3/(\text{d}\cdot\text{MPa})]^2$；

　　　D_{ij}——管道直径，m。

为确保管网扩容的经济效益，本模型规划新建管道时，将考虑采用不同规格尺寸的管道，并且每条管道最多选取一种规格。管道规格约束如式（7-3-23）与式（7-3-24）所示。

$$D_{ij} = \sum_{y \in D} B_{ij,y}^{\text{new}} D_{ij,y}, \quad \forall (i,j) \in A_{\text{p}}^{\text{new}} \tag{7-3-23}$$

$$\sum_{y \in D} B_{ij,y}^{\text{new}} = B_{ij}^{\text{exist}}, \quad \forall (i,j) \in A_{\text{p}}^{\text{new}} \tag{7-3-24}$$

式中　$D_{ij,y}$——管道规格 y 对应管道直径，m。

四、压气站扩建约束

在本模型中对压气站的扩建是通过增加一个或多个新的压缩机设备来实现的，目的是增强压气站处理更大流量的能力。压缩机可行域约束将限制单台压缩机设备的流量边界，如式（7-3-25）所示。因此，通过压缩机可行域约束来确定是否需要对压气站进行扩建。通过压气站扩建变量表示站场扩建状态，新增加的压缩机设备数量需遵循压气站扩建状态约束，如式（7-3-26）所示。

$$\left(\omega_{ij}, q_{ij}^{\text{cm}}, H_{ij}\right) \in \Theta_{ij}, \quad \forall (i,j) \in A_{\text{cs}} \tag{7-3-25}$$

$$0 \leqslant n_{ij}^{\text{extend}} \leqslant B_{ij}^{\text{cs}} n_{ij}^{\text{extend, max}}, \quad \forall (i,j) \in A_{\text{cs}} \tag{7-3-26}$$

式中　ω_{ij}——压缩机转速，r/min；

　　　q_{ij}^{cm}——压气站 ij 单台压缩机流量，$10^4 \text{m}^3/\text{d}$；

　　　H_{ij}——压气站 ij 压缩机压头，kJ/kg；

　　　Θ_{ij}——压缩机工作可行域；

　　　n_{ij}^{extend}——压气站 ij 扩建压缩机设备数量。

压气站扩建后，站场内单台压缩机流量将根据压缩机数量进行重新分配，如式（7-3-27）和式（7-3-28）所示。

$$n_{ij}^{\text{total}} = n_{ij}^{\text{old}} + n_{ij}^{\text{extend}}, \quad \forall (i,j) \in A_{\text{cs}} \qquad (7\text{-}3\text{-}27)$$

$$q_{ij} = n_{ij}^{\text{total}} q_{ij}^{\text{cm}}, \quad \forall (i,j) \in A_{\text{cs}} \qquad (7\text{-}3\text{-}28)$$

式中　n_{ij}^{total}——压气站 ij 总压缩机数量；

n_{ij}^{old}——压气站 ij 原始压缩机数量。

第四节　模型分析与求解方法

一、模型基础

协同拥塞定位的天然气管网扩容优化问题的已知参数和决策变量如下。

（一）已知参数

（1）气源和用户数据：气源天然气供应流量、供应压力和用户天然气需求流量；

（2）管网参数：管网拓扑结构、管道长度、管道直径、管道阻力系数、管道压力边界、管道流量边界；

（3）压气站参数：压气站的压缩机数量、压缩机工作可行域边界、压比边界；

（4）设施扩容参数：管道建设规格、管道建设成本、压气站建设功率等级、压气站建设成本。

（二）决策变量

（1）拥塞定位方案：拥塞松弛变量、拥塞定位变量；

（2）扩容方案：新建管道位置、新建管道规格、扩建管道位置、扩建管道规格、扩建压气站位置、扩建压气站功率等级、系统扩建成本。

二、两阶段求解方法

面对天然气管网输气能力无法满足管输工况需求的问题，需要开展管网拥塞定位模型和管网扩容优化模型的有效求解。本章重点提出一个两阶段求解方法，基于拥塞松弛变量和设施扩容变量之间的关联性，在实现管网拥塞定位模型和管网扩容优化模型相互耦合的同时，完成模型的有效求解。考虑到管网扩容优化模型存在众多由不同设施扩容位置和扩容规模组合形成的可能管网扩容方案，使得模型存在巨大的可行解搜索空间，从而增加管网扩容优化问题的求解难度。因此，两阶段求解方法的核心思想便是通过预先求解管网拥塞定位模型，在获得拥塞松弛变量结果的同时，产生潜在管网扩容方案。将所获得的潜在管网扩容方案作为管网扩容优化模型的初始解进行求解，以缩小模型搜索空间，提高求解的迭代收敛速度。所构建的两阶段求解方法的具体流程如图 7-4-1 所示。

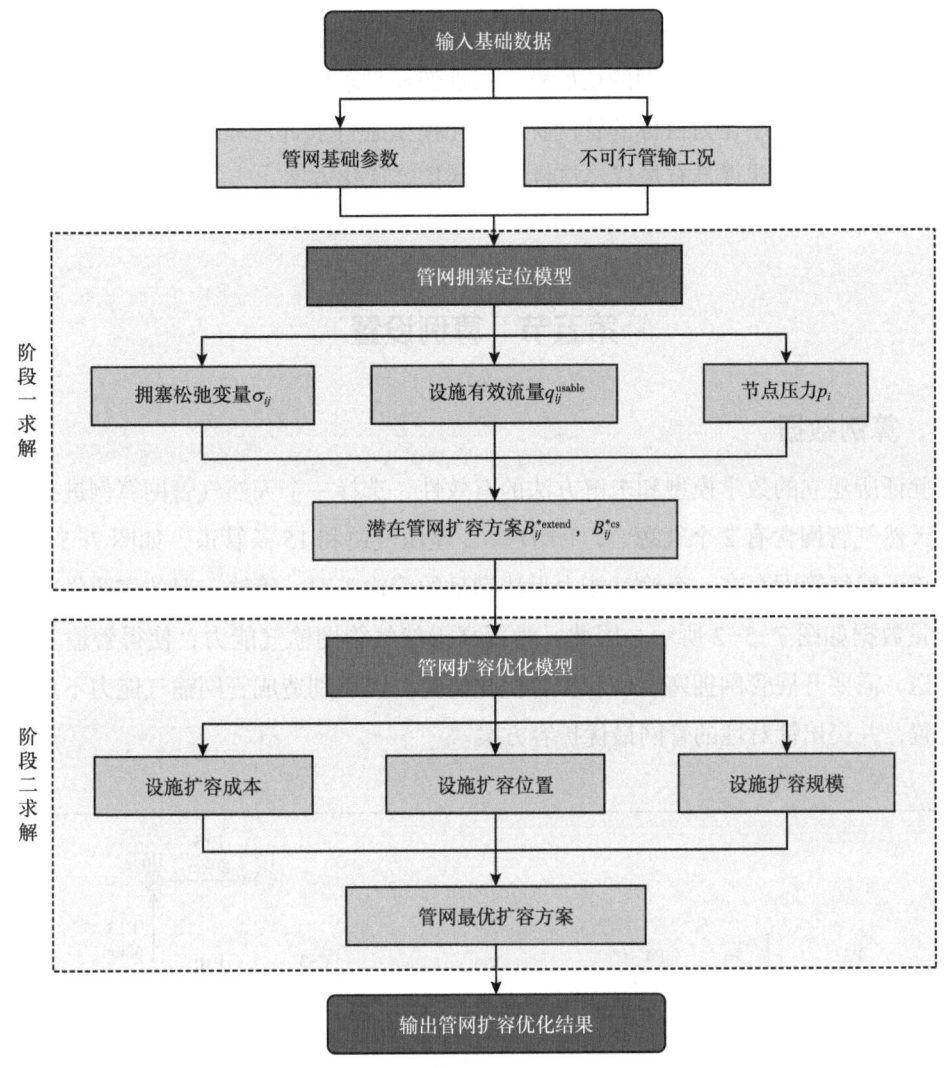

图 7-4-1　协同拥塞定位的管网扩容两阶段优化求解方法

（1）输入管网基础参数：包括管网拓扑结构、管道长度、管道直径、压气站设备数量、压气站可行域边界。

（2）输入不可行管输工况：包括气源供应流量、气源供应压力、用户需求流量，该工况是当前管网输气能力无法满足的管输工况。

（3）求解第一阶段的管网拥塞定位模型：对以拥塞松弛变量之和最小化为目标的管网拥塞定位模型进行求解，以获得管道或压气站拥塞松弛变量取值，明确管网拥塞区域位置。

（4）生成潜在管网扩容方案：基于拥塞松弛变量求解结果，根据拥塞松弛变量和管网设施扩容变量之间的制约关系，即当某个管网设施存在拥塞松弛变量时，则将该管网设施的扩容变量设置为1，表示对该位置的管网设施进行扩容建设，从而形成潜在管网扩容方案。

（5）求解第二阶段的管网扩容优化模型：将第一阶段求解产生的潜在管网扩容方案输入管网扩容优化模型，作为模型的初始解，以加快模型求解的迭代收敛速度。通过对以管网设施建设总成本最小化为目标的管网扩容优化模型进行求解，确定最佳的管网设施扩容位置和扩容规模，以获得具有最优经济性的管网扩容优化方案。

第五节　算例设置

一、算例数据

为验证所建立的数学模型和求解方法的有效性，选择一个天然气管网算例进行求解分析。该天然气管网含有2个气源、7个用户、3座压气站和15条管道，如图7-5-1所示。当前，该天然气管网存在一个输气能力无法满足的管输工况，管输工况的气源供应和用户需求流量数据如图7-5-2所示。因此，为提高天然气管网输气能力，使得管输工况实现正常输送，需要开展管网拥塞定位和扩容优化研究，以识别造成管网输气能力不足的拥塞区域位置，并提出针对性的管网最优扩容方案。

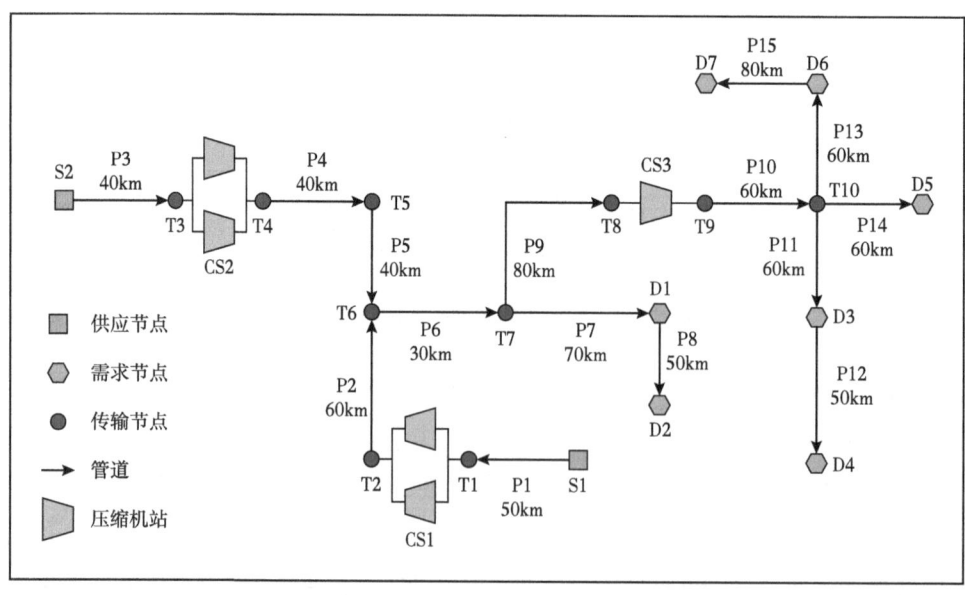

图 7-5-1　算例管网结构

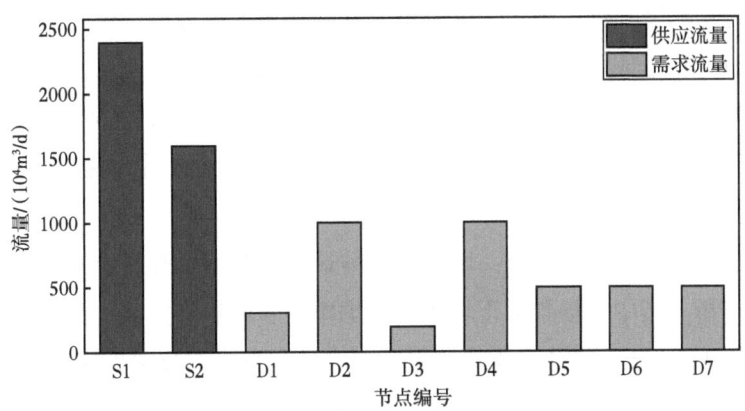

图 7-5-2　天然气管网的节点流量数据

二、场景设置

为对比不同求解方法的求解性能，分析管网拥塞定位和扩容优化求解结果，并探究不同扩容方式对优化结果的影响。在天然气管网算例中设置了 9 个场景，见表 7-5-1。

表 7-5-1　场景设置

研究目标	场景	扩容方式	新建管道规格
求解性能分析	场景 1	管道新建 + 管道扩建 + 压气站扩建	规格 1+ 规格 2+ 规格 3
拥塞定位分析	场景 2	—	—
优化结果分析	场景 3	管道新建 + 管道扩建 + 压气站扩建	规格 1+ 规格 2+ 规格 3
单一扩容方式敏感性分析	场景 4	管道新建	规格 1+ 规格 2+ 规格 3
	场景 5	管道扩建	—
	场景 6	压气站扩建	—
组合扩容方式敏感性分析	场景 7	管道新建 + 管道扩建	规格 1+ 规格 2+ 规格 3
	场景 8	管道新建 + 压气站扩建	规格 1+ 规格 2+ 规格 3
	场景 9	管道扩建 + 压气站扩建	—

重点从以下四个方面进行算例分析研究。

（1）求解方法对比分析：场景 1 主要用于开展求解方法对比分析。针对复杂的天然气管网拥塞定位和扩容优化问题，重点提出了一个协同拥塞定位的管网扩容优化两阶段求解方法进行模型的快速求解。为进一步检验求解方法的优化性能，引入一个不考虑拥塞定位的管网扩容优化直接求解方法进行对比分析。两种求解方法的求解时间均限定为 200s，迭代收敛误差均设置为 0.1%。

（2）管网拥塞定位分析：场景2主要用于管网拥塞定位分析，通过管网拥塞定位模型的求解结果，以分析造成管输无法正常输送的拥塞区域位置。

（3）管网扩容优化分析：场景3主要用于管网扩容优化分析，考虑管道新建、管道扩建、压气站扩建三种扩容方式，以及不同新建管道规格，通过管网扩容优化模型求解结果，以分析管网最优扩容方案。

（4）管网扩容方式敏感性分析：场景4至场景9主要用于开展管网扩容方式对优化结果影响敏感性分析。其中，场景4至场景6考虑单一管网扩容方式，分别为管道新建、管道扩建和压气站扩建。场景7至场景9则考虑组合扩容方式，分别为管道新建+管道扩建、管道新建+压气站扩建、管道扩建+压气站扩建。

三、求解方法对比分析

以场景1为基础，分别采用协同拥塞定位的管网扩容优化两阶段求解方法和不考虑拥塞定位的管网扩容优化直接求解方法进行模型的优化求解，重点开展求解方法的求解性能对比分析。两个求解方法的迭代收敛求解时间结果如图7-5-3所示。不考虑拥塞定位的直接求解方法的求解时间为118.33s。协同拥塞定位的两阶段求解方法的总求解时间为61.94s，其中阶段一管网拥塞定位模型的求解时间为35.75s，阶段二管网扩容优化模型的求解时间为26.19s。相比之下，两阶段求解方法的求解时间比直接求解方法减少47.65%，体现出两阶段求解方法的卓越性能。由此可见，两阶段求解方法通过实现管网拥塞定位模型和扩容优化模型的有效耦合，利用拥塞定位模型求解产生的潜在管网扩容方案作为扩容优化模型的初始解，有助于缩小模型可行解搜索范围，从而大幅降低模型的求解时间。因此，与传统的管网扩容优化直接求解方法相比，协同拥塞定位的管网扩容优化两阶段求解方法能够更加快速地获得优化结果，具有更加显著的求解效率优势。

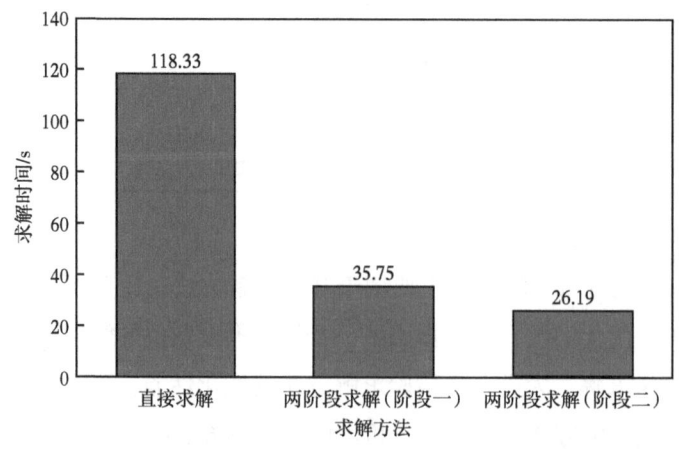

图7-5-3 求解方法的求解时间结果

第六节 算例分析

一、管网拥塞定位分析

拥塞定位的目标是准确识别管网拥塞区域位置,以便采取相应的扩容优化措施,提升管网的输送效率和满足增长的需求。有效的拥塞定位不仅可以帮助管理者及时了解管网的运行状况,还可以为管网的设计、扩建和优化提供科学依据,确保能源供应的稳定性和经济性。

以场景 2 为基础,通过对本章所构建的管网拥塞定位模型进行求解,以获得管网拥塞结果。图 7-6-1 展示了管网流量分布结果。根据求解结果,揭示了管网中管道 P6 和压气站 CS3 为关键拥塞区域。P6 管道的实际总流量为 $4000 \times 10^4 \text{ m}^3/\text{d}$,拥塞松弛值为 $1267 \times 10^4 \text{ m}^3/\text{d}$,有效流量为 $2733 \times 10^4 \text{ m}^3/\text{d}$。拥塞松弛值和流量数据表明,该管道在目前的运行条件下,由于其较大的实际总流量,导致水力压降显著增加。这种高压降情况违反了管道末端节点压力约束,使得该管道成为一个显著的拥塞区域。此外,压气站 CS3 的实际总流量为 $2700 \times 10^4 \text{ m}^3/\text{d}$,拥塞松弛值为 $415.27 \times 10^4 \text{ m}^3/\text{d}$,有效流量为 $2284.73 \times 10^4 \text{ m}^3/\text{d}$。这表明压气站 CS3 需要处理的实际总流量超过了压气站 CS3 的增压处理能力,导致压气站成为另一个关键的拥塞区域。

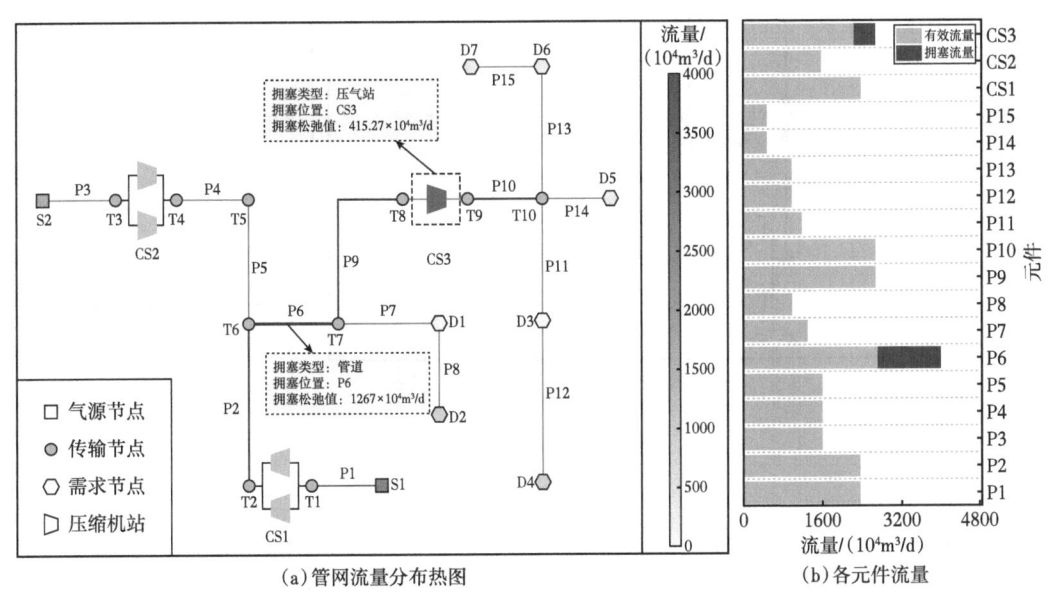

(a)管网流量分布热图　　(b)各元件流量

图 7-6-1　场景 2 管网流量分布结果

拥塞松弛值的大小表明了管网设施超过其处理能力的程度。针对管道 P6 的高输量需求和管径尺寸不匹配问题,管网扩容方案可考虑对管道 P6 进行扩建,通过增设副管以降低水力压降。或者新建管道使气源 S1 和 S2 部分流量绕过管道 P6,从而缓解拥塞状况。针对压气站 CS3 的处理能力不足问题，管网扩容方案可考虑增加压缩机设备以提升站场的处理能力，或者新建管道绕过压气站 CS3 降低其需要处理的天然气流量。因此，通过求解管网拥塞定位模型能够准确地识别出管网中的拥塞区域，并形成潜在的管网扩容策略。

二、管网扩容优化分析

（一）管网扩容方案

以场景 3 为基础，考虑多种管网扩容方式，包括管道新建、管道扩建和压气站扩建，同时将拥塞定位求解得到的潜在管网扩容方案作为扩容优化模型的初始解，即将扩容优化模型的扩容变量初始值进行设置：$B_{ij}^{\text{extend}}=B_{ij}^{*\text{extend}}$，$B_{ij}^{\text{cs}}=B_{ij}^{*\text{cs}}$。然后，进行扩容优化模型求解得到最优管网扩容方案，如图 7-6-2 所示。最优扩容方案分别对管道 P6 和压气站 CS3 进行了扩建，对应修复了管道 P6 和压气站 CS3 的拥塞问题。

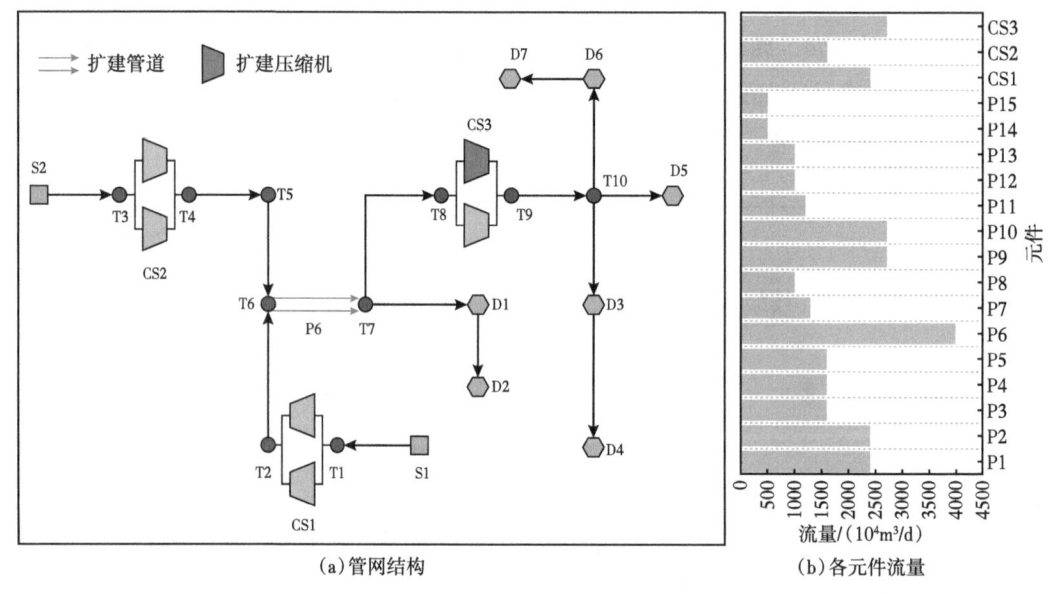

图 7-6-2　管网扩容方案

（二）管网流量分配方案

对管道 P6 及压气站 CS3 进行扩容后的管网流量分布及压力分布如图 7-6-3 所示。通过图 7-6-3（a）可以看出管道 P6 的扩建使得原本集中的 $4000×10^4$ m³/d 流量得以在主副管道中有效分散。这种分散不仅解决了 P6 管道的拥塞问题，也提高了整个管网的运输效率。扩容后的流量分布更加均衡，有助于减少因流量集中引发的潜在风险，确保了管网运行的平稳性。压气站 CS3 新增的压缩机设备显著提高了压气站的处理能力，进而有效地支持了整条管线的增压需求。由图7-6-3（b）可见，压气站扩容后不仅能够满足当前的输送需求，还有足够的余地应对可能的流量变化，保障了输送过程中的压力稳定性。

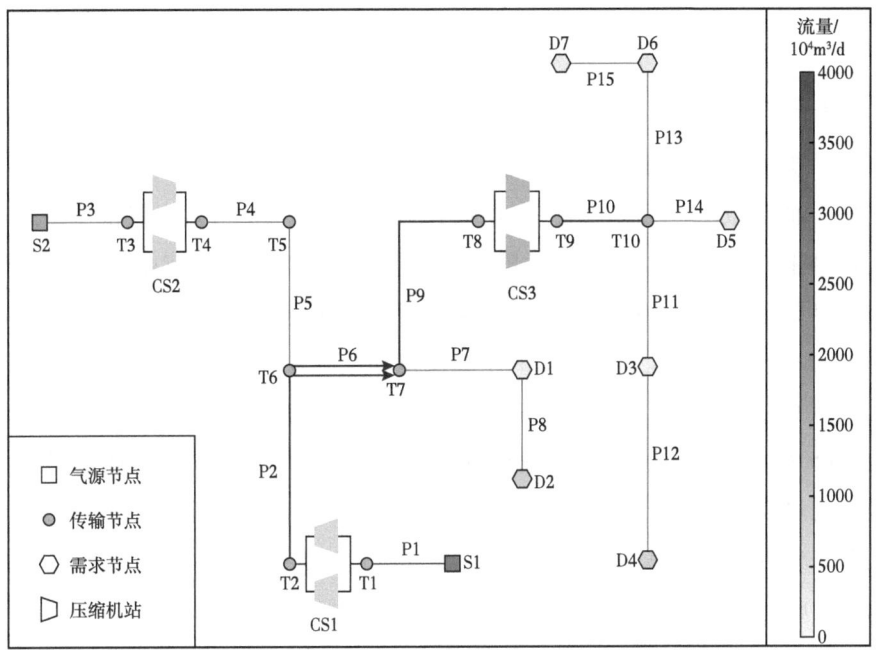

（a）管网流量分布热图

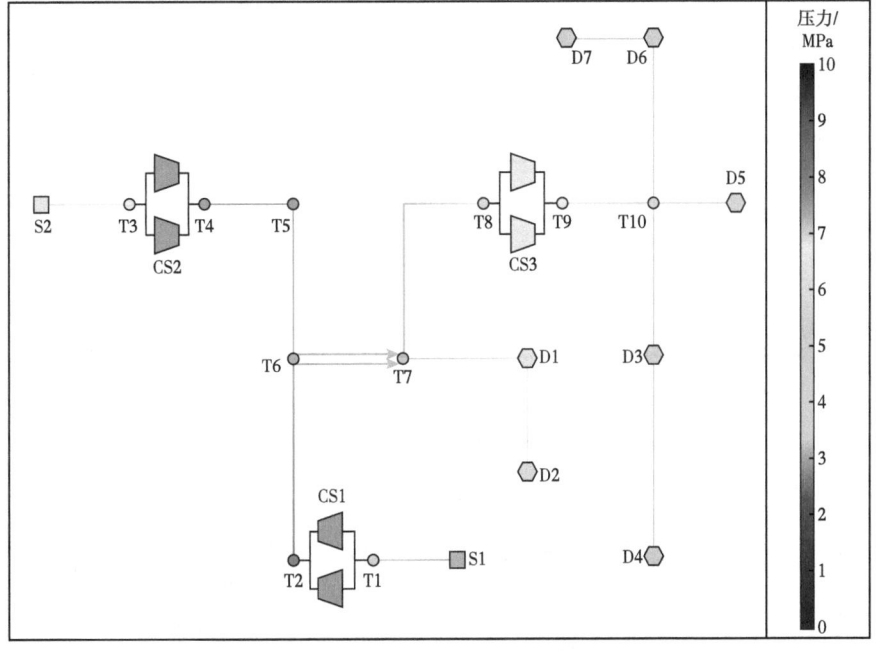

（b）管网压力分布热图

图7-6-3　场景2扩容优化结果分析

三、扩容方式敏感性分析

为对比分析不同扩容方式对管网性能的影响,针对管道新建、管道扩建和压气站扩建三种扩容方式,开展扩容方式影响敏感性分析。分析过程主要针对三种扩容措施的单一扩容方式和组合扩容方式开展。

(一)单一扩容方式敏感性分析

管网单一扩容方式的可行性结果见表 7-6-1。单一扩容方式中仅场景 4(管道新建)存在可行解,而场景 5(管道扩建)和场景 6(压气站扩建)均无法获得可行解。场景 3 的扩容优化结果如图 7-6-4 所示。场景 3 求解得到的扩容方案在节点(T5,T8)和(D2,D3)处分别新建管道 EP1 和 EP3。在该扩容方案下,管道 P5 改变了初始流向,由 T5 向 T6 流动变为 T6 向 T5 流动。气源 S2 的全部流量和气源 S1 的部分流量通过管道 EP1 直接输送到压气站 CS3,从而降低了管道 P6 的流量。而管道 EP3 绕过了压气站 CS3 直接将部分流量($525.5 \times 10^4 m^3/d$)从 D2 节点输送到 D3 节点,从而缓解 CS3 的拥塞问题。经过分析管道新建通过改变管网流量分布,能够同时缓解管道 P6 和压气站 CS3 的拥塞问题。此外,通过深入分析可以发现,仅通过管道扩建或压气站扩建方式由于无法改变管网的流量分布,从而造成了无可行解。

表 7-6-1 单一扩容方式下的可行性

场景	扩容方式	可行性
场景 4	管道新建	可行
场景 5	管道扩建	不可行
场景 6	压气站扩建	不可行

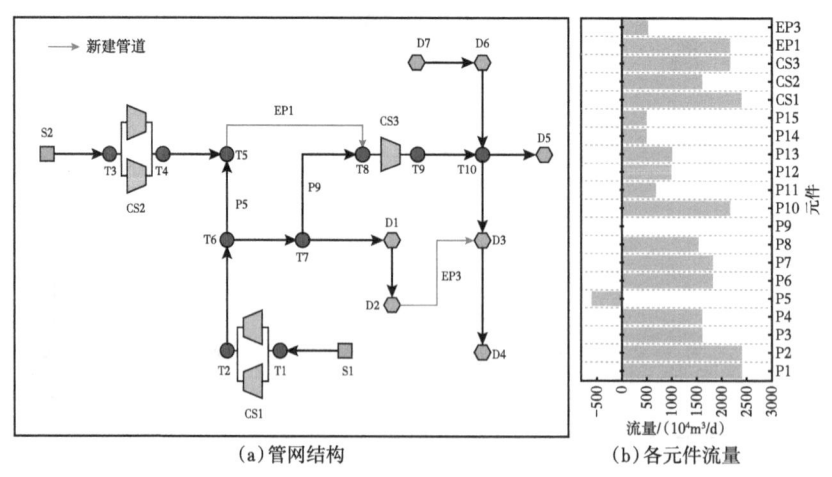

图 7-6-4 场景 3 扩容优化结果

（二）组合扩容方式敏感性分析

组合扩容方式下的管网扩容方案如图 7-6-5 所示。在不同的组合扩容方式下，均能得到满足需求的管网扩容方案。对于场景 7 的管道新建 + 管道扩建组合扩容方式，扩容方

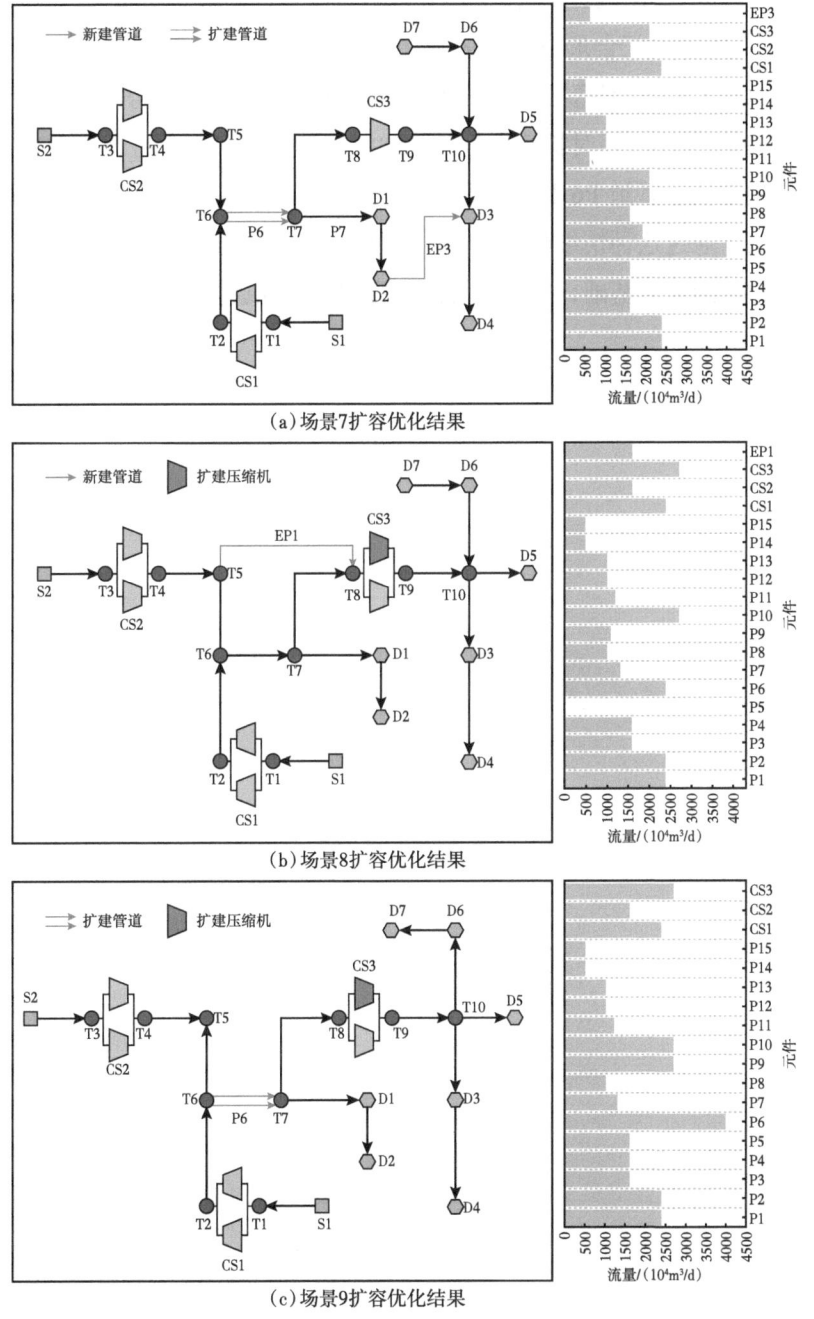

图 7-6-5　组合扩容方式下的扩容优化结果

案结果为对管道 P6 进行扩建，同时在（D2，D3）节点位置新建管道 EP3。在该扩容方案下，扩建管道 P6 可以缓解管道 P6 的拥塞。而扩建管道 P7 和新建管道 EP3 则可使部分天然气流量绕过压气站 CS3，以缓解压气站 CS3 的拥塞。对于场景 8 下的管道新建 + 压气站扩建组合方式，扩容方案结果为新建（T5，T8）处管道 EP1，同时扩建压气站 CS3。在该扩容方案下，气源 S2 的流量不再通过 P6 管道，而是直接输送至压气站 CS3，有效避免了管道 P6 两个气源流量汇合形成拥塞区域。压气站 CS3 的扩建则有效增大了增压处理能力，避免了压气站 CS3 的拥塞。对于场景 9 下的管道扩建 + 压气站扩建组合方式，扩容方案结果为扩建管道 P6，同时扩建压气站 CS3。在该扩容方案下，通过对管 λ_{ij} 设施进行扩建，针对性地解决了管道 P6 和压气站 CS3 的拥塞。综上，三种组合扩容方式均能得出有效的扩容方案。通过这种精细化分析，不仅能确保优选出最适宜的扩容方案，还能深入挖掘各种方案背后的逻辑基础，为实际管网扩容规划研究提供理论支持。

参考文献

[1] 周军,秦一雄,彭井宏,等.天然气管网反输工况下的运行优化[J].西安石油大学学报,2023,38（1）:135-144.

[2] STARLING K E, POWERS J E. Enthalpy of Mixtures by Modified BWR Equation[J].Industrial & Engineering Chemistry Fundamentals, 1970, 9（4）: 531-537.

[3] COLEBROOK C F, WHI C M. Experiments with fluid friction in roughened pipes[J]. Proceedings of the Royal Society of London. Series A-Mathematical and Physical Sciehces, 1937, 161（906）: 367-381.

[4] CORREA-POSADA, C. M. Gas Network Optimization: A comparison of Piecewise Linear Models[J]. Journal of Optimization and Engineering, 2014, 12（3）: 123-144.

[5] ZHOU Jun, QIN Can, FU Tiantian, et al. Automatic response framework for large complex natural gas pipeline operation optimization based on data-mechanism hybrid-driven[J]. Energy, 2024, 307: 132610.

[6] SCHMIDT M, DENIS Aβmann, BURLACU R, et al. GasLib—A Library of Gas Network Instances[J]. Data, 2017, 2（4）: 40.

[7] ZHOU Jun, ZHANG Daixin, LIANG Guangchuan, et al. Optimisation of natural gas supply chain considering pipeline transportation cost reformation in China[J]. International Journal of Global Energy Issues, 2023, 45（2）: 182-206.

[8] ZHOU Jun, ZHU Jiaxing, LIANG Guangchuan, et al. Three-layer and robust planning models to evaluate the strategies of defense layer, attack layer, and operation layer for optimal protection in natural gas pipeline network[J]. Reliability Engineering and System Safety, 2024, 15（2）: 123-144.

[9] 刘诗桃,周军,刘翠,等.能量计量体系下多气源管网运行优化研究[J].西南石油大学学报,2024,46（3）:130-146.

[10] 何能家,周军,张戴新,等.天然气管输容量分配优化决策研究[J].西安石油大学学报,2023,38（4）:71-80,87.

[11] 周军,李帅帅,梁光川,等.分时定价背景下天然气需求响应优化研究[J].天然气与石油,2022,40（3）:130-137.

[12] ZHOU Jun, PENG Jinghong, LIANG Guangchuan, et al. Operation optimization of multiroute cyclic natural gas transmission network under different objectives[J]. Journal of Pipeline Systems-Engineering and Practice, 2022, 13（1）: 04021079.

[13] 陈传胜,周军.基于用户满意度的天然气购销决策优化[J].油气储运,2022,41（10）:1125-1134.

[14] 周军,梁光川,杜培恩,等.欧洲天然气储气库概况与运营模式[J].油气储运,2017,36（7）:759-768.

[15] PENG Jinghong, ZHOU Jun, LIANG Guangchuan, et al. Multi-period integrated scheduling optimization of complex natural gas pipeline network system with underground gas storage to ensure economic and environmental benefits[J]. Energy, 2024, 302: 131837.

[16] ZHOU Jun, MA Junjie, SHEN Qifeng, et al. Multiobjective gas distribution optimization of natural gas pipeline network considering user satisfaction under shortage conditions[J]. Energy Technology, 2023, 11（7）: 2201181.

[17] LECUN Y, BENGIO Y, HINTON G E. Deep learning[J]. Nature, 2015, 521（7553）: 436-446.

[18] FISCHETTI M, JO J. Deep neural networks and mixed integer linear optimization[J]. Constraints, 2018,

23（3）：296-309.

[19] LüDTKE K H. Process centrifugal compressors：basics, function, operation, design, application[M]. Springer Science & Business Media, 2013.

[20] ZHOU Jun, FU Wenqi, LIANG Guangchuan, et al. Precision and uncertainty in natural gas calorific value estimation：advanced combinatorial predictive models for complex pipeline systems[J]. Measurement Science and Technology, 2025, 36（1）：015017.

[21] ZHOU Jun, LIU Cui, LIU Shitao, et al. Operation optimization of natural gas pipe network considering energy metering[J]. Journal of Pipeline Systems Engineering and Practice, 2024, 15（3）：04024035.

[22] 周军，张戴新，赵云翔，等．管网剩余能力不足的输气路径优化研究[J]．天然气与石油，2022，40（5）：1-9.

[23] 周军，李传钱，梁光川．考虑互换性的混合气源天然气管网扩建工程设计优化[J]．控制工程，2023，30（12）：2155-2165.